地域性人居环境韧性规划与建设系列丛书
国家自然科学基金项目（52368004）
国家社会科学基金重大项目（13 & ZD162）
贵州省科技支撑计划项目（黔科合支撑〔2022〕一般 234）
共同资助

滨海城市风险治理与防灾规划

王思成　著

中国建筑工业出版社

图书在版编目（CIP）数据

滨海城市风险治理与防灾规划 / 王思成著. -- 北京：中国建筑工业出版社，2024. 9. --（地域性人居环境韧性规划与建设系列丛书）. -- ISBN 978-7-112-30334-2

Ⅰ. X4；TU984.11

中国国家版本馆 CIP 数据核字第 2024VD3499 号

本书是地域性人居环境韧性规划与建设系列丛书的分册，主要聚焦我国滨海城市防灾能力认知不清、“平灾结合”缺失、多规衔接困难等一系列现实矛盾，以风险治理为导向，探究在滨海地域环境下城市传统综合防灾规划体系的重构路径。在风险治理与防灾规划两大重要领域之间，构建耦合风险识别、评估与管控体系的综合防灾规划研究框架，将风险治理技术的应用，由规划前期分析拓展到从编制到实施的全过程。

本书从风险治理视角，整合城乡规划、管理学、灾害学的理论知识，针对我国滨海地域环境开展城乡韧性生态系统规划研究，可作为自然资源、应急管理、防灾减灾、城乡规划等相关领域从业者的参考书。

责任编辑：黄习习
责任校对：赵　力

地域性人居环境韧性规划与建设系列丛书
滨海城市风险治理与防灾规划
王思成　著

*

中国建筑工业出版社出版、发行（北京海淀三里河路 9 号）
各地新华书店、建筑书店经销
北京建筑工业印刷有限公司制版
建工社（河北）印刷有限公司印刷

*

开本：787 毫米 ×1092 毫米　1/16　印张：17¼　字数：333 千字
2024 年 8 月第一版　　2024 年 8 月第一次印刷
定价：**78.00** 元
ISBN 978-7-112-30334-2
（43616）

前言

我国滨海城市兼具高经济贡献度与高风险敏感度，其治理能力现代化水平的提升，有赖于对复杂且多样化“城市病”风险的源头管控。而当前滨海城市综合防灾规划偏重空间与设施的被动应灾，缺乏动态风险治理技术支撑，导致防灾能力认知不清、“平灾结合”缺失、多规衔接困难等现实矛盾，工程性综合防灾体系亟待引入精细化风险治理思路进行拓展与完善。

全书按“发现问题—聚焦困难—寻找办法—应用反馈”的思路展开，在风险治理与防灾规划两大重要领域之间，构建耦合“风险识别、评估与管控体系”的综合防灾规划研究框架，将风险治理技术的应用，由规划前期分析，拓展至从编制到实施的全过程。通过理论探索、规划溯源、成果细化，辨析滨海城市安全风险机理特征，论证综合防灾规划的困境及其重构路径，组建融合多元主体的风险评估系统，提出差异性防灾空间规划策略，达到提高综合防灾效率的目的。

在风险治理理论探索层面，运用灾害链式效应分析方法，从物质型灾害和风险治理行为的“双视角”建立起滨海城市安全风险机理整体认知路径。由传统物质灾变能量的正向传递转为对风险治理行为的反作用力研究，构建风险治理子系统动力学模型，揭示出风险治理行为在应对物质型灾害“汇集—迸发”式的灾变能量正向传导时，具有“圈层结构”的逐级互馈特征，认为综合防灾规划的编制必须依此机理特征，形成多层级的防灾空间体系。通过嫁接风险管理学“产品供应链的风险度量”方法，构建出适用于滨海城市的灾害链式效应风险评估框架，认为综合防灾规划体系的重构，必须以全生命周期风险治理为目标，通过风险评估耦合风险治理技术与防灾空间体系，丰富了多学科交叉下的综合防灾规划理论内涵。

在综合防灾规划溯源层面，本书通过纵向分析多灾种防灾技术演进，横向类比多部门防灾规划，认为对现状综合防灾能力认知不清是导致滨海城市综合防灾规划困境的根源。紧扣所有防灾规划均以最低防灾基础设施投资，换来最优防灾减灾效果的本质诉求，通过移植经济地理空间计量模型，首次提出运用综合防灾效率评价，规范并统一综合防灾能力认知方法。通过量化防灾成本、灾害产出、风险环境之间的“投入—产出”关系，得出影响我国滨海城市综合防灾效率的 5 个核心驱动变量，依此制定韧性短板补齐对策。通过对滨海城市安全风险机理与综合防灾效率的研究，得到风险治理技术与防灾空间规划的响应机制。分别通过多维度风险评估系统的拓展性重构，多层级防灾空间治理的完善性重构，形成传统综合防灾规划体系融合“全过程”风险治理技术的重构路径，为当前滨海城市综合防灾规划困境提供了新的解题思路。

在研究成果细化层面，以多元利益主体共同参与风险治理为目标，细化“全过程”综合防灾规划流程；突破传统综合防灾规划静态、单向的风险评估定式，细化“多维度”风险评估指标框架；改变防灾设施均等化配置或减灾措施趋同化集合的规划方式，细化“多层级”空间治理体系内容。完整呈现风险治理导向下滨海城市综合防灾规划体系的重构路径。最后通过天津市中心城区综合防灾规划的应用反馈，表明本书“全过程”风险治理、“多维度”风险评估、“多层级”风险管控的规划方法，有利于提升滨海城市整体韧性，可为其他城市开展安全风险治理，建设综合防灾体系提供研究范例。

目录

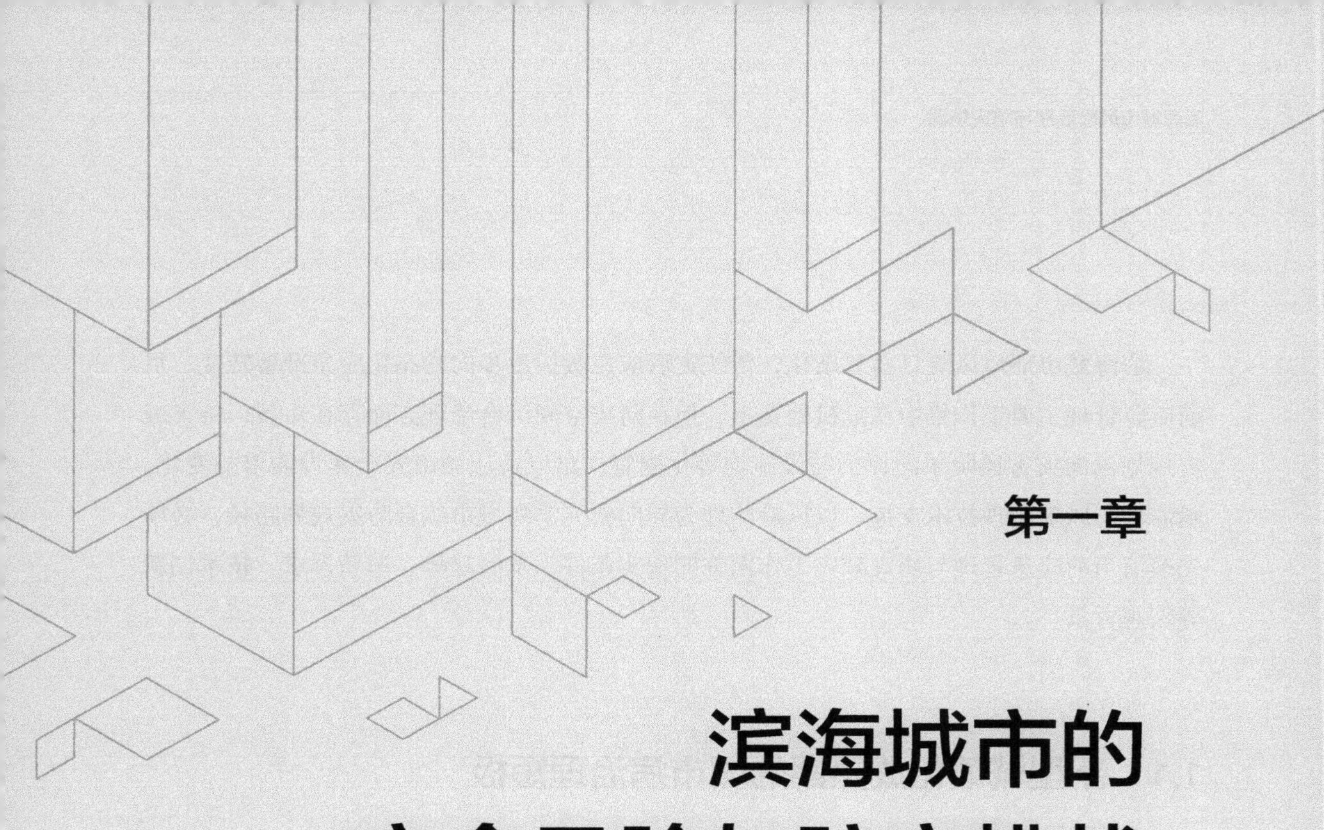

第一章

滨海城市的安全风险与防灾挑战

滨海城市环境风险日益复杂化，传统灾后应急救援逐步向常态化应急准备转变。目前应急管理主要工作集中在危机处置上，但在防灾空间综合治理方面存在短板；防灾减灾规划偏向灾害风险单向评估与设施均等化配置，难以适应城市安全建设需求的变化，亟需动态风险治理技术支撑。以风险治理为导向研究滨海城市综合防灾规划路径，必须先摸清当前应急管理与防灾减灾工作面临的现实条件、发展趋势、革新诉求、技术创新等宏观背景。

1.1 新型城镇化成熟期的城市病治理短板

1978 年，我国的城镇化率仅为 17.9%，而 2018 年快速增长至 59.58%，依据新型城镇化高质量发展所遵循的“四阶段论”，我国城镇化即将进入成熟阶段（图 1-1）[1]。“城市规划、城市建设、城市管理”作为新型城镇化发展成熟阶段的核心治理载体，必须同等重视，并且促进彼此间形成良性互动的局面。

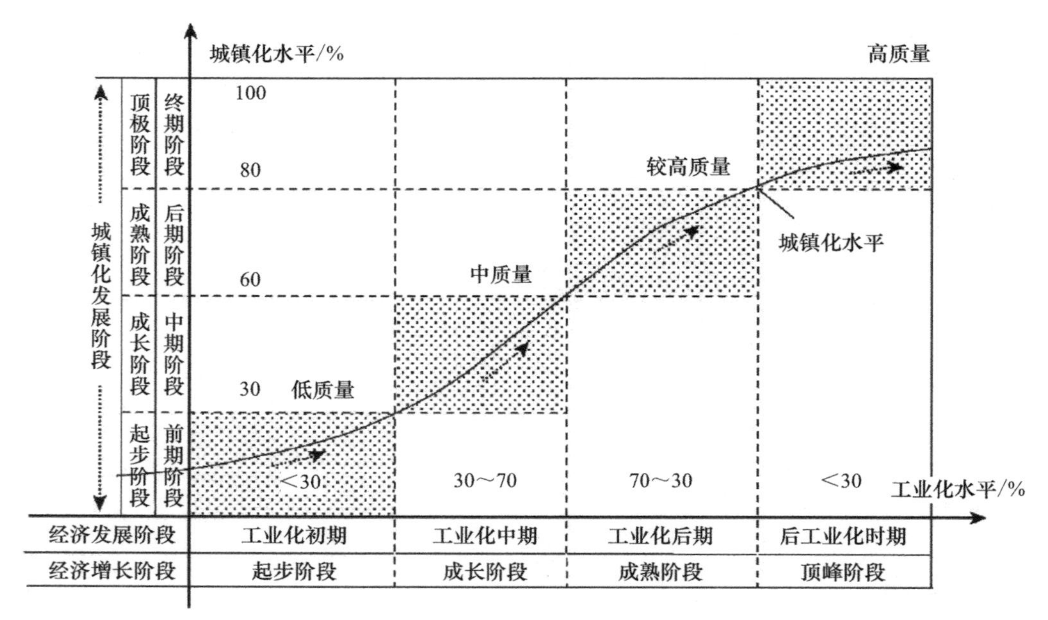

图 1-1　新型城镇化高质量发展“四阶段论”示意图

（资料来源：参考文献 [1]）

然而，由于我国长期以城市建设为中心，城市的快速规模化遗留了很多“城市病”问题，亟需弥补城市规划与城市管理方面的短板。习近平总书记在党的十九大提出将坚持源头治理、系统治理、综合治理、依法治理，努力解决深层次问题作为我国城市治理工作的基本原则。2018 年，中共中央办公厅、国务院办公厅印发的《关于推进城市安全发展的意见》明确了综合防灾规划在城市安全源头治理中的地位和作用。由此可见，以城市规划与城市管理为载体，围绕解决一系列“城市病”问题而进行的关于城市安全风险治理以及智慧保障型城市建设等方面的创新性研究是提升当前我国城市治理能力现代化的重要内容。

1.2 滨海城市经济贡献与多灾风险的现实矛盾

纵观全球城镇化的发展进程，滨海城市一直是海洋文明中多元开放精神的重要载体。自工业革命后，众多滨海型“全球城市”应运而生。然而，滨海城市在为新兴产业发展注入活力的同时，也承受着与日俱增的安全风险压力。依据联合国减少灾害风险办公室（UNDRR）发表的《全球减少灾害风险评估报告（2015 年）》报告可知：2014 年，全球 81.7% 的城市资本存量和 35.2% 的人口集中分布在沿海 60km 的范围内，灾害综合风险指数也最高。尽管该区域安全风险隐患不断增加，但城镇化率仍以年均 0.29% 的增速向沿海地区转移。预计到 2030 年，全球将有超过 50% 的人口居住在该区域。因此，随着滨海城市人口密度持续增大，滨海城市将面临更复杂且多元化的灾害风险压力，亟需在自身资源环境承载能力一定的条件下，通过科学合理的风险治理方法来提高综合抗风险水平 [2]。

我国作为拥有超 1.8 万 km 长海岸线的沿海国家，滨海城市的安全风险形势依然严峻。首先，我国沿海地区是目前经济社会发展实力雄厚的区域，拥有巨大的流通性资本，是深化供给侧结构性改革的桥头堡，一旦发生安全风险灾害，将极大影响我国经济运行的稳定性。由国土资源部公布的《2016 中国国土资源公报》显示：在我国国土总面积的构成中，所有沿海省份仅占 13%，但聚集的人口却占全国人口总数的近 53%，城镇数量占全国城镇总量的 70%。《2018 年中国海洋经济统计公报》提出 2014 至 2018 年全国海洋生产总值的年均增长率保持在 6.7% 以上的高位，海洋生产总值占国内生产总值的比重一直维持在 9.3% 以上。其中，2018 年海洋第一、二、三产业增加值所占比重分别为 4.4%、37.0% 和 58.6%（图 1-2）[3]。

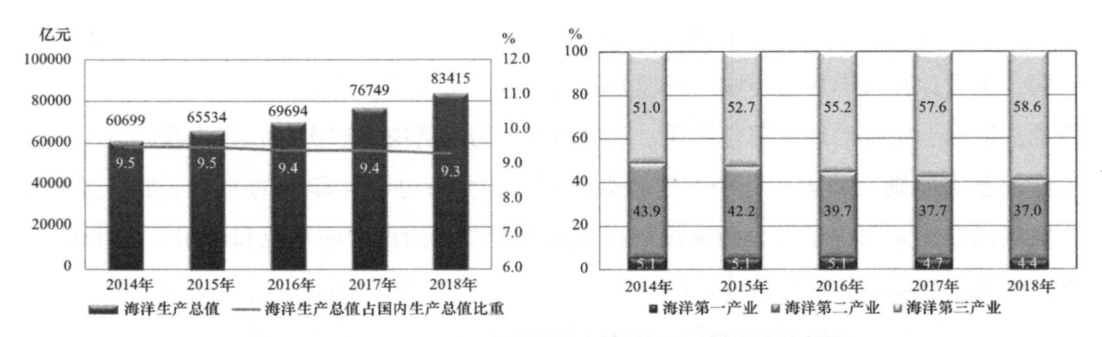

图 1-2　2014—2018 年海洋生产总值及三大产业占比情况

（资料来源：参考文献 [3]）

其次，我国又是全球范围内遭受海洋灾害侵袭最为严重的国家之一。受全球气候变暖的影响，1980—2017 年我国的海平面平均上升速度为 3.3mm/ 年，高于同期全球平均水平（图 1-3），由此引起的海岸侵蚀、海水入侵灾害将进一步加剧。台风登陆次数由常年的 7 次增加到 10 次，导致沿海地区紧急安置人口与农作物受灾面积分别增加 25% 和 79%[4, 5]。

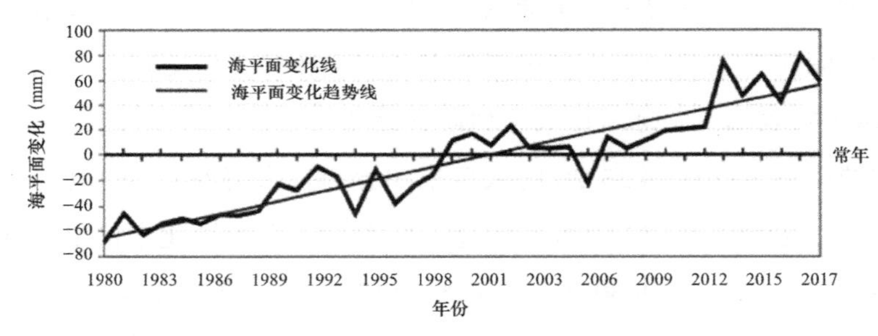

图 1-3　1980—2017 年中国海平面变化

（资料来源：参考文献 [5]）

由此可见，不管放眼全球还是聚焦中国，以滨海城市为核心的沿海地区已成为人口最稠密、财富最集中的区域。然而，受全球气候变化的影响，滨海城市将要面临海洋灾害及安全风险事故多发的严峻形势。因此，建立并完善科学的安全风险监测、评估与管控体系可以实现由灾后应急救援转向灾前风险防控，由单项灾害防御转变成综合防灾体系，由被动止损转为主动降低灾害风险。

1.3　重大改革机遇期的城市防灾减灾体系调适

2018 年 3 月，全国人大表决通过《国务院机构改革方案》并批准成立自然资源部和应急管理部以来，我国便进入了“全域国土空间环境治理与安全风险综合管理改革”的实质性实施阶段。在这种重大改革机遇下，传统的城市防灾减灾体系作为“两项改革”领域的重要工作内容势必要进行相应的调整与适应。从目前国土空间规划及应急管理体系建设的发展情况看，其对传统防灾减灾体系的革新诉求主要表现为以下两个方面。

一方面，以国土空间规划中的“三区三线”管控为目标，实现由单项防灾减灾工程设计向多维安全风险评价的转变。2019 年，《中共中央 国务院关于建立国土空间规划体系并监督实施的若干意见》确立了国土空间规划在指导自然资源保护利用以及编制各类专项规划中的基础性地位。滨海城市防灾减灾规划作为原有城乡总体规划中的核心专项内容也要实现与国土空间规划的衔接与融合[6]。国土空间规划中“以定量评估进行定性管控”的思维方式将带动防灾减灾工作方法的创新，比如：通过创建灾害事故风险数据库来评估城市现状综合防灾减灾能力；将城市生态韧性评价纳入综合防灾规划机制；以国土安全阈值为参照进行防灾空间划定及减灾措施决策等[7]。此外，国土空间规划还要求在“一张蓝图”上实现对生态保护与修复、基础设施布置以及生态安全格局等空间构成要素的统一安排，其目的是通过“多规合一”建立国土空间规划综合信息平台，进而对自然资源、生态安全以及城乡建设实行常态化监测与动态化管控。这种以国土空间信息化治理为目标的系统性规划思路，将促使滨海城市防灾减灾规划由各单项灾种的工程设计向综合风险治理转变，引导滨海城市从风险源进行全过程监控以及安全风险环境的动态评估与管控，从而更好地应对日益复杂多样的自然灾害与事故灾难。

另一方面，以城市全生命周期应急管理为目标，实现由政府主导下的应急管理向公众参与下的常态化治理转变。我国滨海城市运行系统趋于复杂化，其安全风险网络危机也不断加快，然而传统的应急管理体系主要是对突发灾害的应急响应和救援，认为只要应急反应迅速就能保障城市安全运行，因而难以有效应对复杂多变的公共安全形势。除了各类强度的自然灾害给居民带来了生命、健康、财产、家庭的巨大伤害外，“上海外滩踩踏”“长江‘东方之星’沉船”“天津滨海新区危险品爆炸”“深圳光明新区排土场垮塌”等安全事故灾难的频频发生，也进一步凸显了我国地方应急准备和应对能力方面的不足。在美国“9・11”恐怖袭击和日本“3・11”大地震后，国际社会在传统应急管理的认知方面发生了重大变化，认为应急管理的重心不仅是事后的救援和恢复，还有事前针对可预期的风险做好应急准备。为此，我国依照现代风险治理理念重构我国的应急管理体系，将“预防、准备、响应、恢复”四阶段中的“准备”提升为“最基础”的应急行动，在应急准备阶段完善风险监控和自动预警机制下的决策支持环节，形成针对全生命周期的应急管理过程（图 1-4）。在应对各类突发事件时，应急准备过程应特别关注居民所表现出的脆弱性和抗逆力[8]。在此背景下，滨海城市防灾减灾工作将不仅关注各类防灾基础设施的布局，还要将应急管理中的安全风险识别、监控与评估系统进行有机融合，探索常态化灾害风险治理的综合防灾路径，在编制综合防灾规划的过程中，通过不断强化公民参与机制，为应急准备阶段开展全民风险认知教育提供重要平台[9]。

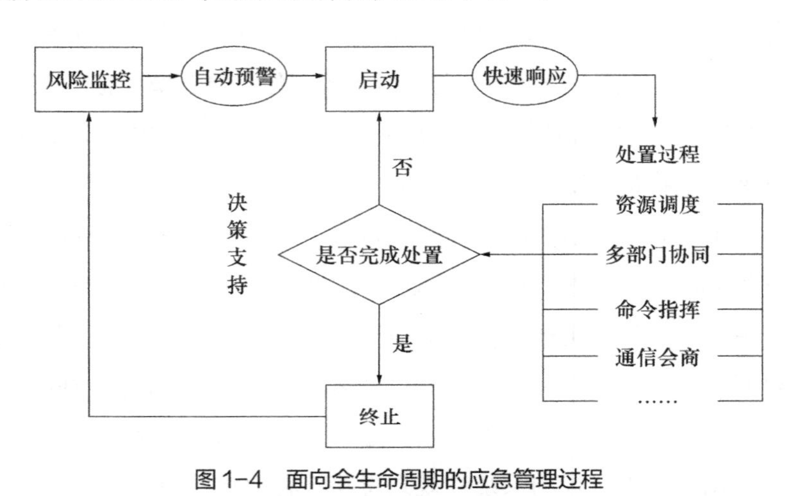

图 1-4　面向全生命周期的应急管理过程

（资料来源：参考文献[8]）

1.4　城市安全危机演变下的风险治理应用创新

据《中国城市统计年鉴》（1997—2017 年）的数据显示：近 20 年来，我国的百万人口城市数量翻了一倍，大型、特大型城市的数量持续增加，形成长三角、粤港澳大湾区等世界级沿海城市群组团。城市安全危机与城镇化增量期的各类单项城市问题不同，它是由人口大量流动、空间设施高度密集以及极端海洋气候袭扰等众多致灾要素组成的庞大危机运行系统。此类危机事件的层出不穷，让原本以工程性防御为主的防灾减灾方案“捉襟见肘”，原有的应急管理机制也在灾害发生后变得事倍功半。因此，滨海城市面临比以往更复杂多样的安全危机，城市安全建设步入了精细化风险治理阶段。传统防灾减灾规划作为滨海城市应对灾害风险的重要手段，亟待引入精细化风险治理的思路并进行系统性综合防灾规划的创新研究。

1.5　风险治理导向下的滨海城市综合防灾规划路径

当前滨海城市风险治理与综合防灾规划的研究均处于起步阶段，可直接用于城市居民风险自救，支撑防灾设施布局决策，以及灾害风险源头管控的研究成果较少。本书由此将研究问题聚焦为：解决滨海城市风险及应急管理工作中存在的空间治理短板，以及综合防灾规划偏重空间与设施的被动应灾、缺乏动态风险治理技术支撑的现实矛盾。为了更好地应对这些问题，本书引入精细化风险治理思路，探究风险治理导向下的滨海城市综合防灾规划路径，构建耦合风险识别、评估与管控体系的综合防灾规划研究框架，将风险治理技术应用到规划前期分析、拓展、编制、实施的全过程。在此基础上，本书以我国北方沿海经济中心及人口规模最大的滨海城市——天津市的中心城区为实证研究对象，分析其既有安全风险治理工作中的问题，并提出防灾空间规划对策，为其他滨海城市开展风险隐患排查、防灾减灾决策、风险应急响应、综合防灾行动以及全民防灾动员等工作提供理论与技术指导（图 1-5）。

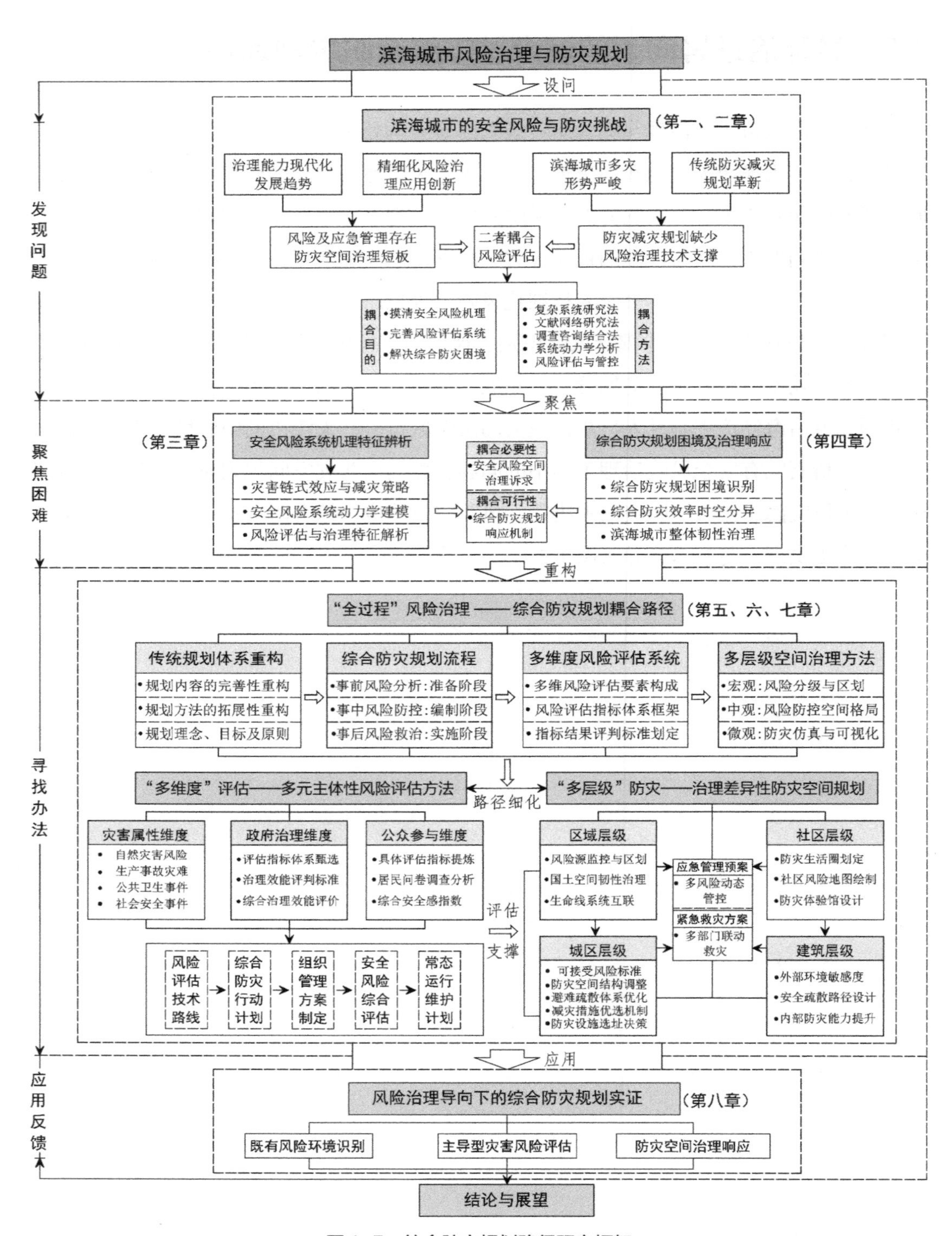

图 1-5　综合防灾规划路径研究框架

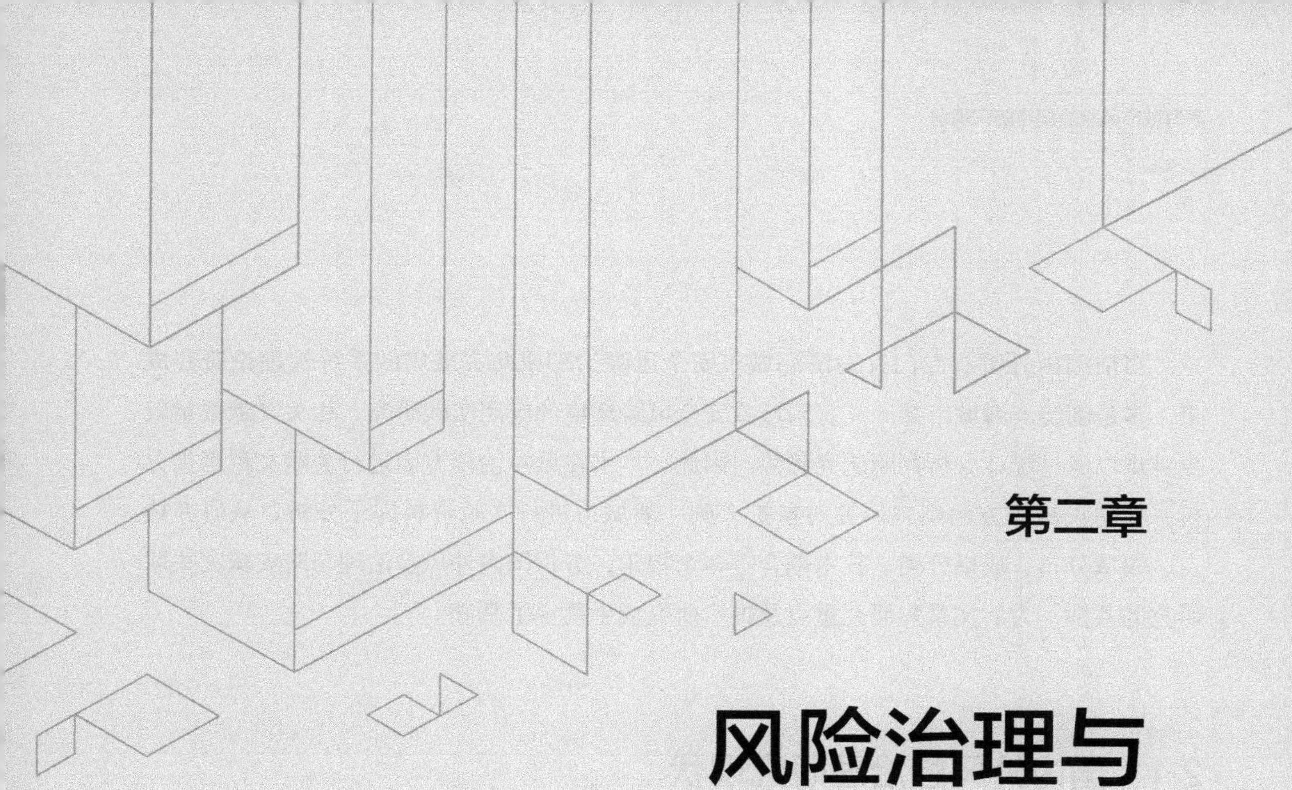

第二章

风险治理与防灾减灾关联性研究综述

当前国内外鲜有专门针对滨海城市安全风险治理或防灾减灾的系统性理论研究成果，多是围绕滨海城市某一灾害领域或安全风险环境的应用实践研究，相关文献数量较少且难以通过统计分析判断研究趋势。因此，本书在风险治理方面进行关联文献聚类分析，在防灾减灾方面则将研究对象扩大到一般城市进行文献资料因子分析，从研究热点、领域分布、成果分类、技术耦合等多个视角，分析国内外风险治理与防灾减灾关联研究的共性，为后文聚焦研究重点及推广研究成果奠定了基础。

2.1 国内外风险治理研究现状

本书运用学术成果云平台对国内外安全风险治理的相关文献资料进行统计分析，以安全风险治理为关键词在 CNKI 数据库上进行检索后发现：1985 年至 2019 年国内外主要学术论文成果有 664 篇，统计数据显示，研究领域主要集中在风险治理和风险社会方面，而风险评估和协同治理领域的学位论文成果仅有 26 篇（图 2-1）；以公共管理、国民经济学、法学和安全学四个学科为背景的研究成果占比高达 52.77%，而有关建筑科学的研究成果仅占 1.49%（图 2-1），这说明在当前风险治理的学术研究中，存在物质空间与工程技术领域研究的短板，需要加强多学科协同下的风险评估技术拓展。

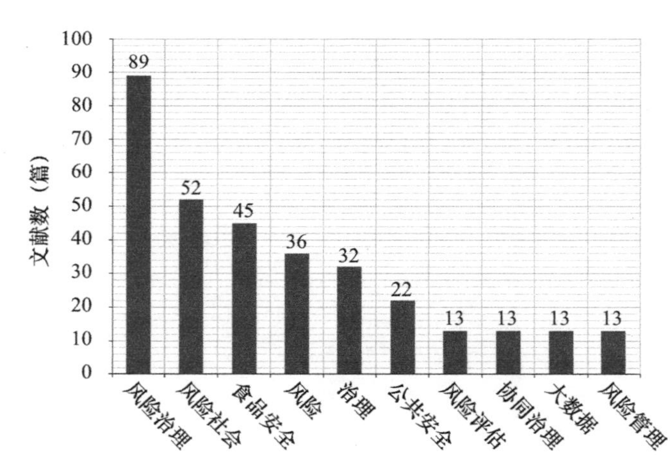

图 2–1 国内安全风险治理研究成果领域（上）与学科（下）分布（1985—2019 年）

（资料来源：CNKI 成果检索及数据统计）

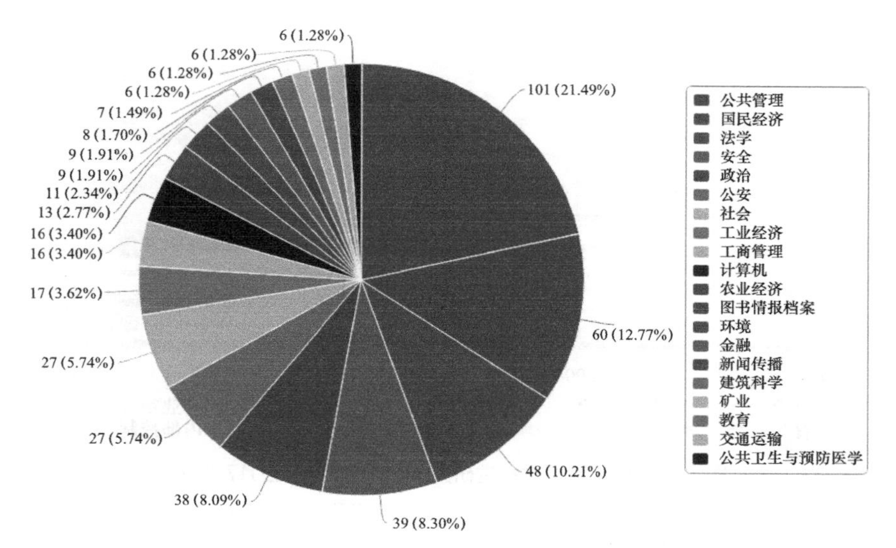

图 2-1　国内安全风险治理研究成果领域（上）与学科（下）分布（1985—2019 年）（续）

（资料来源：CNKI 成果检索及数据统计）

通过“百度开题助手”等学术研究云平台对有关安全风险治理研究现状与发展趋势分析可以发现（图 2-2）：国内自 1998 年开始研究“风险治理”的概念界定与内涵，直至 2014—2016 年逐步发展成为热点研究领域。将 1997—2017 年的研究成果进行聚类分析得出研究方向走势（图 2-3）：当前安全风险治理研究网络基本成熟，涵盖理论、技术和多专业领域，关注度较高的研究热点为风险社会和内部控制。在多学科领域融合方面，安全风险治理研究从管理科学与工程逐步渗透到应用经济学、法学和工商管理等学科，由此形成多个相关研究主题（表 2-1）。通过对“Security risk gorvernance”和“Urban disaster gorvernance”研究成果检索分析可知，国外有关安全风险治理的研究成果无论从发文量还是论文研究的广度和深度，都略超前于国内研究，更偏向于对具体安全风险事件的模拟实验研究，有关城市安全风险治理的研究也多以洪灾、地震等自然灾害治理为主。

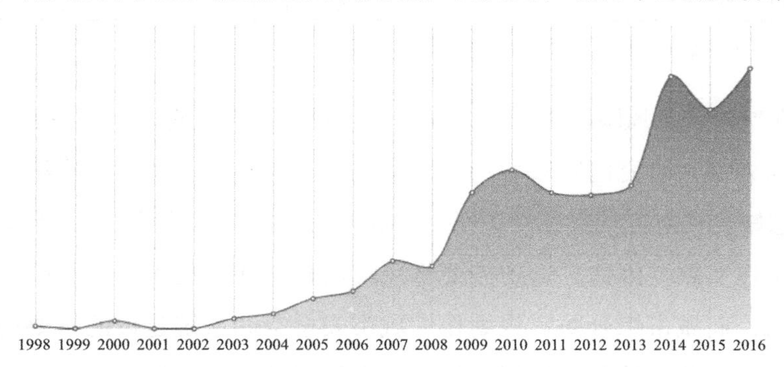

图 2-2　国内风险治理研究走势（1998—2016 年）

（资料来源：百度学术相关成果检索及数据统计）

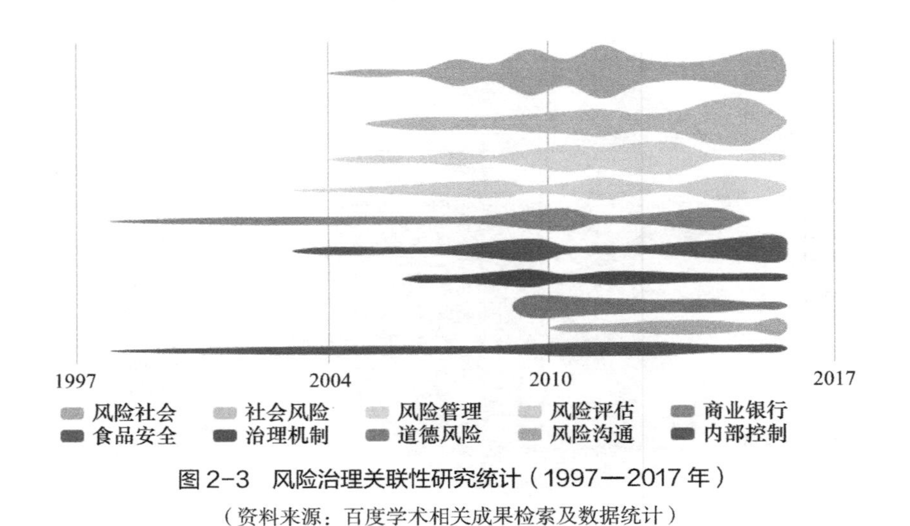

图 2-3　风险治理关联性研究统计（1997—2017 年）

（资料来源：百度学术相关成果检索及数据统计）

表 2-1　国内有关安全风险治理的多学科领域研究主题

学科领域	研究主题
建筑学	工程项目、建筑工程、安全管理、安全风险、施工企业、应对措施
管理科学与工程	风险控制、风险识别、风险分析、市场风险、项目风险治理
工商管理	金融风险控制、财务风险管理、系统风险治理、内部审计、风险防范
应用经济学	信贷风险、风险治理体系、政府风险治理、信用风险、银行风险
法学	金融风险评估、公司治理、金融危机管理、金融法体系创新
工程管理	风险治理机制、治理策略、信息技术、工程造价、项目治理

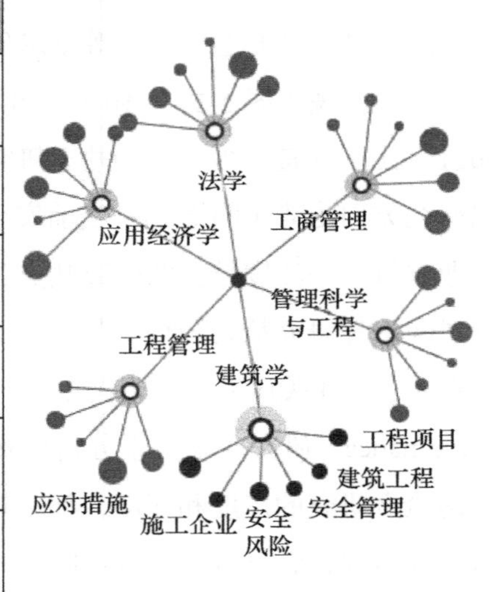

资料来源：依据百度学术相关成果检索及数据统计绘制。

国内外在城市安全风险治理研究方面，多以建筑工程或施工企业治理为主，讨论安全管理技术与方法，研究内容较为局限，有关宏观层面城市整体风险治理的成果偶见于“城市生态修复和防灾减灾”相关研究，成果数量偏少，难以系统指导城市安全建设与防灾减灾工作实践。因此，迫切需要将风险治理与评估技术的相关研究成果应用至城市安全领域，而城市综合防灾规划作为城市安全空间系统建设的重要内容，亟待开展城市安全风险“源头治理”的创新研究，为我国城市治理能力现代化工作提供技术支撑。

2.2　国内外防灾减灾研究偏重单灾治理

本节通过文献资料分析发现：有关城市防灾规划理论与方法的研究多以灾害学中的自然灾害防御为主，进行多灾种或单项灾种的防灾减灾措施集合或系统组建；有关城市灾害风险分析与评价的研究，则偏向于通过单项灾源的风险评估与灾害影响模拟，以此制定风险治理方案。

2.2.1　灾害学主导下的城市防灾减灾理论与方法

自 1985 年开始，我国从国外引入灾害学理论并运用于对城市灾害系统的研究。当时一大批新兴城市迅速崛起成百万级人口的大都市，暴露出城市在面对灾害侵袭时的脆弱性和敏感性，亟需针对城市灾害风险环境进行防灾减灾理论体系与方法的研究[10]。通过近四十年的发展，我国城市防灾减灾理论研究日臻成熟，现已发展成为交叉融合灾害学、土木工程学和安全学等多个学科的综合性研究领域。特别是近十年来，城市防灾减灾的研究领域逐渐向城市空间领域过渡。从建筑学和城乡规划学的视角来看，其研究成果主要集中在自然灾害防御、防灾减灾规划、防灾能力建设三个方面，具有代表性的理论研究著作如表 2-2 所示。

表 2-2　国内有关城市综合性防灾规划理论与方法的代表性著作

著作名称	主要作者	研究领域	出版时间
《城市综合防灾减灾规划》	周长兴	防灾减灾规划	2011 年
《工程灾害与防灾减灾》	李新乐	防灾能力建设	2012 年
《可持续城市防灾减灾与城市规划—概念与国际经验》	张洋，吕斌，张纯	防灾减灾规划	2012 年
《防灾减灾工程与技术》	任爱珠	防灾能力建设	2014 年
《防灾减灾工程学》	李耀庄	防灾能力建设	2014 年
《城市防灾与地下空间规划》	戴慎志，赫磊	防灾减灾规划	2014 年
《城市综合防灾规划》	戴慎志	防灾减灾规划	2015 年
《城市生命线系统安全概论——理论方法应用》	刘亚臣，汤铭潭	防灾能力建设	2016 年
《城市防灾学》（第二版）	万艳华	自然灾害防御	2016 年
《智慧化滨海大城市防灾安全管理研究》	赵黎明	防灾能力建设	2018 年
《城市安全与防灾规划原理》	刘茂，李迪	自然灾害防御	2018 年

伴随我国各地安全智慧型城市的建设热潮，城市防灾减灾理论与方法的研究成果得到了广泛的应用，并衍生出众多科研成果。仅以综合防灾规划领域一项为例，经统计（CNKI 口径），从 1998—2017 年，相关论文研究成果达 129 篇。抽取影响因子较高的代表性成果进行细分发现：主成分因子有综述型、情境型、技术型和个案型四种（表 2-3）。

表 2-3 国内有关城市综合防灾规划理论与方法的代表性论文

论文名称	主要作者	成果类别	发表时间
论城市灾害学研究与防灾减灾规划	金磊	综述型	2002 年
我国城市综合防灾规划编制方法研究——美国经验之借鉴	王江波	技术型	2006 年
城市综合防灾减灾规划设计的相关问题研究	金磊	综述型	2006 年
我国城市综合防灾规划编制方法研究	王江波	综述型	2007 年
美国的城市综合防灾规划及其启示	张翰卿，戴慎志	个案型	2007 年
信息整合在城市综合防灾减灾中的应用	关贤军，尤建新	技术型	2007 年
土地利用综合防灾规划及空间决策支持系统研究	贾婧	情境型	2008 年
葫芦岛市连山区综合防灾体系评级与优化研究	金丽丽	个案型	2011 年
城市综合防灾规划编制与评估的美国经验及对我国启示	赫磊，戴慎志	综述型	2011 年
试论城市综合防灾规划的困境与出路	王江波，戴慎志	综述型	2012 年
城市综合防灾规划编研初探——以南京城市综合防灾规划编研为例	郭东军	个案型	2012 年
高密度环境下的城市中心区防灾规划研究	王峤	情境型	2013 年
沿海化工园区工业防灾规划技术方法探析	靳瑞峰	情境型	2013 年
城市综合防灾规划编制体系与管理体制的新探索	陈鸿，戴慎志	综述型	2013 年
滨海城市填海城区综合防灾规划研究	曹湛	情境型	2014 年
城市防灾应急避难场所规划支持方法研究	窦凯丽	技术型	2014 年
从综合防灾到韧性城市：新常态下上海城市安全的战略构想	石婷婷	个案型	2015 年
城市综合防灾规划中灾害风险评估方法研究	郭曜	技术型	2016 年
可拓城市综合防灾规划理论与方法研究	付冠男	技术型	2017 年

在国外，有关城市防灾减灾的研究成果主要集中在日本、美国及欧洲等发达国家和地区，它们在城市灾害应急管理、规划体系与防灾方法上优势明显，并有很多其他国家吸收借鉴。国外城市防灾减灾研究焦点主要集中在防灾理念创新、防灾精细治理、多元防灾技术等方面（表 2-4）。特别是防灾减灾实践经验研究中，很多学者都在探索将灾害风险控制和社会保险制度等非工程性防灾减灾手段整合到城市综合防灾减灾治理体系

中，既能提高城市整体应对灾害风险的韧性和能力，又能充分调动居民参与的积极性。但这些研究成果基本都是围绕理念推演展开，针对各个单项灾害类型的综合防灾工程研究；有关灾害风险评估的治理技术大多被应用在综合防灾规划前的社区风险调查阶段，鲜有落实到城市防灾减灾空间规划与设计层面的研究成果。

表 2-4　国外有关城市综合防灾减灾的代表性研究成果

成果名称	主要作者	研究焦点	发表时间
Natural Mitigation Recasting Disaster Policyand Planning	Godschalk R, Beatley T	防灾理念创新	1999 年
Natural Hazard Mitigation: Recasting Disaster Policyand Planning	Beatley T, Berke P	防灾理念创新	1999 年
An Institutional Framework for Japanese Crisis Management	Furukawa S	灾害精细治理	2000 年
Urban Hazard Mitigation: Creating Resilient Cities	Godschalk DR	智慧防灾规划	2003 年
Inner City Stormwater Control Using a Combination of Best Management Practices	Villarreal E，Semadeni-Davies A, Bengtsson L	灾害精细治理	2004 年
Management of Urban Consolidation Plan and Flood Disaster Prevention	Taniguchi M, Matsunaka R, Nakamichi K	灾害精细治理	2005 年
Implementation of the EPA's Water Quality Trading Policy for Storm Water Management and Smart Growth	Trauth K, Shin Y	智慧防灾规划	2005 年
Planning for Human Settlements in Disaster Prone Areas	Parsad R	防灾理念创新	2009 年
Urban Water Engineering and Management	Mohammad J, Moridi A	多元防灾技术	2010 年
Strong, Safe, and Resilient: A Strategic PolicyGuide for Disaster Risk Management in East	Jha A K, Geddes, Zuzana	灾害精细治理	2013 年
Challenging Disaster：Toward Community Based Disaster Resilience	Ireni-Saban L	防灾理念创新	2014 年
Community, Environment and Disaster Risk Management	Jonas S	灾害精细治理	2014 年
Remote Sensing of Water Resources, Disasters, and Urban Studies	Thenkabail P	多元防灾技术	2015 年
AGIS-based Earthquake Damage Assessment Settlement Methodology	Hashemi M, Alesheikh A	多元防灾技术	2016 年

2.2.2　单灾源影响下的城市灾害风险分析与评价

在国外，城市灾害风险评估主要包括物质型灾害风险评估和经济型灾害风险评估两大类。本书对滨海城市综合防灾规划的研究偏重于前者（表 2-5）。物质型灾害风险评估的研究目的是评估城市灾害系统风险，统筹调配防灾设施布局，建立相应的防灾治理决策机制，从而降低受灾居民生命财产损失并维持城市安全运行稳态，在研究内容上主要以具体灾种的风险评估为主。

表 2-5 国外物质型灾害风险评估代表性研究成果（1990—2019 年）

研究灾种	学者或机构	成果名称	国别	主要观点	时间（年）
火灾	Timothy W	*Households, forests and fire hazard vulnerability in the American West* [11]	美国	火灾安全评估系统、综合风险、危害与经济价值评估	2005
	Fire Protection Association	*Fire Safety and Risk Management* [12]	英国	NEBOSH 国家消防安全管理证书制度	2014
洪涝	Frans K, Timo S	*Comprehensive Flood Risk Management* [13]	荷兰	洪水动态监控与风险评估系统	2012
	Robert T	*Flood Risk Management* [14]	美国	雨洪综合治理模式	2014
地震	Fujiwara T, Suzuki Y, Kitahara A	*Risk Management for Urban Planning Against Strong Earthquakes* [15]	日本	运用城市规划手段提升空间抗震韧性	1996
	David D	*Earthquake Risk Modelling and Management* [16]	新西兰	集合分级治理与多投资模式，建立 GIS 易损性风险评估系统	2009
海啸	Yanagisawa K, Imamura F, Sakakiyama T, et al.	*Tsunami and Its Hazards in the Indian and Pacific Oceans* [17]	日本	洲际海啸预警联盟、消极性海啸风险评估	2006
	Doocy S, Gorokhovich Y, Burnham G, et al.	*Tsunami mortality estimates and vulnerability mapping in Aceh, Indonesia* [18]	印尼	海啸风险脆弱性评估、动态易损性风险地图	2007
滑坡	Olivier L, Christoph H, Hugo R, et al.	*Landslide risk management in Switzerland* [19]	瑞士	创建多准则决策支持系统	2005
	Claudio M, Paolo C, Sassa K	*Landslide Science and Practice: Risk Assessment, Management and Mitigation* [20]	意大利	滑坡灾害链风险评估、滑坡危险区划与监测	2013
风暴潮	Nasim U.	*Wind Storm and Storm Surge Mitigation* [21]	美国	风暴潮冲击影响评估、快速逃亡路线设计	2010

在国内，研究方向多为宏观灾害系统单项自然灾害风险，城市灾害风险评估研究较少。以“灾害风险”为关键词在国家级基金共享服务平台检索可知：截至 2019 年，有关灾害风险的国家自然科学基金已结题项目 59 个。虽然部分研究在城市安全工程建设和城市综合防灾规划方面引入了风险评估技术，但也仅用于单项灾害风险分析或规划前期风险预测，没有深入对城市空间体系进行系统性灾害风险评估研究。

2.3　安全风险评估技术

安全风险评估既是城市灾害风险治理的核心方法，又是耦合滨海城市安全风险治理与防灾空间规划的重要量化手段与技术纽带。因此，在前述城市灾害风险分析与评价研究成果统计的基础上，有必要剖析安全风险评估技术发展的脉络，为选取适合滨海城市综合防灾规划的安全风险评估方法奠定研究基础。

在国外，将安全风险评估技术运用于城市灾害系统的研究始于 20 世纪 90 年代。联合国开发计划署以城市受灾人口及其影响因素作为统计与分析对象，首次建立灾害风险评估指数系统（Disaster risk index），旨在对城市进行灾害风险脆弱性评价。2003 年，哥伦比亚大学对美国受灾人口损失严重的城市进行有关灾害系统的安全风险、灾害暴露性和脆弱性的评价研究，并提出自然灾害热点计划（Natural disaster hotspot program），制定单灾种的风险评估操作指南。2005 年，联合国世界减灾会议在日本神户发布了《2005—2015 年兵库行动框架》。2008 年，欧盟提出了以多要素灾害风险评估为主的韧性城市建设计划。2012 年，美国国家海洋和大气管理局应用了气象卫星动态监控技术。2015 年，美国联邦应急管理局将遥感（RS）、地理信息系统（GIS）等空间大数据分析技术用于城市危机管理。

在国内，在城市层面进行安全风险评估技术的研究成果不多，目前还是以自然灾害风险或生产事故灾难风险的等级评估为主，作为城市灾害系统风险评估的主要方法。学者史培军最早在 1996 年提出对我国区域灾害系统中的致灾因子进行风险性评估，进而分析区域致灾与成灾过程中灾情形成的动力学机制 [22]。金磊据此提出了发展现代城市灾害学的设想，并于 2007 年系统论述了城市灾害风险评估的指标与统计学方法 [23]。袁永博等人在 2009 年将脆弱性风险熵分析应用于城市灾害系统风险评估中，综合评价城市面对灾害时的易损性 [24]。刘爱华博士在 2013 年构建城市灾害链动力学模型并提出了风险评估办法 [25]。代文倩等人在 2019 年基于 TOPSIS（优劣解距离法）指标权重计算方法构建城市灾害综合风险评估云模型 [26]。

综上所述，当前国内外城市安全风险评估技术多以模型研究为主，研究思路以组建安全风险数据库为起点，然后构建、论证风险评估模型并进行指标计算，最后用安全风险图表达评估结果。研究方向正逐步由单一灾害系统要素分析向融合多学科成果集成分析的方向拓展；研究内容则从自然灾害风险评估向多重灾害风险评估的方向转变。本书对滨海城市综合防灾规划中的安全风险评估技术研究，就是在摸清滨海城市安全风险机理特征的前提下，基于多维风险建模及其指标运算，集成自然灾害系统和地理信息系统等多个研究领域的风险评估与治理技术，围绕滨海城市综合防灾规划研究的安全风险治理目标诉求，将其进行契合度对比分析，进而说明适用阶段与条件（表 2-6）。

表 2-6 风险评估与管控技术选取

阶段归属	模型方法	软件选用	技术领域	安全风险治理目标诉求					
				空间融合	公众参与	沟通机制	数据详实	要素多样	成本可控
风险识别阶段	GIS 分析	GIS10.0	地理信息系统	●	○	●	●	●	●
	TM/ETM +①影像分析			●	○	○	●	○	●
	灾害风险机理辨析	VensimDss5.6a	自然灾害系统	○	●	●	○	●	○
风险评价阶段	三阶段 DEA②模型	DEAP2.1, Frontier4.1, GeoDa, GIS10.0	地理信息系统	●	○	○	●	●	●
	探索性空间自相关			●	○	●	●	●	○
	地理加权回归（GWR③）模型			●	○	○	●	○	●
	BP④神经网络模型		自然灾害系统	●	●	●	○	○	●
风险控制阶段	PADHI⑤规划决策方法	QRA, GIS10.0, Pathfinder	应急管理系统	●	●	●	○	●	●
	RBS/M⑥风险监管方法			○	●	●	○	●	○

注：●适用○不适用。

2.4 本章小结

本章通过对基础理论研究的统计与分析，了解以风险治理、风险动态管控、综合防灾体系为主的研究趋势，为后文聚焦滨海城市安全风险机理特征、解析综合防灾规划困境，提供了完备的技术支撑。同时，本章也为全书开展风险治理导向下的滨海城市综合防灾规划路径研究奠定了扎实的理论基础。

① TM：Thematic Mapper，专题制图仪，一种具有较高空间分辨率的成像多谱段扫描仪。ETM：Enhanced Thematic Mapper，增强型专题制图仪。

② DEA：Data Envelopment Analysis，数据包络分析。

③ GWR：Geographically Weighted Regression，地理加权回归。

④ BP：Back Propagation，反向传播。

⑤ PADHI：Planning Advice for Developments Near Hazardous Installations，危险设施周边发展规划建议。

⑥ RBS/M：Risk Based Supervision/Management，基于风险的监督 / 管理。

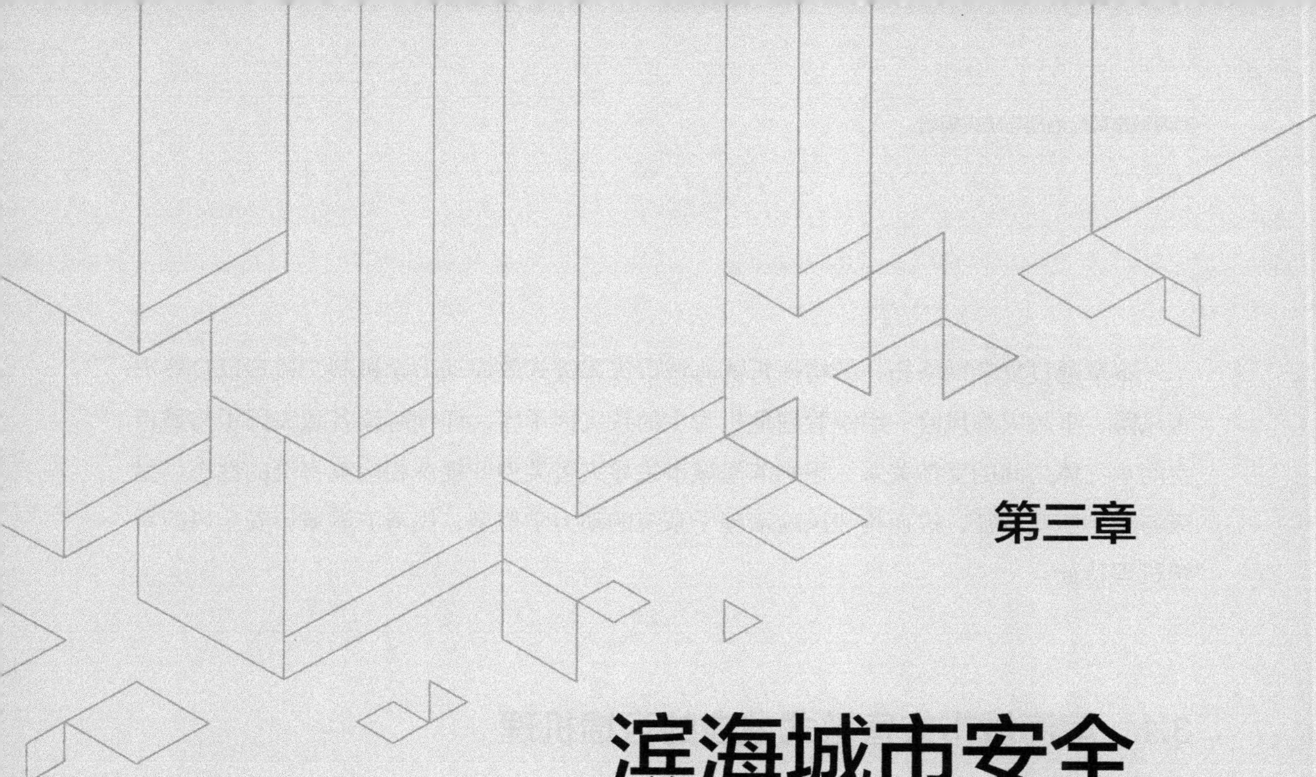

第三章

滨海城市安全
风险系统机理特征辨析

本章通过复杂网络拓扑结构探析滨海城市灾害链式效应动力学机制，梳理以自然灾害风险、事故灾难风险、组织管理危机为主的致灾因子库，详细解读各致灾因子与城市空间承灾体之间的互馈关系，识别滨海城市主导灾害类型并提炼相应灾害链的性态、量级与时空演变特征，进而构建风险治理子系统的动力学模型，摸清滨海城市安全风险系统机理特征。

3.1 滨海城市灾害链式效应的互馈机理

滨海城市灾害链网络结构内部包含海洋性灾害多样性、防灾空间暴露性、生态环境敏感性等物质型灾害风险环境，主要表现为自然灾害风险和事故灾难风险；外部则包含市政设施运行、群体社会交往、经济金融发展等放大灾害风险链式效应的非物质型灾害风险环境，主要表现为组织管理危机，可简称管理危机。二者的互馈机理表现为物质型灾害与管理危机间的灾害链关联性及相互影响，可用于识别主要灾种载体形态演变规律及其破坏形式。

3.1.1 物质型灾害与管理危机的海洋特性

我国滨海城市与内陆城市相比，人口与产业紧邻海岸线集聚，灾害风险环境受海洋气候环境直接影响而呈现特殊性：首先，以自然灾害、事故灾难为主的物质型灾害风险具有强海洋指向性；其次，滨海城市作为我国经济、人口高度密集的地理单元，聚集很多世界级城市群组团，导致物质型灾害风险具有区域性、并发性及密集性的多重特征。其风险治理过程更易产生管理危机，其中因组织防灾救灾失误而导致物质型灾害影响及损失扩大化，属于管理危机的主要类型。本书依据《中国海洋灾害公报》（2013—2018年）分析出我国滨海城市主要灾害类型构成（图 3-1），其中自然灾害风险存在海洋大气扰动、地质地貌异动、生态环境异常等致灾因子，引发风暴潮、赤潮、地震等灾害；事故灾难风险由多种人为致灾因子引起火灾爆炸、大气污染等灾害；组织管理危机则因物质型灾害风险日趋复杂多样，暴露出管理部门在灾害风险防控与应急救援方面的短板。

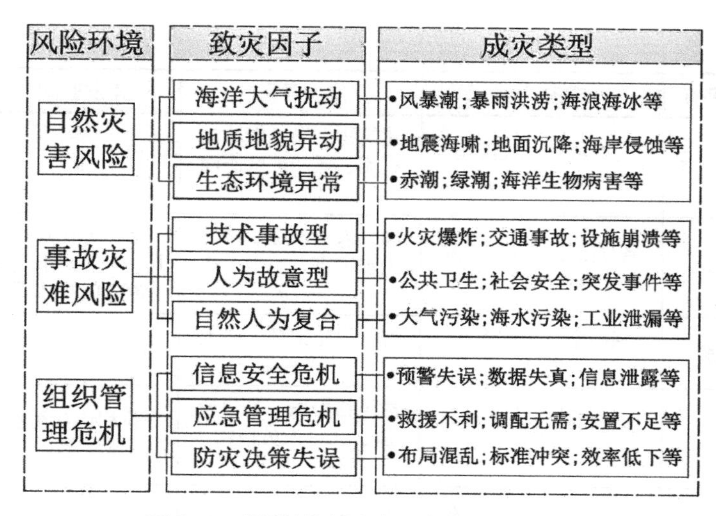

图 3-1　我国滨海城市主要灾害类型构成图

3.1.1.1　自然灾害风险存在海洋特性

自然灾害风险主要由大气圈、水圈等自然孕灾环境中的致灾因子导致，作用于滨海城市承灾体，造成居民伤亡或经济财产损失。我国滨海城市此类致灾因子主要有海洋大气扰动、地质地貌异动和生态环境异常三种类型。

从空间分布看，不同类型自然灾害常发生于不同沿海区域的滨海城市。由我国沿海地区台风登陆次数、季风和雨带移动情况、强地震带分布情况可知：广西、海南、广东、福建、台湾等滨海地区受风暴潮灾害影响最严重；渤海湾以及台湾、福建等滨海地区全部处于强地震带区域；而暴雨洪涝灾害随季节由南向北依次影响我国滨海地区，3～4 月为华南地区，4～6 月为华东地区、6～8 月为华北地区[27]。从成灾类型看，因海洋大气扰动产生的灾害有风暴潮、暴雨洪涝、海浪和海冰等；因地质地貌异动引发的灾害有地震、地面沉降、海啸、海水入侵和海岸侵蚀等；因生态环境异常引发的灾害有赤潮和绿潮。表 3-1 进一步归纳了影响我国滨海城市的自然灾害类型，并分析各自成灾机制、主要危害、常发时间和影响区域，为下文辨析灾害链的延伸机理和演化规律提供依据。

表 3-1　我国滨海城市主要自然灾害风险构成表

致灾因子	灾害名称	成灾机制	主要危害	常发时间	影响区域
海洋大气扰动	风暴潮	海洋大气扰动引起海面异常升高并伴随台风侵袭	海水倒灌、狂风巨浪、建筑物倒塌、土壤盐碱化、人员伤亡	7～9 月	广东、福建、浙江

续表

致灾因子	灾害名称	成灾机制	主要危害	常发时间	影响区域
海洋大气扰动	暴雨洪涝	短时或持续强降雨超出地面径流容量	建筑物倒塌、滑坡泥石流、低洼地区淹没渍水	6～9月	福建、广东、浙江、江苏
	海浪	强对流冷热空气引发的灾难性风浪或涌浪	船只人员失踪、诱发洪水灾害、海上生产停滞	冷空气浪1～4月、9～12月；热空气浪7～9月	福建、广东、浙江、江苏
	海冰	强冷空气引起海水结冰	海岸设施损坏、海上生产停滞	11月到次年3月	辽宁、天津、河北、山东
地质地貌异动	地震	地壳快速释放能量并震动	建筑物垮塌、基建崩溃、大量人员伤亡、次生灾害多发	不固定，隐患常年存在	河北、天津、福建
	地面沉降	地下漏斗、地壳运动等引发地表高程不断降低	损害建构筑物、人员伤亡	常年存在、偶有突发性沉降事件	上海、浙江、江苏、天津、河北
	海啸	地质地貌异动引起海水长周期波动且海面大幅度涨落	诱发洪涝灾害、损毁建构筑物、大量人员伤亡	外海偶发	海南、广东
	海水入侵	海平面高于防护堤而引发海水倒灌	破坏生态环境、引发淡水危机、土壤盐渍化	6～8月	辽宁、河北、山东
	海岸侵蚀	海水动力的冲击造成海岸线的后退和海滩的下蚀	土地流失、海岸构筑物损坏、滨海浴场退化	常年发生	辽宁、河北、江苏、山东
生态环境异常	赤潮	微藻、原生动物或细菌暴发性增殖或聚集引起水体变色	破坏生态环境、危害渔业养殖	5～8月	浙江、上海、广西、海南
	绿潮	大型绿藻（浒苔）暴发性增殖或聚集	破坏生态环境、危害渔业养殖	4～8月	江苏、山东

资料来源：依据《中国海洋灾害公报》（2013—2018年）绘制。

3.1.1.2 事故灾难风险呈现高发态势

我国滨海城市因工业企业、建筑、人口高度密集而成为事故灾难风险高发区。其中工业企业由于规模数量较大，多含重化工、危险品等风险源，人口流动快与集聚度高，形成复杂社会网络，导致人为事故风险发生概率骤增。以近年常见的城市雾霾和海水污染事故为例：浙江以北至河北秦皇岛的滨海城市，因燃煤供暖和化工企业污染物排放的原因，成为我国秋冬季雾霾的高发区域；上海、浙江、广东等经济发达地区，由于过度捕捞、渔业养殖、危险源泄漏及设施损坏等导致该区域大部分滨海城市的近海水质常年处于劣四类，属于高敏感度海洋生态风险区[28]。近10年来，滨海城市还多次发生重特大事故灾难：2010 年大连新港输油管道爆炸，2013 年青岛黄岛区输油管道爆炸，2015 年天津滨海新区危险品爆炸等[29]。

表 3-2 归纳了我国滨海城市事故灾难风险的主要类型、成灾机制及主要危害，事故灾难问题按致灾因子可划分为技术事故型、人为故意型、自然人为复合型三类。其中技术事故型灾害多发生于化工企业生产过程中，主要包括因设备使用或技术操作出现重大失误而引起的火灾爆炸、生命线系统和交通系统崩溃；人为故意型灾害多发生于社会公共场所中，个体或组织有意识地破坏城市重要基础设施或扰乱社会秩序，进而引发群体性突发事件、公共卫生事件和社会安全事件；自然人为复合型灾害则将人为参与视作诱导因素，促使自然致灾因子和人为致灾因子共同作用，产生大气与海水污染、工业泄漏等事故灾难。

表 3-2　我国滨海城市主要事故灾难风险构成表

致灾因子	灾害名称	成灾机制	主要危害
技术事故型	火灾爆炸	生产管理失误、设备老化、易燃易爆设施损毁引发火灾爆炸	大量人员财产损失、工业生产停滞
	生命线系统崩溃	设备维护重大失误导致网络设施故障	干扰工业生产、影响居民生活、引起社会不安
	交通系统崩溃	运输条件恶劣、交通拥堵引发重特大交通事故	人员财产损失、出行效率骤降
人为故意型	群体性突发事件	因群体秩序紊乱突发踩踏、冲突等事件	短时间大量人员伤亡、公共设施损坏
	公共卫生事件	重大疾病传染源引起的突发疫情、食品安全	影响公众健康和居民安全、引起社会不安
	社会安全事件	社会动荡和武装斗争引起的犯罪、恐怖袭击和战争	破坏大量建构筑物、引发社会恐慌、大量人员财产损失
自然人为复合型	大气污染	人为污染物无序排放引发的雾霾、酸雨等极端天气	交通系统运行停滞、影响公众健康、损毁建构筑物
	海水污染	沿海资源超负荷开发利用导致生态系统紊乱	破坏海洋生态、影响渔业生产
	工业泄漏	地质灾害或人为干预下导致的危险及放射性物质泄漏	严重破坏生态、经济损失巨大

资料来源：依据 2015—2017 年我国高风险区 9 个典型滨海城市的统计年鉴绘制。

3.1.1.3　组织管理危机放大效应显著

内部的组织管理以自然灾害和事故灾难等物质型灾害的防控为核心。从灾害学角度看，该机制下居民和企业被视为物质型灾害风险的主要承灾体，被动纳入灾害风险管理体系中，由政府作为第三方主导进行致灾因子和孕灾环境分析，并为各承灾体提供防灾减灾服务。这种做法虽能简化防灾工作流程且方便集中人力、物力资源进行减灾救灾，但却导致居民或企业等承灾体对致灾因子及孕灾环境认知的缺失，形成被动式防灾。一旦组织管理出现危机，承灾体直接暴露在致灾因子下，致灾效应会迅速放大并带来更严重的灾害损失。因此，要将由政府主导的单一管理转变为多元主体参与的新管理体系。为此必须深入分析当前管理机制的弊端，将居民、企业等社会参与者纳入进来，与政府部门共同治理城市风险。当前我国滨海城市组织管理危机主要包含信息安全危机、应急管理危机和防灾决策失误三类（表 3-3）。

表 3-3　我国滨海城市的主要组织管理危机

危机阶段	信息安全危机	应急管理危机	防灾决策失误
灾前阶段	●风险识别错误 ●数据搜集失真 ●灾害预警失误	●物资储备无序 ●平灾结合缺失 ●监督管理弱化	●防灾目标失真 ●设防标准冲突 ●设施布局混乱
灾中阶段	●灾害信息泄露 ●信息系统瘫痪 ●灾情传输滞后	●组织救援不利 ●部门协调杂乱 ●物资调配错乱	●避难疏散无序 ●减灾措施不当 ●防灾空间紧缺
灾后阶段	●灾害数据丢失 ●网络恢复困难	●恢复重建缓慢 ●应急设施匮乏 ●安置保障不足	●次生灾害失控 ●决策效率低下 ●规划支撑空缺

3.1.2　空间是灾害链延伸的核心载体

滨海城市灾害是将沿海自然及社会资源作为孕灾环境，在海洋自然灾害或人为灾难为主的致灾因子影响下，以滨海城市人居环境作为主要承灾体，三者共同作用的情况下产生。同时，滨海城市各类灾害之间，大多存在因果关联或同源共生关系，由此构成滨海城市灾害链网络。从灾害学视角解释滨海城市灾害链延伸机制可以看到，滨海城市灾害链延伸的主要表现为致灾因子与承灾体间的灾变能量释放与传递过程（图 3-2）。

灾害链在不同阶段表现出的延伸特征为：首先，以自然或人为致灾因子形成基准灾源作用于一级承灾体形成原生灾害层，此阶段是灾害能量激发并释放的原点，其影响空间与范围也最广；其次，一级承灾体遭到破坏或受损并转移灾害能量，导致原有孕灾环境突变，由此产生二级致灾因子并作用于二级承灾体，从而形成次生灾害层；最后，在次生灾害影响下诱发更多样化的致灾因子，持续向更广泛的承灾体空间传递灾害能量，孕灾环境经多次裂变并产生衍生灾害层[30]。因此，滨海城市灾害链延伸机制可归纳为：原生灾害催生新致灾因子，新致灾因子作用于不同承灾体并导致孕灾环境恶化，进而持续诱发多种次生灾害与衍生灾害的过程。

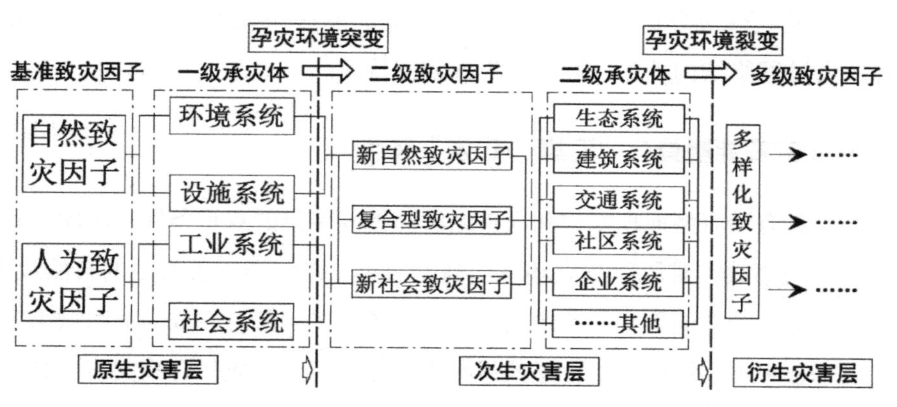

图 3-2　滨海城市灾害链的延伸机理分析图

滨海城市灾害链延伸不仅依赖于各级致灾因子激发灾变能量，而且还需要其与滨海城市特殊的孕灾环境和承灾体之间互馈、影响，共同完成灾变能量释放和传导。对于滨海城市企业、组织和社区等多元灾害风险治理主体而言，居民是承受灾害损失的基本单元，而空间则是居民用来承受和抵御灾变能量的重要物质载体。在灾害发生后，居民首要关注的是物质空间下的生命安全，然后才能关注社会与经济系统的承灾要求[31]。因此，基于多元治理主体参与的滨海城市灾害链机理研究必须以城市空间作为主要承灾体。在滨海城市灾害链系统结构中，空间承灾系统应属于核心要素[32]。如图 3-3 所示，以空间为承灾体的灾害链系统包含了多种交互关系。其中，事故灾难和自然灾害复合形成破坏生态环境的灾害链；自然灾害和管理危机复合形成破坏城市经济系统的灾害链；管理危机和事故灾难则共同复合成为破坏城市社会稳定的灾害链。

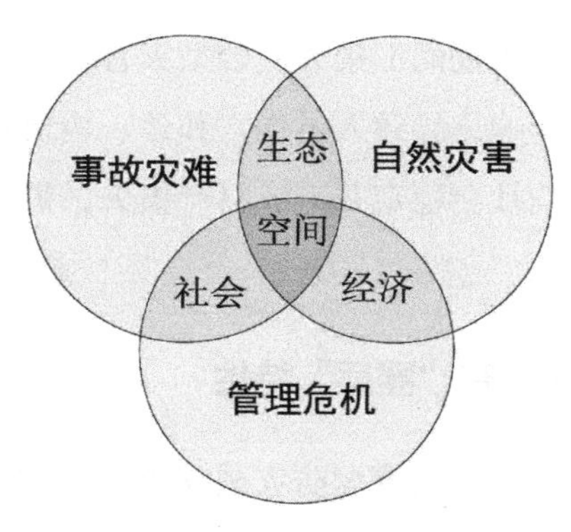

图 3-3　灾害链系统构成要素关系图

3.1.3 物质型灾害与管理危机灾害链的互馈关系

在掌握滨海城市内外部风险要素特性及其灾害链延伸机制的基础上，进行物质型灾害与管理危机链式效应分析，通过解读灾变能量汇集—迸发及圈层式的互馈关系，归纳出整体灾害链网络结构的差异性与聚集性演变特征。

3.1.3.1 物质灾变能量具有“汇集—迸发”特性

滨海城市具有沿海型地理区位和人口经济高密度聚集的双重条件，因此，其面临的自然灾害风险与事故灾难风险孕灾环境均高度敏感。以海洋灾害为主的自然致灾因子，密集化工危险品生产企业聚集导致的人为致灾因子，二者都可能成为滨海城市灾害链的基准致灾因子，在灾害链的网络化延伸过程中相互作用，形成复合型灾害，其灾害链网络具有“汇集—迸发”特性（图 3-4）。

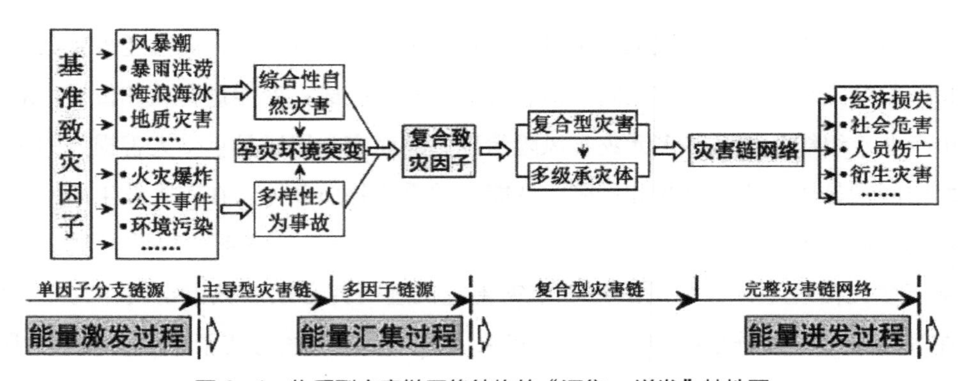

图 3-4 物质型灾害链网络结构的“汇集—迸发”特性图

由各种基准致灾因子引起的各个分支灾害链源，汇集形成综合性自然灾害或事故灾难。在主导型灾害的影响下，自然与人为致灾因子间相互转化，导致孕灾环境发生突变，形成多因子复合灾害链源，进而汇集为复合型灾害。复合型灾害链的能量在城市空间承灾体系统中迸发并产生影响，导致人员伤亡和建、构筑物损坏，然后逐步影响经济与社会承灾体系统，持续影响社会稳定并造成财产损失，最终形成完整的物质型灾害链网络。

3.1.3.2 管理危机链式效应具有“圈层”特性

当前，我国滨海城市政府部门是调配防灾减灾资源、监控和预防灾害的主体，一旦其组织管理出现失误，将导致物质型灾害的链式效应失控并快速放大，进而造成更多的生命财产损失。因此，这种灾害链网络具有典型的圈层结构特性。滨海城市在防控与治理物质型灾害链的过程中，如产生了组织管理危机，其作用于各类自然灾害、工业生产事故以及社会网络灾难，会产生激发效应和放大效应。激发效应催化了物质型灾害的能量蓄积和爆发，放大效应则导致复合型灾害损失的扩大和延续。随着管理危机链式效应的扩散，产生防灾决策失误、应急管理危机、信息安全危机等二级组织管理危机链源，进而持续影响物质型灾害链演化发展的不同阶段。

3.1.3.3　灾害链网络结构演变的差异性与聚集性

从灾害构成要素关系来看，物质型灾害链在积蓄和传导灾变能量方面具有直接性，其“汇集—迸发”特性决定了网络结构演变的稳定性。而管理危机灾害链主要通过媒介间接激发或扩大物质型灾害的能量传播，呈圈层式特性，决定了其网络结构演变具有发散性和不确定性。因此，从操作实施的可行性角度看，简单将这两类灾害链结构叠加，不能清晰地表达滨海城市整体灾害链网络结构演变的特征。因为在滨海城市安全风险治理工作中，很难将物质型灾害和管理危机完全独立地进行灾害治理与风险防控。需要通过寻找整体认知滨海城市灾害链网络结构演变特征的方法，辨别不同灾害情境下的主导性致灾因子及其属性，然后根据物质型灾害链或管理危机灾害链的网络结构特征来决定断链减灾行为的实施。本书参照灾害学专家史培军、郭增建等人倡导的灾害链分类方法，描述滨海城市整体灾害链网络结构的演变特征，以挖掘灾害产生的根源及其主导影响因素为基准，将滨海城市灾害风险系统中的灾害链网络结构视为由多个灾害节点 a_n（$n=1，2，3\cdots$）组成的复杂网络系统，这些节点之间依照偶排、同源、互斥和因果四种关联桥彼此组合[33]。

如图 3-5 所示，不同灾害节点之间的连接边代表四种关联桥，它们具有定向传递滨海城市承灾体产生的灾变能量的作用，可以用来表征灾害链网络结构的演化行为。假设以节点 a_1 作为灾害链源，通过多个中间灾害节点最终将灾变能量传导到节点 a_9，从而形成节点 a_1 的灾害链网络结构。在滨海城市不同的孕灾环境下，并不会导致所有中间灾害节点的发生，a_9 也不会必然成为灾变能量传导的终点[34]。因此，对于滨海城市而言，理想化的灾害链网络结构会呈现两种不同形式的灾害演化特征：前一种侧重于灾变能量的分散传导，受灾范围较大，缺少一灾多发的关键节点，灾变能量不会增加，以靠近 a_1 侧断链作为主导减灾方式，比如洪涝灾害、海啸、风暴潮、应急管理危机、公共卫生事件等；后一种侧重于灾变能量集中传导，受灾覆盖范围虽然较少，但存在一灾多发节点，对灾变能量具有放大效应，以消除核心节点 a_3 作为主导减灾方式，比如地震、火灾爆炸、群体突发性事件、防灾决策失误等。

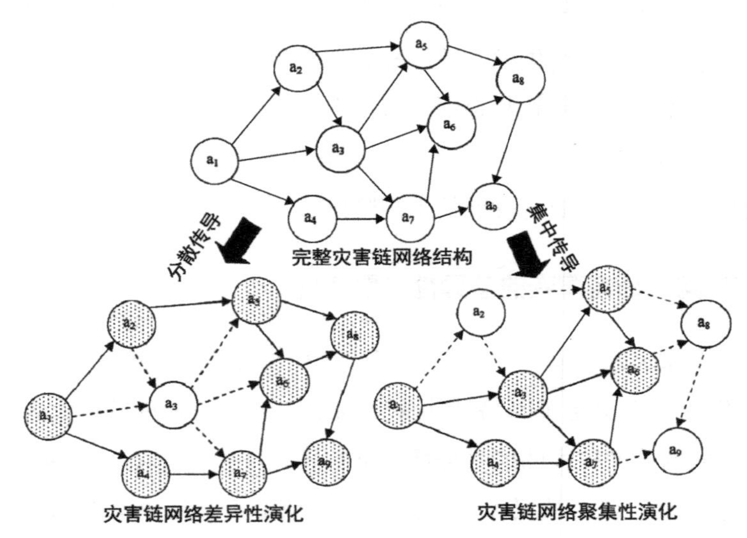

图 3-5 滨海城市整体灾害链网络结构演变特征

（资料来源：依据参考文献[33, 34]绘制）

3.1.4 全生命周期风险治理的断链减灾

滨海城市的安全风险机制特征由灾害风险子系统和风险治理子系统共同决定。灾害风险子系统的灾害链网络结构能够形象地描述滨海城市风险产生与演化机制，其构成主体是物质型灾害的集合。而风险治理子系统则包含政府部门、居民、企业和社会组织等多元参与者，针对滨海城市灾害链的机制特征，实施一系列减灾措施来切断其灾害链。因此，在分析滨海城市灾害链的断链减灾策略时，必须考虑多元参与主体，明确防灾减灾规划、应急管理规划、安全风险评估与控制等断链减灾措施在全生命风险治理过程中的地位及作用。

如图 3-6 所示，将灾害风险子系统中的灾害链演化划分为孕灾、诱灾、灾发三个阶段，风险治理子系统针对不同阶段的特征相应实施断链减灾措施：在孕灾阶段，激活原始灾害链源，虽然致灾因子逐渐增多且孕灾环境趋于恶化，但灾害能量尚未聚集至爆发点，可通过安全风险评估识别核心致灾环节，运用防灾减灾规划手段进行断链，有效降低灾害发生概率与风险隐患；诱灾阶段是濒临灾害发生的潜伏阶段，随着多个灾害链源被激活，城市孕灾环境发生突变，以城市空间为主的承灾体超负荷运行，应及时对灾害链中的激发环节进行安全风险控制，通过全面减灾行动计划进行断链，避免灾害发生概率超过安全阈值范围；灾发阶段则指灾害能量由势能集聚转为动能爆发的阶段，灾害损失虽已无法避免，但能通过及时控制来降低损失程度，运用应急救援管理手段进行断链，阻止灾害链式效应放大，避免次生灾害频发。在滨海城市整体灾害链的断链减灾结构中，风险治理子系统的效用分别表现在综合防灾和灾害治理两个方面。综合防灾减灾是滨海城市安全风险治理的主体，占整个灾害链断链减灾工作的70%，属于常态化风险治理手段，通过引导居民、企业、社会组织等多个社会主体共同参与到日常防灾规划决策或减灾措施实施中，实现多元主体共同参与下的风险治理。而灾害治理所占比例为30%，属于紧急性灾害风险管理手段。二者耦合的目标就是形成以风险“识别—评估—断链—控制”为全生命周期的滨海城市动态风险治理机制。

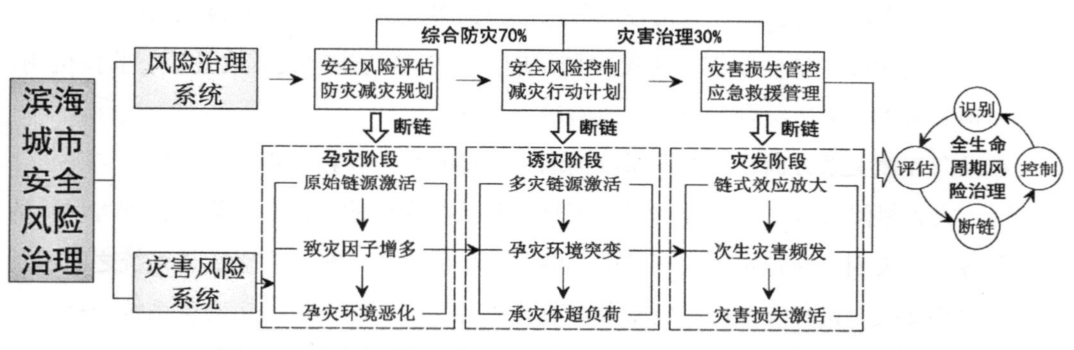

图3-6 全生命周期风险治理导向的灾害链断链减灾策略示意图

3.2 风险治理行为反作用的系统动力学建模

从滨海城市灾害链的延伸机制及其链式效应演变分析可知，阶段性是灾害链源产生及其灾变能量传导的主要特征。从理论分析的角度看，在众多灾害链组成的复杂网络系统中，安全风险治理子系统可以通过采取断链减灾的方式干预或影响灾害风险子系统中的灾害链演化趋势。然而，在实际操作中，由于灾害链网络结构由多重反馈环组成，各灾害链之间的灾害能量传导具有非线性和模糊性，风险治理子系统如何准确地识别关键断链环，有效地实施防灾减灾措施呢？这就需要借助灾害系统动力学模拟复杂结构关系及其可视化的优势，进一步论证风险治理子系统响应灾害风险子系统的反作用动力机制，摸清风险治理子系统的内部运行机理，通过组建系统动力学模型提高其自身运行效率，寻找有效降低灾害链网络结构脆弱性及其灾害发生率的方法，为滨海城市开展安全风险评估与风险治理特征识别奠定基础。

3.2.1 风险系统之模糊开放与逐级互馈

依据对滨海城市灾害系统构成要素和灾害链网络结构演化过程的分析，判断其整体安全风险系统的动力学特征，而整个系统动力学演进的目的是实现对滨海城市安全风险的动态化与综合化治理，其系统动力特征主要表现为灾害风险子系统与风险治理子系统之间存在的多重互馈关系。

在这两个子系统的横向互馈关系中，存在分阶段独立影响的特点：在以灾害系统“三要素”为核心的灾害链孕育和潜伏阶段，只能将安全风险评估和防灾减灾规划等治理行为作为断链减灾的响应主体；在自然灾害或事故灾难的发生与损失阶段，主要依照应急救援管理中的灾害预警、灾情控制和系统止损等治理行为进行断链减灾响应；在灾后恢复与重建阶段，则需要综合防灾规划与应急管理共同建立灾后风险动态监控机制，评估和预防灾害再生，综合响应安全风险治理需求[35]。

在纵向互馈关系方面，两个子系统的动力来源和输出存在一定的差异性。

（1）灾害风险形成机制的动力学过程具有开放与模糊的特征。实际上，灾害风险的形成是各类致灾因子在特定孕灾环境的影响下产生的灾变能量，在承灾体系统之间不断进行传递和交换。这种灾变能量的来源具有开放性，当其在滨海城市灾害系统中持续输入和输出时，会通过影响灾害链网络结构的演变来重塑城市空间环境和功能组织。当外部灾变能量的输入大于滨海城市承灾体输出的能量时，说明灾变能量更多地影响承灾体本身，风险治理子系统未能有效分散和转移灾变能量，相应的防灾规划或断链减灾措施失效，城市运行系统将更加趋于无序化，灾害损失也会更大；反之则说明城市具有较强的抗灾韧性。这种模糊性是由于灾变能量来源的开放性和灾害链网络结构的复杂性所致，导致灾害风险形成过程充满不确定性，增加了风险治理子系统识别主要致灾因子并进行风险预警的难度，促使所有的防灾规划或断链减灾措施无法控制或抑制原生灾变能量的产生和传导，只能预防或减少影响原生灾害启动的致灾因子，从而减少次生灾害的发生概率并降低其灾害损失。

（2）风险治理行为的动力学过程具有逐级互馈的特征。与灾害风险主要依赖客观物质性的形成机制不同，风险治理行为由于人的主观能动性而具有灵活性，人们可以总结不同阶段灾害演化中风险治理的经验和不足，不断改进风险治理行为。在灾害链孕育和潜伏阶段，安全风险评估可以为治理主体提供可靠的灾害预警信息，并反馈至防灾减灾规划，用于优化防灾设施布局和准备减灾措施，以更好地应对和预防灾害发生。同时，防灾减灾规划也可以将多元主体进行防灾减灾决策和建设的效能数据回馈给安全风险评估，以改善风险评估与管控方法。在灾害发生阶段，城市应急管理基于安全风险评估结果和防灾减灾规划内容施行紧急救灾、人员疏散和物资调配，而在应急管理工作中出现的危机和不足又可以得到及时回馈，用于在灾后重建和恢复阶段完善安全风险评估制度并形成综合防灾规划，最终建立滨海城市安全风险的动态化治理机制。

3.2.2　治理行为之因果回路与反向驱动

本书基于滨海城市整体安全风险的系统动力学特征，运用系统动力学分析软件VensimDss5.6a对其进行建模，通过可视化的方式进一步描述滨海城市安全风险的系统动力学机制，明确风险治理子系统动力学模型中各要素间的因果关系回路，以及其与滨海城市灾害风险子系统的反向驱动要素，为后文提出灾害链式效应风险评估模式提供指导，为论证滨海城市安全风险评估框架提供依据。

3.2.2.1　整体动力机制以灾害链式效应为分界点

由图3-7可知，滨海城市整体安全风险的系统动力学演化机制以灾害链式效应为分界点，从灾害发生到灾害链式效应表征为灾害风险子系统中各构成要素之间的因果关系回路。自然资源环境、社会环境和安全生产环境共同构成灾害发生的多种致灾因子。自然资源环境是导致灾害发生的最直接原因，其与安全生产环境之间存在互馈关系：灾害发生带来的损失通过链式效应影响灾后恢复重建的强度和难度，而恢复重建后，城市又以安全生产环境为起点发生新灾害。

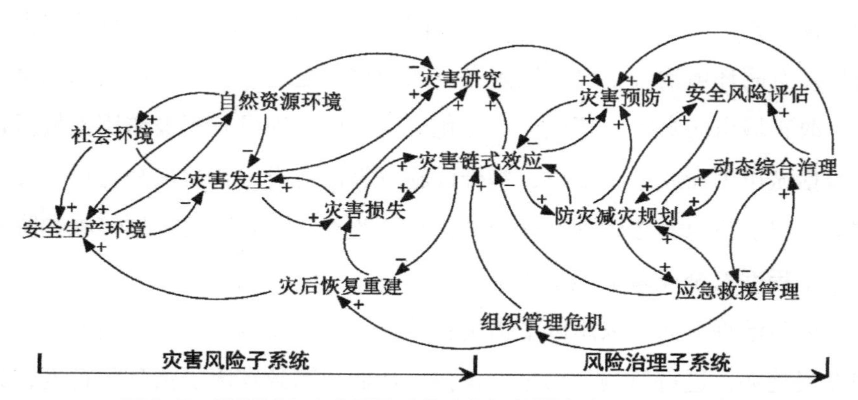

图3-7　滨海城市安全风险系统动力机制描述（因果回路图）

（资料来源：由VensimDss5.6a软件分析得出）

从灾害链式效应到动态综合治理阶段则表征风险治理子系统的动力机制演化过程，

以安全风险评估、防灾减灾规划和应急救援管理为主要的介入性要素。它们接纳了前段灾害损失的正向灾变能量传递，并通过反作用力来缓解灾害链的放大效应，其中，灾害链式效应直接与防灾减灾规划、应急救援管理形成互馈因果关系：对防灾减灾规划呈现负反馈，对应急救援管理表现为正反馈。安全风险评估只能通过灾害预防和防灾减灾规划间接影响灾害链效应，因此，要实现滨海城市的动态综合治理，必须将安全风险评估和应急救援管理融入防灾减灾规划，并通过灾害链式效应共同反作用于物质型灾害，发挥风险治理的正效用。

3.2.2.2 风险治理子系统模型中的因果关系链

滨海城市安全风险治理子系统的效用是在物质型灾害风险管理的基础上，引导居民、企业、社会组织等多元主体共同参与到防灾、救灾及灾后恢复的全过程，从而转变政府主导防灾减灾的思维定式。该系统主要由安全风险评估、综合防灾规划和应急救援管理等风险治理行为构成。具体的灾害风险场景设定、治理行为时滞性分析、核心变量解释和动力学流图的建模过程详见附录A。根据该模型的因果关系回路图3-8可知，其主要内容是对灾害风险子系统的所有灾害组成单元进行治理反馈。首先是致灾因子的治理，包括各类物质型致灾因子的治理措施，如自然灾害风险、事故灾难风险，以及对管理型致灾因子发生机理及其危害方式的动力机制梳理。其次是孕灾环境治理，包括社会、生态、经济和空间四个方面，其中，社会环境治理的主要措施有城市基础设施建设、教育医疗投入，社会环境治理直接影响灾后恢复重建与防灾减灾的经济投入；经济环境治理涉及组织管理效能、生态与社会环境治理，是诱发灾难事故风险和扩大自然灾害风险的直接因素；生态环境治理主要依托国土空间规划，重点研究自然灾害与经济环境的关联性；空间环境治理主要关注防灾空间治理，通过综合防灾规划和社会性防灾行为的支撑，改善城市防灾空间环境，对优化应急救援管理具有积极作用。最后是承灾体的治理，包括城市生命线系统工程、基础设施可靠性建设、灾后恢复与重建等工程性防灾减灾方案，以及应急救援管理、社会文化观念改善、综合防灾规划实施和防灾相关法制建设等非工程性安全风险治理手段。

在安全风险治理方面，采用以下措施：首先，进行安全风险评估研究，了解灾害发生规律和发展趋势，进行监测、预报与预控，从而提高致灾因子治理的精度；其次，进行应急救援管理，通过调动居民、企业和社会组织等多元救灾力量，进行物资调配，促进专项减灾计划的实施并减少组织管理危机，从而提高承灾体对自然灾害或事故灾难的韧性；最后，进行综合防灾规划，整合四类孕灾环境治理需求，以滨海城市为承灾体，统筹调配防灾减灾资源，实施生命线系统工程等基础设施布局，将安全风险评估与应急救援管理相融合，以发挥风险治理正效用。

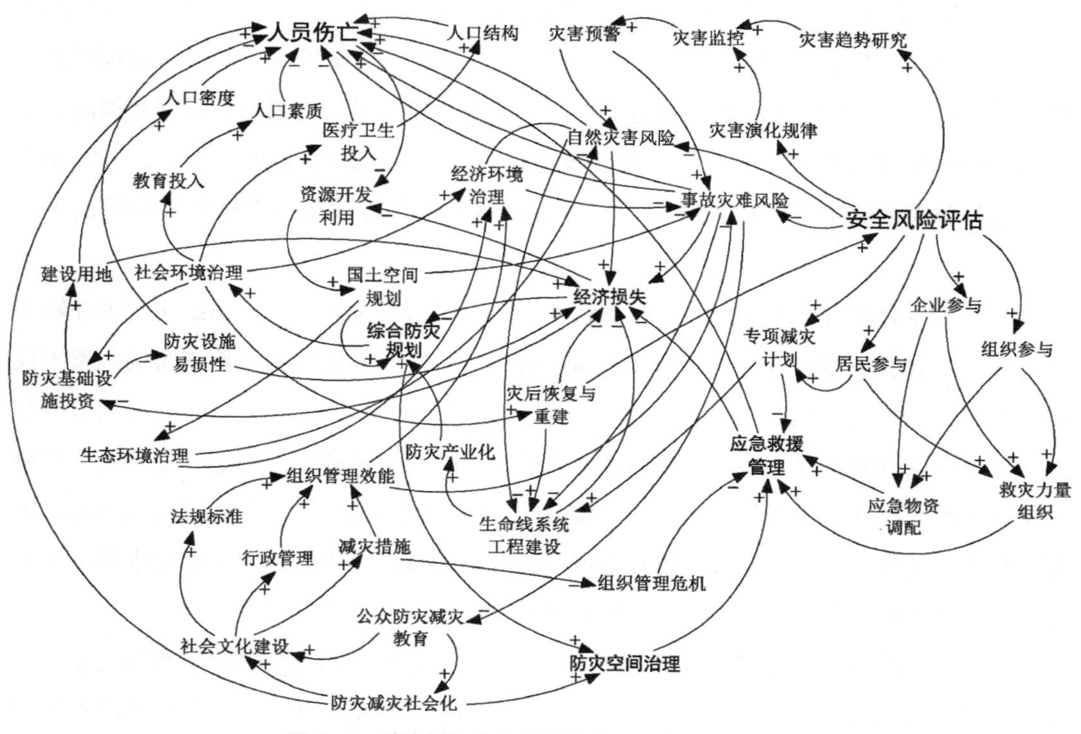

图 3-8　滨海城市安全风险治理子系统因果回路图

（资料来源：由 VensimDss5.6a 软件分析得出）

3.2.2.3　发挥风险治理行为正效用的关键要素

通过对滨海城市安全风险治理子系统的动力学模型分析可知，城市多元主体的参与促使治理行为逐步向多维融合与纵深拓展的方向发展。多维融合主要指城市安全风险治理行为不再仅以行政监督管理或防灾减灾工程建设为主，而是综合考虑动态风险评估、应急管理效能、社会网络稳定、生态环境保护和空间运行高效等多维度的城市安全诉求，制定综合化治理方案。纵深拓展主要指有关城市安全风险治理行为的效用不再局限于灾前评估预警、灾后损失统计或恢复重建的某一个阶段，而是向灾害产生机理、防灾投入产出关系、防灾主体互馈网络、综合防灾减灾措施等纵深方向拓展，深挖“城市病”问题产生的根源，通过研究灾害风险的本质来制定全过程动态管控的“源头”治理方案。具体来说，滨海城市安全风险治理行为“正效用”的关键要素主要表现为以下三个方面。

（1）以居民参与为核心的治理行为。滨海城市灾害风险的主要承灾体是空间，而居民是城市空间系统的使用者，安全风险治理行为不仅要关注物质型灾害对城市空间带来的损失和危害，更应重视以居民参与为主体的社会化防灾力量在构建综合防灾减灾体系中的核心地位。引导居民参与安全风险治理行为，既可以了解安全风险环境的现状条件与发展困境，又可以增加治理措施的可行性。另外，随着居民防灾意识的逐步提高，安全风险治理成本也将大大降低，尤其在城市综合防灾规划的编制和实施中，居民能否有效参与防灾减灾决策将成为决定规划能否顺利实施并有效实行安全风险防控的关键因素。

（2）灾害治理与经济社会系统的关联性。滨海城市安全风险治理系统主要关注物质型灾害，但由于该类城市是人口和产业高度密集的综合体，诱发物质型灾害的因素不仅包括海洋性的自然环境条件，还包括经济社会系统。经济社会系统与灾害治理紧密相关，是安全风险治理行为必须考虑的重要影响因素。当经济社会环境趋于稳定时，伴随着经济价值的提升，相关部门会增加对城市防灾减灾设施的投入，从而提高城市抵御灾害侵袭的物理韧性。提升社会环境效益可以提高居民及社会组织应对灾害的准确率和有效性，既能大幅度降低灾害损失，又能增加社会网络的“适灾”韧性。

（3）兼顾治理行为实施的溢出效应。当前我国滨海城市的安全风险治理行为主要由政府主导，日常防灾减灾资金主要由政府财政承担，然而，防灾减灾工程建设不像招商引资、基础设施投资等行为能够快速产生经济效益，这导致一些滨海城市政府对安全风险治理工作缺乏重视，也缺乏防灾减灾的积极性。因此，需要在安全风险治理行为的研究中，探索一些具有盈利性的防灾减灾工程项目，比如政府可以通过众筹资金的方式鼓励多元主体参与城市生命线系统工程建设；并提供奖励政策来促进多元主体参与安全风险治理行为；此外，也应完善有关灾害风险的商业保险制度。通过兼顾这种溢出效应，可以激活多元主体参与城市综合防灾规划与减灾系统建设的积极性和主动性。

3.3 滨海城市安全风险评估框架的构建

在滨海城市整体安全风险的系统动力学机制描述中，风险评估与综合防灾规划存在紧密的互馈关系，二者作为防灾空间布局和减灾措施选择的重要依据，共同构成动态风险治理的核心。在安全风险治理子系统动力学模型中，风险评估既是开展灾害趋势研究的前提条件，又是灾害监控和预报的关键技术，对综合防灾规划和应急救援管理均具有正反馈效应。本书基于此动力学关系，提出以灾害链式效应为主体的风险评估模式，进一步论证由承灾体脆弱性、致灾因子危险性和灾害损失构成的安全风险评估框架，为后文选择适用于滨海城市综合防灾规划的风险评估方法，以及组建风险分析与安全评价系统提供依据。

3.3.1 灾害链式效应动态风险评估模式

目前灾害学和风险管理学研究中，并没有统一的综合风险评估认知适用于城市的多种灾害类型。一种观点认为，城市综合风险评估是对同一时空范围内发生的多种类型灾害进行评估，然后将评估结果综合叠加。另一种观点则不强调界定同一时空范围，更关注研究城市中主要致灾因子间的相互关系，重点评估承灾体在各类致灾因子影响下的脆弱性，将其相互叠加后形成城市综合风险评估结果。而关于具体的综合风险评估方法比较统一，基本上都是先进行单灾种风险评估，然后进行加权求值得出综合风险指数。比较有代表性的研究方法包括概率综合法、风险矩阵法和分级脆弱性赋权法等，这些方法都是对单灾种进行叠加后判定综合风险等级。虽然这种以单灾种叠加为基础的综合风险评估方法能够精确量化每种灾害的发生概率及影响特征，但在滨海城市中却很难运用。这是因为，一方面，滨海城市灾害系统复杂程度更高，特别是人为致灾因子干扰性更强，叠加后的综合风险评估结果因缺乏对各类灾害关系的厘定而偏离实际，防灾规划决策无法据此准确定位主导灾害风险类型，导致防灾减灾措施制定全但不精，难以有效控制次生及衍生灾害的发生。另一方面，目前滨海城市灾害信息数据库建设不完善，无法针对自身灾害环境特点统一制定风险评估标准，导致不同灾害风险管理部门运用不同的风险评估方法，针对同一灾害类型产生的评估结果具有差异性，进而导致设防标准彼此冲突。

目前灾害学领域对于城市灾害链的风险评估方法非常有限，而风险管理学也主要关注资金链风险、产品供应链风险等经济产业类风险链评估。因此，本书提出将滨海城市安全风险评估融入各类灾害互馈关系评估中，并寻找针对灾害链式效应风险评估的方法。本书借鉴该链式效应度量模式，将其应用到滨海城市安全风险领域，将每种灾害类型视为产品供应链的企业，建立滨海城市灾害链式效应风险评估模式（表 3-4），以此为基准分析适合滨海城市的安全风险评估内容[38]。

表 3-4　滨海城市灾害链式效应风险评估模式表

模式描述	模式图	计算公式	备注
仅计算单节点风险，最后综合为整体链式效应的风险	R_1 — R_2 — … — R_n；P_1 L_1，P_2 L_2，P_n L_n	$R=\sum_{i=1}^{n}P_iL_i$ $R=(\prod_{i=1}^{i=n}P_i)\times(\sum_{i=1}^{n}L_i)$	R 为整链风险；P_i，L_i 为节点 i 的概率和损失
在计算各节点风险值的同时，兼顾各节点间链接边的风险	P_{E1} L_{E1}；R_1 — R_2 — … — R_n；P_{V1} L_{V1}，P_{V2} L_{V2}，P_{Vn} L_{Vn}	$R=\sum_{i=1}^{n}P_{Vi}L_{Vi}+\sum_{i=1}^{n}P_{Ei}L_{Ei}$	P_{Vi}，L_{Vi} 单节点风险值；P_{Ei}，L_{Ei} 为链接边的风险

资料来源：依据参考文献 [36, 37] 绘制。

3.3.2　灾害信息集成综合风险评估框架

以滨海城市灾害链式效应为主的安全风险评估，对主要灾害类型的所有致灾因子进行危险程度评估，以滨海城市空间为承灾体，建立动态关系评估机制，评估各类致灾因子对城市脆弱性的影响。根据两类评估结果，确定不同时空范围的主导灾害，对其进行灾害链式效应评估，分类评估灾害风险损失，依据损失评估结果制定防灾规划决策，并在此基础上，制定断链减灾措施（图 3-9）[39]。

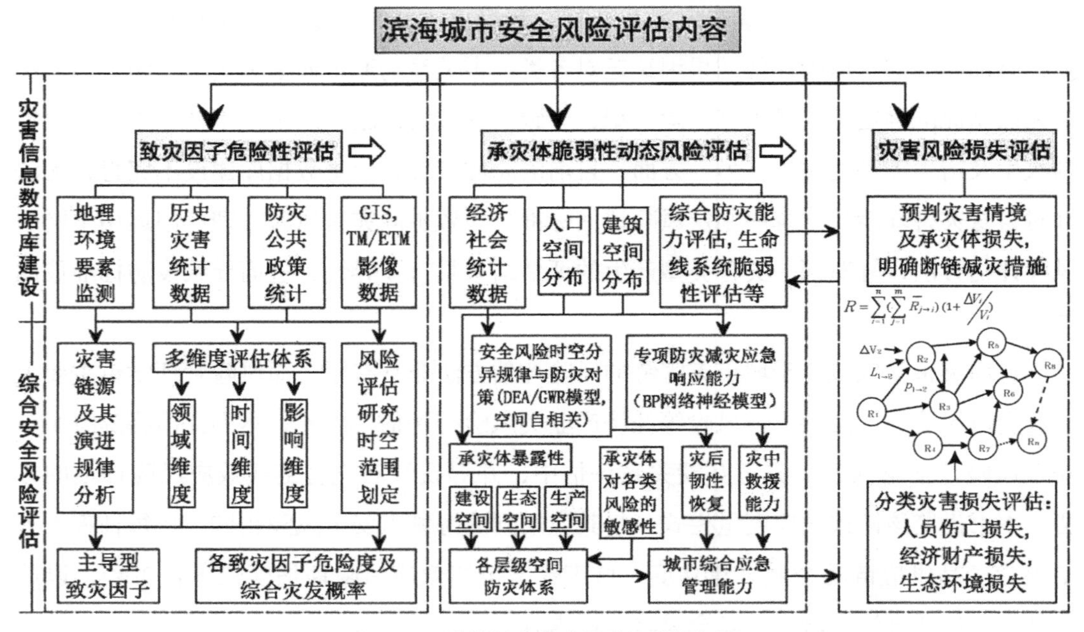

图 3-9　滨海城市安全风险评估框架图

（资料来源：依据参考文献 [39~41] 绘制）

整个风险评估框架包含滨海城市灾害信息数据库建设和综合安全风险评估两部分。在有关滨海城市致灾因子的危险程度评估方面，灾害信息数据库涵盖气象、水文等部门提供的地理环境观测和监控数据，以及历史灾害统计数据、防灾公共政策数据、GIS 与 TM/ETM +影像数据等。通过搜集基础灾害数据，分析灾害链源及其演进规律，建立多维度风险评估体系，划定安全风险评估的时空范围，依据灾害链式效应评估结果得出主导型致灾因子，根据各致灾因子的危险度评估结果得出灾害发生的综合概率[40]。在以滨海城市空间为承灾体的脆弱性动态风险评估方面，将历年社会经济统计年鉴、人口与建筑空间分布情况纳入灾害信息数据库，分别对城市居民的空间行为以及生命线系统工程进行脆弱性评估。运用三阶段 DEA 模型、探索性空间自相关、地理加权回归 GWR 模型分析滨海城市安全风险时空分异规律与空间防灾对策，运用 BP 神经网络模型评估专项防灾减灾应急响应能力。在此基础上，综合评估滨海城市生态空间、建设空间、生产空间的暴露性与敏感性，得出城市综合防灾能力并建立多层级防灾空间体系，依据灾后恢复韧性和灾中救援能力评估结果判断综合应急能力。在灾害风险损失评估方面，提出具体的灾害链风险计算公式并明确断链减灾措施，完善综合应急能力中对人员伤亡、企业建筑、生态环境等损失风险的精准评估[41]。

3.4 滨海城市安全风险治理特征的解析

滨海城市安全风险评估的目的是进行有效的治理，治理内容包括针对灾害风险子系统中主要灾害网络的灾害链式效应与断链减灾策略的分析，以及对风险治理子系统动力机制的优化和安全风险评估体系的完善。总结滨海城市安全风险治理的综合特征，一方面可以明确综合防灾规划耦合安全风险治理措施的方向及其创新路径；另一方面也可以为后文提炼滨海城市防灾空间规划研究主体，填补安全风险空间治理及公众参与的短板提供依据。

3.4.1 要素治理的“复合”与“多维”特性

通过对滨海城市安全风险治理子系统进行动力学建模及分析可知，治理灾害系统的构成要素是整个安全风险系统的核心内容，现有研究方法虽然均以灾害链式效应分析与断链减灾为主，但灾害系统中不同构成要素的治理行为却各有特点。（1）对致灾因子的治理具有复合性特征。滨海城市不仅具有海洋性高风险自然致灾因子，还因其人口与产业密集，而存在众多人为致灾因子，在对自然和人为致灾因子的治理中产生了以组织管理危机为主的非物质型致灾因子，这些致灾因子在滨海城市复杂运行系统中彼此交错演化，形成各种复合型灾害网络。因此，对致灾因子的治理工作不能仅仅局限于单个灾种或单个系统，而应根据致灾因子的复合特点，吸取多学科领域的风险评估与控制方法，建立网络化综合风险治理体系。（2）对承灾体的治理具有多维度特征。本书以滨海城市空间为承灾体，主要研究空间承载的设施、人口、生态、文化、经济以及社会等要素在应对致灾因子时的暴露性和脆弱性，通过防灾减灾空间的综合规划来实现对多维度空间环境要素的治理。另外这种多维特性还表现在依据时间、领域和影响维度的各类致灾因子风险评估机制上，建立融合全过程风险治理以及多层级空间防灾的滨海城市综合防灾规划体系。

3.4.2 网络治理的“长链”与“双刃”特性

本书对滨海城市安全风险治理的核心方法为：通过物质型灾害与管理危机链式效应分析，判断其整体灾害链网络结构演变的特征，并寻找风险隐患较大且损失影响严重的灾害链，进而提出相应的断链减灾策略。该方法中的所有安全风险治理行为，都将依据滨海城市灾害链网络结构的演化规律表现出不同的特征。（1）治理行为具有“长链”控制特点。滨海城市的致灾因子涉及自然环境、人为破坏和管理危机等各个方面，形成相互关联的致灾网络，容易导致复合型灾害，使灾害链式效应拉长。单纯控制灾害链源的治理方法，容易引起灾源消失但灾害链能量仍持续传导放大，因此滨海城市安全风险治理行为要建立长链控制的思维模式。比如在综合防灾规划中建立多层级的防灾减灾空间体系，对长链灾害采取综合防控、分段减灾的治理方法。（2）治理行为具有“双刃”效应。安全风险治理子系统通过安全风险评估、综合防灾规划、应急救援管理等行为，对灾害风险子系统中灾变能量的正向传导进行反向断链减灾。然而，这些治理行为由于人的主观参与而具有不稳定性，合理的治理行为可以有效预防和减轻灾害损失，但组织管理危机或治理方法失误将极大地催化灾害链能量的释放，并放大灾害损失的影响。因此，滨海城市安全风险治理行为必须建立动态化的全过程安全风险评估机制，增加对灾害风险环境的定量研究和理性控制，减少防灾规划和减灾措施决策的失误。

3.4.3 综合治理的多元化与全过程特征

综上所述，滨海城市安全风险治理行为无论是对灾害系统构成要素的多维度控制，还是对灾害链网络结构演化的积极适应，其治理理念和方法都在不断地进行动态更新，以适应滨海城市日益复杂多变的安全风险环境。通过对滨海城市安全风险机理特征的全面辨析，本书认为其安全风险治理行为正在逐步向两个方面演化和发展。

（1）吸收多学科领域的研究方法进行安全风险综合治理研究，以补齐综合防灾规划中缺乏理性风险治理技术支撑的短板。滨海城市安全风险网络趋于复杂化，从自然灾害风险逐步向人为事故灾难风险以及组织管理危机演化，滨海城市的安全风险环境不再局限于以海洋性自然灾害为主的物质环境，还包括生态、人文、社会和经济等多种非物质型安全风险要素，因此仅以灾害学知识为基础的城市灾害系统研究和仅以风险管理知识为基础的安全风险评估系统研究，均无法满足全方位安全风险治理的需求。亟需融合安全工程学、地理信息科学、生态学、城乡规划学等多学科领域的灾害风险研究成果，创新安全风险治理行为，特别是我国滨海城市现行安全风险治理工作主要依赖于应急管理体系的建设，强调灾前监控与灾后救援的应急资源调配，缺乏对常态化防灾减灾空间治理的积极响应。因此，应借助城市综合防灾规划方法，探索实现安全风险评估体系、应急救援体系和防灾空间体系等多种治理要素的有机融合。

（2）逐步形成多元主体共同参与，从风险监测、评估到管控的全过程安全风险治理机制。滨海城市安全风险治理能力现代化应充分体现对居民、企业、社会组织等城市生产与生活主体的尊重，发挥其参与安全风险决策的积极性和协助防灾减灾建设的能动性。然而，要实现这种机制，必须寻找可供多主体参与的介质。城市综合防灾规划由于涉及与多元主体息息相关的防灾空间使用和防灾基础设施布局等内容，逐渐被视为施行安全风险治理创新的重要载体。通过引导多元主体参与城市综合防灾规划的编制与实施，可以实现治理主体与治理空间充分对接。在城市综合防灾规划内容中融入全过程安全风险治理机制，可以有效识别、评估与管控城市风险，同时也为多元主体提供认知灾害风险的可视化平台。

3.5 本章小结

本章聚焦滨海城市安全风险认知模糊的困难，运用系统动力学分析方法辨析其安全风险机理特征。通过识别滨海城市灾害风险系统的主要灾害类型，摸清其灾害链延伸机制，在灾害链式效应分析的基础上提出断链减灾策略，并以灾害链的网络结构演变为导向，构建安全风险治理子系统的动力学模型，以此为基础论证滨海城市安全风险的评估框架与治理特征，主要得到以下结论。

（1）滨海城市安全风险系统由灾害风险子系统和风险治理子系统构成。灾害风险子系统的灾害组成要素包含以自然灾害、事故灾难为主的物质型灾害和管理危机。风险治理子系统是对所有灾害风险进行防治和管理的综合反馈，主要包括综合防灾规划、安全风险评估和应急救援管理三个方面。

（2）滨海城市灾害链的延伸机制为：原生灾害催生新的致灾因子，这些因子作用于空间承灾体后导致孕灾环境恶化，进而持续诱发多级次生灾害与衍生灾害的过程。物质型灾害链效应以复合灾害为主，具有“汇集—迸发”特性；管理危机灾害链效应以物质型灾害风险治理为媒介，具有圈层结构特性。灾害风险形成的动力学过程兼具开放与模糊特征，风险治理行为的动力学过程具有逐级互馈特征。

（3）滨海城市安全风险评估应以灾害链式效应风险评估法为主，通过评估生态、建设和生产空间的暴露性与敏感性，分析城市综合防灾能力并建立多层级防灾空间体系，同时，依据灾后恢复韧性与灾中救援能力评估判断综合应急能力。

（4）滨海城市综合防灾规划既是多元主体共同参与安全风险治理的创新介质，又是风险治理技术发挥空间治理效用的重要平台。综合防灾规划应针对致灾因子的复合特点，融合基于时间维度、领域维度、影响维度的各类致灾因子风险评估机制，实现多层级防灾空间规划与全过程安全风险治理的耦合。

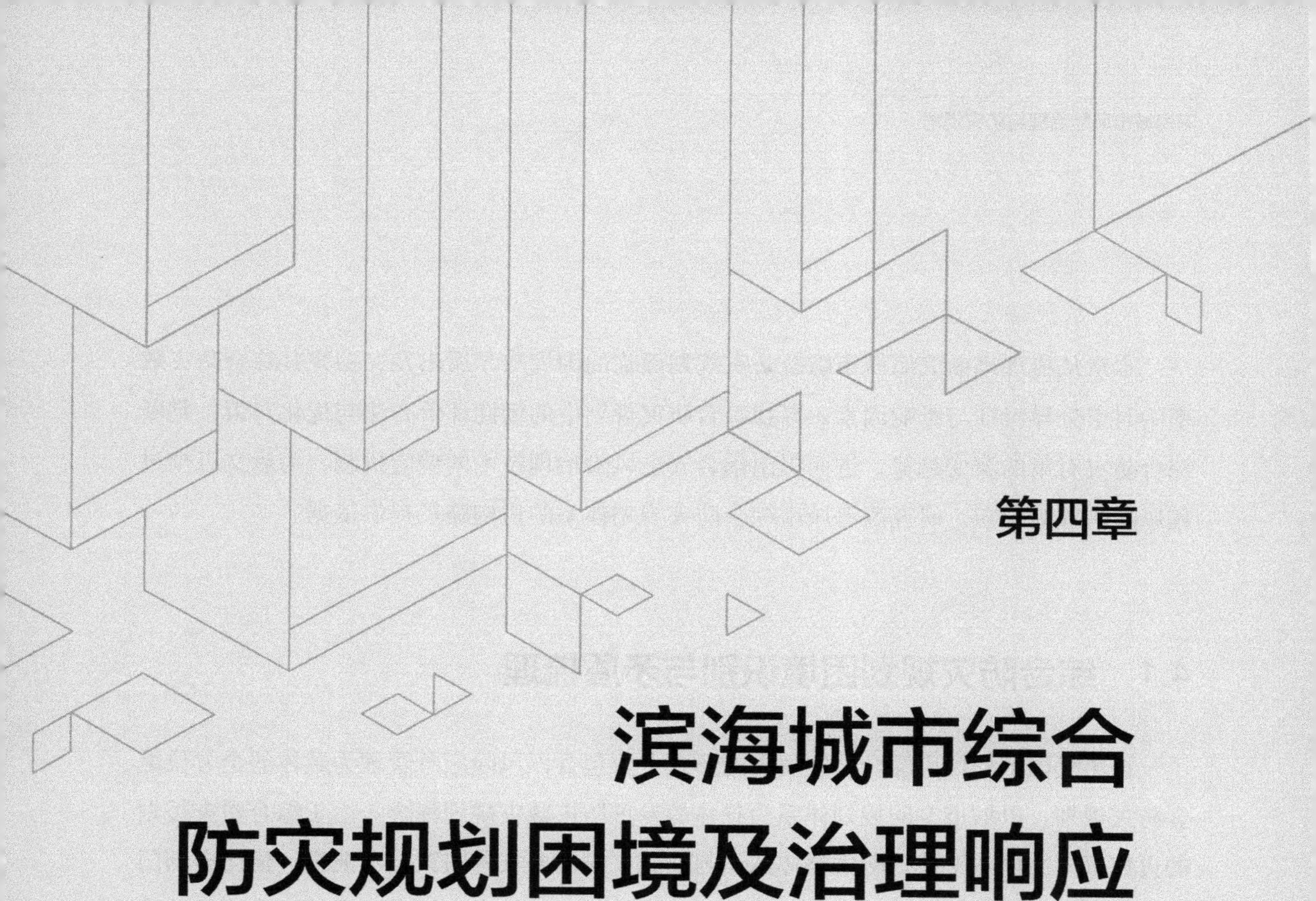

第四章

滨海城市综合防灾规划困境及治理响应

本章从梳理当前滨海城市综合防灾规划面临的困境与矛盾出发，探究其综合防灾效率的时空分异特征与影响因素，寻找综合防灾规划中的韧性评价方法与优化对策，判断综合防灾对策的演变趋势，进而提出耦合安全风险治理技术的响应机制，为后文以全过程风险治理为导向，研究滨海城市综合防灾规划体系的重构路径提供依据。

4.1 综合防灾规划困境识别与矛盾梳理

近年我国滨海城市综合防灾规划的形式主要包含以风险应急管理为载体的全方位综合防灾规划，以城市空间规划体系为载体的专项防灾减灾规划集合。由于综合防灾规划的责权事权主体不一致，引发整体认识与实施、纵向多灾种防灾技术演进、横向多部门规划衔接等多方面的困境，通过梳理矛盾及分析根源，提出以综合防灾效率为主导的破题路径。

4.1.1 整体认知错位导致规划实施低效

我国在国家层面对城市综合防灾规划行为的重视与规范起步较晚，直到2019年3月，才正式颁布并实施《城市综合防灾规划标准》GB/T 51327—2018，这导致国内滨海城市实施多种类型的综合防灾减灾规划，比如海洋防灾减灾规划、市政基础设施防灾减灾规划和城市综合防灾减灾详细规划等。通过对国内9个滨海城市综合防灾减灾规划成果进行分类、核心内容、技术方法、实施情况的统计后发现，相关规划成果主要是由应急管理部门编制的应急管理建设规划和自然资源与规划部门编制的防灾空间和防灾设施规划两方面构成，存在整体认知错位的问题。前者侧重灾害或突发事故发生后的应急处置，虽然也包含风险识别与评估的内容，但主要停留在存量风险统计与分析阶段的“全方位”，缺少对增量风险的监测与管控，在实施过程中难以正确判定灾前风险等级并抑制风险演变为突发事件，只能作为非常态情境的被动救灾手段。后者主要指城市总体规划的综合防灾规划，以及在此基础上针对单灾种的专项规划（表4-1）。

表 4-1　我国主要滨海城市相关综合防灾减灾规划成果对比

城市	主要成果名称	核心内容	编制主管部门	主要技术内容
上海	《上海市城市总体规划（2017—2035 年）》《上海民政防灾减灾“十三五”规划》	总体规划中设立城市安全专题、分设城镇社区防灾减灾指南	上海市规划和自然资源局、上海市民政局	韧性城市评价、市区两级综合防灾数据库、生命线系统安全评估、自然灾害灾情管理系统模拟演练
天津	《天津市综合防灾减灾规划（2016—2020）》《天津市大数据发展规划（2019—2022 年）》	综合应急管理规划、防灾减灾空间体系专题、京津冀协同防灾专题	天津市规划和自然资源局、天津市大数据管理中心、天津市应急管理局	搭建智慧城市综合防灾信息平台、生产安全动态评估系统、自然灾害管理云数据库
唐山	《唐山市城市综合防灾减灾详细规划（2015—2030）》	中心城区防灾工程与应急服务设施规划	唐山市自然资源和规划局	主要灾害危险性分析、地震影响因素分析、应急避难场所安全性分析
秦皇岛	《秦皇岛市综合防灾减灾规划（2016—2030）》	各类防灾基础设施综合与应急管理计划	秦皇岛市自然资源和规划局	开发应急决策支撑系统、城市防灾设施分类评估
宁波	《宁波市综合防灾减灾规划（2017—2020）》《宁波市应急管理信息发展规划（2019—2022）》	巨灾保险试点工程、防灾减灾设施建设与应急管理信息化工程	宁波市自然资源和规划局、宁波市应急管理局	金融保险风险评估技术、智慧应急管理决策系统、城市防灾系统安全评估
台州	《台州市综合防灾减灾规划（2018—2020）》《台州市应急管理建设规划（2016—2020）》	各类防灾基础设施规划集合、应急管理体系建设	台州市自然资源和规划局、台州市应急管理局	生态环境承载力评价、海洋灾害风险评估
厦门	《厦门市综合防灾规划（2017—2035 年）》《厦门市“十三五”综合防灾减灾专项规划》	防灾预警能力建设、应急处置体系优化、综合防灾生命线工程	厦门市规划委员会、厦门市人民政府	自然灾害智慧化风险识别预警技术、社区应急管理智慧网络建设、综合管廊安全评估技术
珠海	《广东省海洋防灾减灾规划（2018—2025 年）》《珠海城市建设防灾减灾规划（2018—2035）》	综合管廊专项规划、海洋重大工程建设规划	广东省自然资源厅、珠海市住房和城乡建设局	开发海洋灾期应急观察预警系统、分级负责、属地管理的防灾减灾体制
湛江	《广东省海洋防灾减灾规划（2018—2025 年）》《湛江市政基础设施工程及综合防灾规划》	市政防灾设施规划、环境卫生规划、综合防灾策略	广东省自然资源厅、湛江市住房和城乡建设局	开发海洋灾期应急观察预警系统、防风险系统安全评估、基础设施综合

从编制情况看，综合防灾规划成果侧重防灾设施均等化配置或减灾措施趋同化集合，规划编制单位在统计灾害相关部门提供的基础资料后疏于对各类灾害风险影响强弱的评估，缺少风险防控优先级的划定，甚至忽视个别灾种在防灾措施和减灾手段方面存在的冲突，盲目设定综合防灾目标与适用条件。这导致综合防灾规划在实施过程中缺乏可操作性，一旦完成规划审查后便被束之高阁，各防灾职能部门依旧不能在应急管理体

系外建立常态化协作机制，居民也无法通过规划成果认清周边安全隐患及防灾避险途径。由此可见，综合防灾规划作为城市治理的“先行”要素，一直未能被明确其在多规协调、法定效用与规划实施中的地位和作用，其规划成果多因配合经济社会发展计划或城市法定规划而流于表面，亟需进行系统性认知创新。因此，借鉴安全风险治理方法，探索集风险识别、评估、监测与防控为一体的全过程综合防灾规划路径具有一定的必要性。

4.1.2 纵向防灾能力与设防标准冲突

在制定滨海城市综合防灾规划方案之初，需通过安全风险评估了解城市防灾减灾水平现状，有的放矢地确定防灾目标及设防标准。而实际上，由于缺乏安全风险治理的责任主体，风险应急管理部门对现状防灾能力的评估与规划管理部门划定的设防标准不相适应。当前我国滨海城市综合防灾规划对现状危险源的识别方法偏向地理空间数据分析与生态环境影响评价，以此得出的防灾目标主要集中在防灾工程设施规模与避难疏散场所布局上，缺少对工业事故、社会隐患等非工程风险的认知与管理。此外，风险治理方案过分依赖单灾种故障树分析，并脱离实际情况，导致防灾目标设定偏高或难以落实。

因此，在住房和城乡建设部发布的《城市综合防灾规划标准》GB/T 51327—2018正式实施之前，滨海城市各机构依照不同行业规范制定的设防标准难以在防灾目标上达成一致。不同的风险评价方法及指标分析难以准确反映滨海城市真实的灾害风险水平，一些地方为了政绩需要夸大现状防灾能力，设定过高的防灾目标，从而浪费防灾资源。标准实施之后，虽然在一定程度上规范了滨海城市主要防灾设施、应急保障与服务设施的建设标准，并明确了综合防灾评估的内容，但是由于国土空间规划带来的规划体系变革，以定量双评估指导多空间功能融合的思维方式转变，滨海城市综合防灾规划需要融入“城市病”空间系统治理思路，并增加理性风险评估与控制的新要求。因此，在新标准重大危险源调查评价、灾害风险评估、用地安全评估、应急保障和服务能力评估的基础上，需要进一步论证风险评估结果与防灾空间设施、应急管理规划之间的协调响应机制，并探索耦合灾前、灾中、灾后全过程安全风险治理技术的滨海城市综合防灾规划新路径。

另外，滨海城市综合防灾规划长期属于城乡总体规划或应急管理建设的辅助型公共政策，没有形成独立完整的滨海城市安全空间治理体系与综合防灾减灾管理系统，因此，城市综合防灾规划的法律效力较弱，实施的效果也参差不齐，特别是在安全风险评估中，存在与其他部门专项规划冲突的问题。比如，依据火灾风险评估划定的5分钟消防服务圈与防灾规划设定的消防站点数量及其空间布局相冲突；依据雨洪风险的评估结果，城市核心区透水地面敷设率需达到一定比例以满足海绵城市的建设标准，而实际规划建设硬质铺地面积过大，易引发内涝灾害；应急管理中，依据可接受风险标准模拟的避难人员疏散路径与法定规划中确定的逃生路线和防灾公园布局不相符。

4.1.3 横向多种规划间难以相互衔接

滨海城市综合防灾规划应作为法定规划中予以强制保障执行的重要组成部分，通过安全风险识别、评估与控制的全过程治理来系统整合各专项规划的防灾减灾要求，并确保与其他相关规划彼此衔接。而在规划实践中，有关安全风险的评估事权、防灾规划责权与监管职权划分不清，不仅造成了“多规衔接”的困难，也导致以空间控制为主的综合防灾规划成果难以由规划主管部门向其他灾害风险管理部门有效传导，并由此产生了两个突出的问题。

一是仅针对灾害损失进行静态风险评估，缺乏对单个灾种的系统控制，由此引发了“多灾对立”问题。各灾种除了在防灾工程技术上存在差异外，还在指挥协调、应急救援、治安维护、避难疏散、医疗卫生资源配备等非工程需求方面存在冲突。比如，消防专项规划侧重引导受灾人群向地面开敞空间疏散；抗震专项规划注重依据建筑易损性评估实现内外部空间的协同避灾；防洪专项规划则强调竖向减灾与高地疏散。二是由于安全风险治理主体的多元化造成综合防灾规划与各部门专项规划间形成了“平灾对立”问题。综合防灾规划本该作为城市常态化灾害风险治理的行动指南，但因其长期以来一直属于城乡总体规划或应急管理的辅助型公共政策，未能规范综合防灾体系中相关职能部门的责权事权。这导致综合防灾规划在设防标准、防灾目标、规划实施等方面与其他部门专项规划间难以相互衔接，一旦进入灾害发生期就会出现应急、交通、消防、水务等各管理部门“九龙治水”的局面。比如，安监局对重大工业风险源的识别与管理没有纳入综合防灾规划的重点防护圈范围内；道路交通发展规划没有考虑综合防灾规划中安全疏散通道的等级划分与建设要求；环境保护规划划定的生态保护红线与综合防灾规划中的用地防灾适宜性评估结果不匹配；园林绿化发展规划缺少对避难疏散公园的建设计划等。因此，解决此类矛盾不仅要确立滨海城市综合防灾规划的法定效力及其在风险管理层面的效用，还需要运用安全风险治理中的系统思维，识别不同滨海城市的主导型致灾因子，明确各类灾害在防灾层次、救灾时序与设施空间布局方面的先后顺序，从而构建真正全方位的城市综合防灾规划体系。

4.2 综合防灾效率评价与规划困境破解

当前我国滨海城市综合防灾规划面临的困境集中表现为现状综合防灾能力的认知模糊与规划成果实施的效率低下。为寻找综合防灾规划困境的破题路径，本节基于我国滨海城市（不含港澳台）有关灾害系统规划建设的面板数据，首次提出通过综合防灾效率评价，还原以最低防灾投资换取最优减灾效果的本质属性，并找出影响其时空分异的主导因素。为了解决综合防灾规划中的横、纵向矛盾，将城市韧性作为多种规划相互衔接的核心目标，并在滨海城市综合防灾效率时空分异的基础上，补齐韧性治理短板。

4.2.1 综合防灾效率时空演进下认知防灾能力

综合防灾效率是衡量滨海城市系统功能运行稳定性及安全风险治理有效性的重要依据，国内滨海城市的综合防灾效率在时间轴上呈现异步演进特征，虽整体呈提升趋势，但各城市独立防灾且短板效应各有差异。在空间轴上，滨海城市呈现向邻近经济中心聚类的态势，这引发了区域联防联控的诉求。由此得出提升综合防灾效率的五个关键要素，用于评估滨海城市现状综合防灾能力及弱项，并完善综合防灾规划的韧性治理方法。

4.2.1.1 综合防灾效率时空分异方法

目前国内关于运行系统中投入与产出效率的综合分析与评价方法大多集中在产业发展和技术创新领域，虽然有部分学者将其运用于城市韧性的时空评估研究中，但针对城市防灾减灾效率的研究成果很少。本书以沿海 11 省的 54 个滨海城市为研究对象，以 2010—2017 年为研究时间截面，将三阶段 DEA 模型、探索性空间自相关和地理加权回归 GWR 模型等空间计量方法集成，展开对我国滨海城市综合防灾效率的时空演进特征分析与影响因素研究。在数据使用方面，根据三阶段 DEA 模型的一般模式，分别从防灾基建与管理投入、综合灾害事件产出和安全风险环境变量三个维度出发，建立我国滨海城市综合防灾效率变量指标体系（表 4-2）。综合防灾投入产出比值越高表明防灾基建与管理投入的效果越差，综合灾害事件产出较多，综合防灾效率越低。指标体系中所选数据主要来自于2010—2017年《中国海洋统计年鉴》《中国城市统计年鉴》《中国海洋灾害公报》和《中国海洋生态环境公报》，并以各滨海城市及其所在省份的统计年鉴、应急管理与防灾减灾相关规划成果加以补充。

表4-2　我国滨海城市综合防灾效率变量指标体系

变量种类	一级变量	二级变量	指标权重	变量代码
防灾基建与管理投入	生命线系统工程建设投资	给水排水设施投资	0.117	X1
		能源输送设施投资	0.214	X2
		交通通信设施投资	0.209	X3
	避难疏散场所建设投资	防灾公园与疏散空间投资	0.113	X4
		人防工程建设投资	0.105	X5
	智慧城市系统建设投资	防灾数据库建设投资	0.059	X6
		防灾减灾产品研发投资	0.038	X7
	应急救援管理设施投资	应急队伍与物资储备投资	0.145	X8
综合灾害事件产出	自然灾害	海洋性自然灾害损失	0.341	Y1
		其他自然灾害损失	0.206	Y2
	事故灾难	公共安全突发事件损失	0.119	Y3
		安全生产事故损失	0.253	Y4
	组织管理危机	应急救灾支出	0.081	Y5
安全风险环境变量	安全生产环境评估	风险评估机构全时当量	0.228	Z1
		实行风险评估的规模以上企业数	0.374	Z2
	自然灾害风险评估	灾害风险评估占财政支出的比重	0.118	Z3
		自然灾害管理机构数	0.103	Z4
	社会安全环境评估	居民安全感指数	0.177	Z5

（1）三阶段DEA模型在滨海城市综合防灾减灾中的运用

数据包络分析（DEA）方法是1978年由运筹学家查恩斯、库伯和罗兹创建并命名的，其基本思想是使用数学规划方法建立评价模型，对具有多输入和多输出的决策单元（DMU）的相对效率进行评价。传统的DEA方法虽然可以较好地测量决策单元的投入产出效率，但未考虑外部环境因素和随机干扰的影响，可能导致估计结果不准确。滨海城市灾害系统既具有内外部复杂环境干扰的特性，又具有较高的人为致灾因子的随机干扰性，因此，可以通过三阶段DEA方法发挥参数分析和非参数分析的优点，将滨海城市灾害系统视为决策单元（DMU），将防灾基建与管理的投入和综合灾害事件产出置于以海洋性灾害类型为主的相同安全风险环境下，就可以排除外部环境的干扰，使综合防灾效率评价结果更具可比性。

该方法在滨海城市防灾减灾的第一阶段将采用传统的BCC模型，用于评价“灾害事件产出量不变条件下”各滨海城市灾害系统的综合防灾效率、理论防灾效率和灾害产出率（综合防灾效率＝理论防灾效率 × 灾害产出率）；第二阶段将采用相似SFA分析模型，其中将第一阶段产生的松弛变量作为因变量，以环境变量和混合误差项作为自变量，将组织管理失误率、内外部安全风险环境干扰以及人为致灾因子随机干扰等3种影响DMU综合防灾效率的要素分离；第三阶段为调整后的DEA模型，将第二阶段调整后的灾害产出数据和原始灾害产出数据重新代入BCC模型中，再次测算综合防灾效率、理论防灾效率和灾害产出率。此阶段的综合防灾效率剔除了内外部安全风险环境变量和人为随机性因素的影响，能够真实反映各DMU的综合防灾效率。有关这种三阶段DEA模型的运算步骤，具体可参考王玉梅[42]、沈能[43]等学者的研究。

（2）探索性空间自相关分析方法的运用（ESDA）

探索性空间自相关分析方法主要用于分析各滨海城市综合防灾效率的整体空间聚集特征以及局部空间关联度，其中，全局自相关分析适用于探测整个沿海区域的空间关联结构模式和空间自相关性。本书选取全局Moran’sI①指数，分析滨海城市在区域层面的综合防灾效率是否存在集聚特性，具体计算公式为：

$$I=\frac{n}{S_0}\frac{\sum_{i=1}^{n}\sum_{j=1}^{n}w_{ij}(x_i-\bar{x})(x_j-\bar{x})}{\sum_{i=1}^{n}(x_i-\bar{x})^2} \tag{4-1}$$

式中：n 为参与空间分析的单元数；w_{ij} 为空间权重矩阵；S_0 为 w_{ij} 所有要素之和；x_i、x_j 表示 i、j 市的综合防灾效率值。

局部自相关分析则用于分析各滨海城市内部的空间自相关性，度量其与周边地区或其他滨海城市之间的空间关联程度，本书采用LocalMoran’sI测算局部空间自相关程度，具体计算公式为：

$$I_i=Z_i\sum_{j}^{n}W_{ij}Z_j,\ Z(I_i)=\frac{I_i-E(I_i)}{\sqrt{Var(I_i)}} \tag{4-2}$$

式中，I_i 表示局部空间关联程度，Z_i、Z_j 表示观测值的标准化形式；W_{ij} 表示空间权重矩阵；当 $I_i>0$，表明区域邻近单元属于相似值集聚，$I_i<0$ 表明区域邻近单元属于

① Moran’sI：莫兰指数，一个用于度量空间相关性的重要指标，它可以帮助分析地理数据中的空间聚集或分散模式，取值范围在 −1 到 1 之间。

非相似值集聚；I_i 为 0 表示区域邻近单元值随机分布；$Z(I_i)$ 为 LISA[①] 的 Z 检验。

（3）地理加权 GWR 模型在滨海城市综合防灾效率时空分异中的运用

地理加权回归（GWR）模型与传统计量模型不同，考虑了影响因素的空间特征差异，能有效衡量不同区位条件下引起的因变量、自变量之间的空间分异特征和规律，便于科学界定影响因素，提炼总结综合防灾效率时空分异的驱动机制。本研究利用 ArcGIS10.0 中的 GWR 工具进行地理加权回归分析，选用 AIC（赤池信息准则）确定最优带宽，地理加权回归（GWR）模型的运算步骤和形式如下：

$$y_i = \beta_0(u_i, v_i) + \sum_{j=1}^{k} \beta(u_i, v_i) x_{ij} + \varepsilon_i \quad i = 1, 2, 3, \cdots, n;\ j = 1, 2, \cdots, k \tag{4-3}$$

式中，(u_i, v_i) 是地区 i 的空间坐标，y_i 和 x_{i1}，x_{i2}，x_{i3}，…，x_{ik} 分别是因变量 y 和解释变量 x_1，x_2，x_3，…，x_k 在 (u_i, v_i) 处的观测值，ε_i 是随机误差项，服从正态分布，系数 $\beta(u_i, v_i)$ 是关于空间位置的 k 个未知函数。

$$\beta_j(u_i, v_i) = [X^t W(u_i, v_i) x]^{-1} x^t W(u_i, v_i) y_i \tag{4-4}$$

上式是借助加权最小二乘法对每个样本点的回归参数进行测算。x 是自变量矩阵；x^t 是自变量转换矩阵；W 是 $n \times n$ 的空间权重矩阵，反映了地理位置对参数估计的影响。

4.2.1.2 综合防灾效率时空异步演进特征

首先在 BCC 阶段运用 DEAP2.1 软件测度得出 2010 年和 2017 年我国滨海城市综合防灾效率指标中防灾基建与管理投入变量的松弛变量；其次运用 Frontier4.1 软件，根据相似 SFA 模型剥离随机干扰项和安全风险环境变量对投入变量的边际影响，获得调整后的投入变量；最后运用 DEAP2.1 软件对调整后的投入和产出变量重新进行综合防灾效率测算，获得调整后的综合防灾投入产出比值（以下称“防灾比值”）。

从综合防灾效率的统计得分来看，防灾比值越低，表明综合灾害事件投入越少，综合防灾效率越高。2010 年我国滨海城市防灾比值的最大值与最小值相差近 22 倍，2017 年该比值高达 35 倍，同时防灾比值的平均值也由 2013 年的 0.51 降至 2016 年的 0.342。一方面，这说明近年来我国滨海城市整体的平均防灾能力有所提升；另一方面，也表明各城市间的综合防灾发展水平差距逐步加大，独立防灾且短板效应各有差异，呈现时空异步特征。从各沿海省份内部滨海城市的综合防灾效率差异来看，2010 年滨海城市

① LISA（Local Indicators of Spatial Association）：空间滞后值，用于衡量局部空间自相关的指标，表示在一定地区或区域内的空间属性值与周围单元属性值的关联程度。

综合防灾效率的协调性（CV变异系数）以江苏省表现最优（0.274），河北省居于末位（0.481），而到2017年，福建省（0.683）和海南省（0.767）的协调性较差，广东省（0.375）的综合防灾效率的协调性则迅速上升。从自然断点聚类来看，我国滨海城市综合防灾效率的等级梯度明显，2013年综合防灾效率高等级城市（第三等级及以上）数量达到32个，约占滨海城市总数的59.3%，2017年这一数值降至24个，这表明在该研究时段内，我国滨海城市无论在省域层面还是城市之间，综合防灾效率差距都逐步加大。

从防灾比值的空间分布来看，2010年综合防灾效率的经济指向性并不强，并不是经济越发达地区的滨海城市综合防灾能力越强，除上海（0.108）、广州（0.175）、杭州（0.172）、大连（0.153）以外，其余滨海城市综合防灾效率并不突出，天津（0.454）、深圳（0.622）、厦门（0.607）、宁波（0.901）、青岛（0.724）、南通（0.851）等滨海城市虽然经济发展水平较高，但综合防灾能力仍亟待提升，然而，钦州（0.228）、烟台（0.271）、泉州（0.188）、绍兴（0.251）等一些次发达滨海城市在省内具有较高的综合防灾水平。同时，除浙江省、辽宁省、江苏省形成高综合防灾能力的空间分布组团外，其余各地区的综合防灾效率空间分布破碎化特征较为明显，彼此之间没有形成规模集聚的空间分布。到2017年，我国滨海城市的综合防灾效率则表现出较强的经济指向性，多数综合防灾效率较高的滨海城市集中在经济发达地区，上海（0.071）、天津（0.126）、深圳（0.103）、杭州（0.054）是区域内综合防灾效率的中心，广州（0.080）也继续维持其在省域内和沿海地区的综合防灾效率优势，福建省和浙江省逐渐形成以省会城市为核心的综合防灾效率空间分布组团。表明在研究时段内，伴随着省会城市经济快速发展，防灾技术创新和防灾投资管理能力迅速提升，自身综合防灾效率不断增强的同时，也对周围地区的防灾减灾体系建设形成规模带动效应。

4.2.1.3 综合防灾效率邻近空间聚类特征

首先，进行全局自相关分析。运用ArcGIS空间自相关工具进行滨海城市综合防灾效率的全局自相关检验，结果显示：2010年*P*值为0.0852，*Z*得分为3.1517，2017年*P*值为0.0008，*Z*得分为5.2217，Moran' sI指数均处于0～1区间（表4-3）。

表4-3 我国滨海城市综合防灾效率Moran' sI指数及参数检验值

参数名称	Moran' sI指数	*Z*得分	*P*值
2010年	0.2135	3.1517	0.0852
2017年	0.2829	5.2217	0.0008

资料来源：运用探索性空间自相关分析绘制[44]。

在研究时段内，我国滨海城市综合防灾效率的数据分布在空间上均仅有小于 7% 的随机可能性，明显拒绝零假设，说明空间分布具有一定的集聚特征和空间正相关可能性，且随着时间推移而不断增强。相邻滨海城市间灾害风险环境的关联度较高，在综合防灾工作实施上存在正相关关系，空间上具有向综合防灾效率高的邻近城市集聚的趋势，而综合防灾效率低的城市空间集聚性较弱 [45]（图 4-1）。

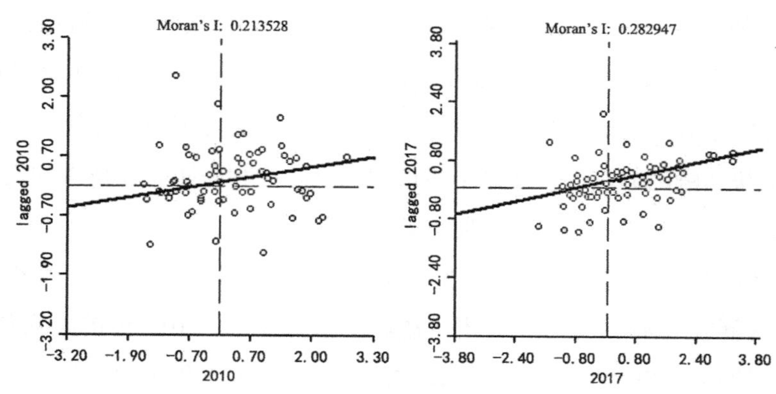

图 4-1　我国滨海城市综合防灾效率全局 Moran' sI 散点图

（资料来源：依据全局自相关分析数据绘制）

其次进行局部自相关分析与评价。为全面准确地分析各个滨海城市之间综合防灾效率的空间集聚和差异变化情况，运用 GeoDa 软件计算 LISA 值，结果显示如下。

2017 年，HL① 集聚区空间分布集中于渤海湾和广西、海南的滨海城市。大连和天津具有综合防灾高效率集聚的特征，而其周边的滨海城市则呈现出低效率分布，特别是天津与周边河北省的滨海城市之间的差距最大，说明该区域滨海城市综合防灾资源与技术集聚程度高，区域综合防灾效率的提升主要受核心城市的扩散效应影响。广西与海南的滨海城市虽然也存在 HL 集聚特性，但由于本身处于低中安全风险区，综合防灾高效率区也集中在区域经济中心，防灾资源与技术的扩散效应相对较弱。

LH 集聚区内滨海城市的综合防灾效率空间分布差异较大，呈现自身综合防灾效率较低，但周边地区较高的沉降特征。2010 年，我国具有 LH 集聚特征的滨海城市为泉州、漳州、揭阳和江门，但近年来由于受邻近高防灾效率城市的影响，自身的防灾减灾设施建设水平提高，综合防灾效率显著提升。到 2017 年，LH 集聚区的空间分布转移到福建、山东和广东省的其他滨海城市，其中综合防灾效率较低的城市分别为莆田、潍

① HH、LL、HL、LH 为四种空间聚集类型。其中，HH 型表示高值区域被邻近高值包围，即高值集聚区；LL 型表示低值区域被邻近低值包围，即低值集聚区；HL 型表示高值区域被邻近低值包围，LH 型表示低值区域被邻近高值包围，均为差异较大区。

坊、汕尾和阳江。这 4 个城市的综合防灾能力较差且位于海洋灾害高风险区域内，综合防灾效率落后于周边城市的提升速度，成为区域内安全风险隐患的沉降区，其综合防灾规划建设投入亟待加大。

HH 集聚区内综合防灾效率空间差异较小，自身与周边地区的效率均较高。2010 年，HH 集聚区包括杭州、宁波、青岛、上海 4 市，2017 年，集聚区内增加了中山、深圳、宁德、台州、连云港、威海等在内的 10 个城市。HH 集聚区滨海城市数量的倍数增长，说明综合防灾效率的规模集聚效应已经开始发挥作用。2017 年这类地区多聚集于沿海区域经济中心周边或经济快速发展区，例如宁德成为闽浙省际经济合作的示范滨海城市，经济快速崛起的同时也促进了城市间综合防灾和联防联控技术的交流，随着城市安全基础设施建设投资增加，综合防灾效率也快速提升。

LL 集聚区内综合防灾效率空间差异较小，且其内部效率低值地区集聚成片。2010 年，LL 集聚区涵盖北海、茂名、福州、盐城、东营 5 市，2017 年扩大到包括葫芦岛、营口、海口、钦州等在内的 9 个城市。该类滨海城市主要聚集于渤海与北部湾的沿海地区，大多数城市的经济发展速度与防灾减灾规划建设水平不匹配。由于这些城市多处于海洋自然灾害发生的中低风险区域，对安全风险环境评估、防灾基建与管理投入的重视程度也较低，极少有针对综合防灾技术的创新科研机构与成果，智慧化防灾资源与应急管理能力欠缺，导致综合防灾效率难以提升。

4.2.1.4 综合防灾效率核心驱动要素提取

利用地理加权 GWR 模型分析我国滨海城市综合防灾效率空间分布的驱动因素，选取现状综合防灾减灾能力、防灾减灾技术创新水平、城市公共安全水平、综合灾害事件产出和灾害应急管理水平 5 个要素作为滨海城市综合防灾效率的拟定影响要素；以防灾基建投入总额、安全风险评估相关支出、居民安全感指数、灾害事件损失总额和应急救援与防灾管理支出作为解释变量，分别表征上述影响要素；以 2017 年的防灾比值为因变量建立滨海城市综合防灾效率 GWR 模型 [46]。结果表明全部解释变量均通过多重共线性检验，且该模型下 AIC 值为 193.47，R^2 达到 0.8802，adjustR^2 达到 0.8531，表明该模型及其解释变量能够有效表征 2017 年我国滨海城市的综合防灾效率。通过对比各个解释变量的回归系数发现，综合防灾效率各因素的影响力大小依次为：灾害事件损失总额、防灾基建投入总额、安全风险评估相关支出、居民安全感指数、应急救援与防灾管理支出 [47]。对 5 个解释变量的回归系数进行空间插值，可以发现解释变量系数在地理上均存在明显的空间分异特征。

（1）现状综合防灾减灾能力对综合防灾效率的影响

在全域范围内，防灾基建投入总额的回归系数均为正值，说明建立综合防灾减灾能力的认知体系与提升机制对滨海城市综合防灾效率有着积极的推动作用。回归系数的空间分布自南北向中部递增，低值区分布于北部湾、渤海及南海南部的部分滨海城市。2017 年，这些城市的综合防灾效率较低：一方面应该积极寻找认清自身综合减灾防灾能力的方法，用系统性安全风险治理的思维认知城市防灾工作中的问题，从而整合并优化防灾减灾资源；另一方面要加大对综合性防灾减灾设施与生命线系统工程的建设，同时增加对智慧型安全风险治理系统的资金投入。

（2）防灾减灾技术创新水平对综合防灾效率的影响

2017 年，滨海城市有关安全风险评估支出的回归系数虽然较小，但均为正值，说明增加对城市安全风险评估的资金与研发投入可以有效促进综合防灾效率提升。该项回归系数的空间分布呈现出南北分异的特点，渤海与黄海沿海地区虽然在天津与青岛周边出现了小规模中高值聚集，但整体自北向南呈递增趋势，以南通为最高值区；东海与南海的沿海区域则存在上海、杭州、深圳 3 个高值区和厦门 1 个中高值区，其余滨海城市均围绕高值区向外递减分布。这说明滨海城市防灾减灾技术创新水平与现代化发展水平密切相关，科技与经济实力越强的滨海城市对安全风险评估的支出越高。安全风险评估是保障现代城市系统高效稳定运行的重要技术手段，也是智慧城市建设与安全城市发展的重要组成内容。在防城港、潮州、汕尾、滨州、葫芦岛等低值分布区，虽然经济与科技实力还不足以建立全方位的安全风险治理体系，但是可以对标综合防灾能力的薄弱点，有针对性地增加相关安全风险评估的支出，加快补齐城市治理能力现代化的短板[48]。

（3）城市公共安全水平对综合防灾效率的影响

居民安全感指数的回归系数有正有负，以正值居多，但整体系数分布均趋近于零，这说明以居民安全感指数为变量的城市公共安全水平，虽然并非滨海城市综合防灾效率提升的核心影响要素，但仍有一定的驱动作用。正值的回归系数空间分布主要集中于区域中心城市，体现了公共安全管理与经济发展水平的正相关性。负值主要集中在渤海与北部湾区域的滨海城市，是由于该区域对防灾减灾基建与管理资金的投入较低，居民对防灾避难及应急救援服务设施的认知也较模糊，导致居民整体安全感指数较低。另外，渤海沿线的天津、大连也呈现负值分布，主要因其近年来工业事故灾难频发，降低了居民的安全感指数。因此，居民安全感指数虽然不能直接促进滨海城市综合防灾效率的提升，但居民作为城市经济社会活动的主体，以居民安全感为核心的城市公共安全水平能够促进防灾基建与管理投入发挥最大效益，进而影响综合防灾效率的提高。

（4）综合灾害事件产出对综合防灾效率的影响

灾害事件损失总额的回归系数最大，且为正值，说明综合灾害事件产出是阻碍我国滨海城市综合防灾效率提高的关键因素，该项回归系数的整体空间分布由南向中部递减至江苏盐城，然后向北递增。南部广东、福建和浙江三省的滨海城市是回归系数值分布最高的区域，这些城市多为我国主要的台风登陆点，并且经济集聚密度大，因此，台风等风暴潮灾害带来的损失总额也最高，属于我国海洋灾害的高风险区域。由于海洋性自然灾害的频繁侵袭，即使该区域的滨海城市一直在强化自身防灾基建和管理的投入，但高自然灾害发生率带来的高经济损失量拉低了综合防灾效率。北部回归系数高值分布于天津至大连沿线的滨海城市，该区域虽地处渤海湾，受热带气旋灾害的影响少，但由于分别位于强地震带与海冰危害区，并且近年来多次发生大规模工业生产事故灾难，成为综合灾害事件的高发区，相应的综合防灾效率也较低。因此，在综合防灾规划中，既要了解不同滨海城市的主导灾害事件，对标论证核心减灾措施，又要建立动态化的安全风险监控预警机制，有效降低综合灾害事件发生概率并及时止损，才能提高综合防灾效率。

（5）灾害应急管理水平对综合防灾效率的影响

应急救援与防灾管理支出的回归系数有正有负，以负值居多，表明当前我国滨海城市的灾害应急管理工作对提高综合防灾效率的正向作用并不明显。在空间分布上，回归系数由中部向南北两端递减，高值区主要集中分布在温州、杭州、上海至江苏南通沿线的滨海城市，该区域对应急救援与防灾管理的高支出不仅是因为人流和物质流密集型集聚环境导致公共安全风险高，还与其较高的公共管理设施与服务水平有关。该区域是当前我国率先引入市场资本或金融服务用于应急救援与防灾管理的区域，比如杭州和宁波都投资建设了城市灾害风险金融保险系统，探索了用于应急管理的金融与保险风险评估技术。因此，未来应寻找灾害应急管理对综合防灾效率的正向驱动力，将滨海城市的综合防灾空间规划与应急救援管理机制以及安全风险评估技术进行耦合，从而提高综合防灾效率。

4.2.2 综合防灾效率导向下补齐韧性治理短板

从“投入—产出”视角对我国滨海城市综合防灾效率所进行的研究，实际上也是对韧性评价体系的系统描述。提高综合防灾效率的目的是提升滨海城市整体韧性，综合防灾效率考虑的防灾基建与管理投入、综合灾害事件产出、安全风险环境变量三类指标，涵盖了有关韧性建设的资源能源、产业资本、科技研发、组织管理等全部要素，可通过要素优化补齐韧性治理的短板。

4.2.2.1　滨海城市韧性综合评价体系

在滨海城市的韧性综合评价体系中，韧性成本与效能评价都可以由综合防灾效率分析完成，并形成滨海城市韧性综合评价技术路线（图 4-2）。在韧性城市理论中，受到普遍认可的生态、工程、社会以及经济韧性四大类评价内容，也可以在滨海城市综合防灾效率二级变量指标的基础上，进一步归纳演绎为韧性综合评价指标体系（表 4-4）。最后可以运用综合防灾效率的时空演进与空间聚类分析方法评估滨海城市韧性的时空分异[49]。

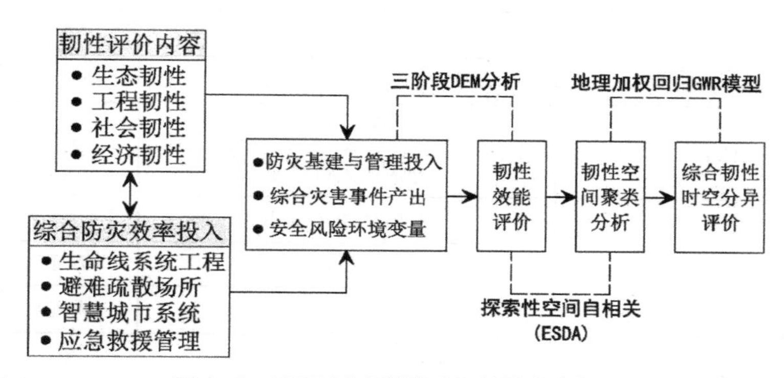

图 4-2　滨海城市韧性综合评价技术路线图

表 4-4　滨海城市韧性综合评价指标体系

目标层	准则层	指标层	单位	指标代码
生态韧性	绿色生态资源	建成区绿化覆盖率	%	A1
		人均公园绿地面积	hm^2	A2
	综合生态承载力	人均生态足迹	hm^2/人	A3
		生态迹地面积	hm^2	A4
	综合碳排放	万元 GDP 工业废水废气排放量	m^3/万元	B1
		工业固体废弃物综合利用率	%	B2
		污水集中处理率	%	B3
		生活垃圾无公害处理率	%	B4
工程韧性	生命线系统	道路网密度	km/km^2	C1
		应急疏散道路面积	km^2	C2
		给水管网密度	km/km^2	C3
		排水管网密度	km/km^2	C4
		能源供应管网密度	km/km^2	C5
		通信基站密度	个/km^2	C6

续表

目标层	准则层	指标层	单位	指标代码
工程韧性	防灾减灾系统	人防工程建设面积	m^2	D1
		防灾避难场所面积	hm^2	D2
		消防与防洪总投资	万元	D3
		智慧化防灾系统	万元	D4
		应急救援管理系统	万元	D5
社会韧性	社会防灾环境	社会治安案件数	件 / 年	E1
		万人拥有医生数	人 / 万人	E2
		紧急医疗救援机构	个	E3
		居民安全感满意度	%	E4
	社会发展环境	城镇化率	%	F1
		建成区人口密度	人 /km^2	F2
经济韧性	产业发展环境	三产占 GDP 比重	%	G1
		人均 GDP	万元	G2
		绿色产业增加值	万元	G3
	经济防灾环境	防灾投资占财政收入比重	%	H1
		防灾金融保险投资	万元	H2

4.2.2.2 滨海城市韧性短板补齐对策

从滨海城市安全风险机理的演化规律看，亟需加强城市空间治理与综合防灾减灾系统的建设，建设的目标是提高综合防灾效率，运用安全风险评估等多种技术手段提升滨海城市整体韧性。依据韧性评价与综合防灾效率分析间的对应关系，提出韧性完善的具体补齐对策，有利于把握综合防灾规划的发展趋势，确保以风险治理为导向的综合防灾规划路径研究，符合滨海城市韧性发展的目标与要求。

（1）滨海城市安全风险系统的整体韧性优化对策

滨海城市安全风险系统是以海洋性灾害为主的复杂网络系统，主要由灾害风险子系统和风险治理子系统构成。由于韧性优化具有较强的治理属性，在寻找整体韧性优化对策时，不仅要关注物质型灾害风险系统的防灾减灾特性，还要精确控制风险治理行为对防灾减灾资源的分配与优化，处理好物质与非物质构成要素之间的协调关系[50]。

一方面，通过深入挖掘子系统间的韧性关联寻找整体优化对策，分析各个子系统之间的功能联系以及灾害链式效应关系，寻找影响整体韧性能力提升的最低水平点，运用技术设备更新或断链减灾措施补齐韧性短板，进而提高整体韧性水平。比如，在滨海城市遭遇风暴潮侵袭时，通信系统是重要的生命线工程，一旦受损将影响灾害预警监控与紧急救援工作，而通信系统又受到电力网络、通信应急队伍建设等子系统的影响，如果这两个子系统的韧性较低，将极大影响城市整体应对风暴潮灾害的韧性，需要针对系统短板提出韧性优化对策[51]。因此，在滨海城市的综合防灾规划中，韧性优化同样需要研究不同空间层级下的主导防灾类型以及各个防灾空间之间的协调措施，进而提高整体综合防灾效率。

另一方面，韧性优化可被看作耦合综合防灾规划、安全风险评估与应急管理系统建设的安全风险治理方法。从韧性优化的视角将滨海城市安全风险治理过程划分为灾害应急抵抗、城市功能恢复和风险环境适应三个阶段，将现状综合防灾规划的困境纳入不同阶段，划定阶段性安全风险阈值，并提出相应的韧性优化办法[52]。比如，在滨海城市应对暴雨洪涝灾害的过程中，不应将有限的资金全部投入灾害应急抵抗阶段，过于关注防洪基础设施的建设并盲目提高设防标准，既造成防灾减灾资源的浪费，又不利于提高城市整体的防洪韧性。应在灾害抵抗阶段通过理性评估确定安全风险阈值，再进行防洪设施建设，兼顾灾害发生后的设施功能恢复过程，进而提高滨海城市适应暴雨洪涝灾害的整体韧性。

（2）滨海城市韧性系统构成要素的优化对策

在生态韧性优化方面，首先对现有城市生态系统的脆弱性进行评估，从城市环境污染、城市微气候影响、城市资源循环利用等方面找出维持生态环境稳态的安全阈值，释放可能引发生态安全危机的过量负荷，有针对性地增大生态韧性源地并完善滨海城市生态网络，进而提高整体生态韧性。在工程韧性方面，以城市生命线系统工程建设为基础，通过安全风险系统动力学分析，找出影响整个设施网络系统稳定运行的关键灾害链，寻找断链减灾的网络拓扑关系与协作机制，确定重大防灾减灾设施的建设标准，找出并降低系统运行的安全隐患，避免因节点设施损坏而造成整个设施网络运行停滞的事故。在社会韧性方面，包括居民安全感指数的提升以及应急救援配套资源的建设与管理，探索多元主体共同参与安全风险治理的路径，提高居民认知风险隐患并实施自救互助的积极性和主动性，完善有关应急救援管理的制度和政策，避免出现大规模风险管理危机，建立常态化的社会韧性优化机制。在经济韧性方面，经济发展是滨海城市进行防灾基建与管理投资，提高综合防灾效率的物质保障，应努力寻找绿色产业发展的路径，避免或减少危险化工企业的集聚，施行常态化生产安全风险评估，提高防灾投资在政府财政支出中的比重，探索用于防灾金融保险的多资金投资模式等[53]。

4.3 综合防灾规划与风险治理响应机制

当前滨海城市安全风险治理工作需要运用综合防灾规划来弥补自身空间治理的短板，而综合防灾对策也表现出融合多学科领域研究和多元主体参与的趋势，二者均以保障城市系统安全稳定运行为目标。安全风险治理整合了风险管理、灾害学、生态学等多学科领域的研究成果，其灾害链式效应分析、系统动力学分析、安全风险评估等技术为滨海城市综合防灾规划的创新研究提供了理论与方法支撑。而综合防灾规划作为综合防灾效率提升的主要载体，其自身存在重经验式防灾，弱理性风险管控的问题，很多风险评估方法、断链减灾措施与治理决策无法通过综合防灾规划有效地传导于城市空间，需要进一步论证耦合“全过程”风险治理技术对滨海城市综合防灾规划体系重构的必要性与可行性。

4.3.1 风险治理耦合空间规划的必要性

滨海城市安全风险治理的核心内容是在摸清其灾害链网络结构演化特征的基础上，通过系统动力学建模分析与综合风险评估，制定风险防控方案以及防灾减灾策略。该理论方法从滨海城市整体安全风险环境认知，到宏观综合风险治理策略制定，均能发挥较强的理性指导作用，但如果想要将其评估结果与治理策略进一步落实到城市空间承灾体上，则暴露出解决防灾减灾空间问题的短板，难以形成精细化风险治理措施，亟需借助综合防灾规划构建空间治理体系，通过空间规划来发挥安全风险理性治理的“长链效应”。因此，滨海城市安全风险系统的整体治理趋势不仅表现出耦合综合防灾空间规划的必要性，而且在针对其核心构成要素的具体风险治理工作中也彰显出对空间规划的诉求。

（1）致灾因子网络化风险治理的空间规划诉求

滨海城市致灾因子网络由自然、人为、复合及组织管理四类致灾因子组成，其中有三类是由于人类活动在重塑或影响城市空间环境的过程中产生的，这就决定了关于致灾因子网络化的风险治理方法必须要考虑人与空间关系的重要性。而当前我国滨海城市对致灾因子风险的治理以主导型灾害链源识别与防控为主。这一过程以历史灾害数据为基础，主要通过灾害管理人员或机构进行风险评测、数据分析与影响性评价，虽然能够实现对致灾因子产生机制及其成灾演化的模拟预判，但是没有对主导型致灾因子的作用空间以及人与防灾空间的关联性进行精确判定，人们只能通过致灾因子的仿真模拟数据或结果，主观判断相应的空间治理措施，这容易导致理性分析结果与空间实施方案不对称，前期针对致灾因子制定的综合风险防控与治理策略的效用也大打折扣。因此有必要在滨海城市综合防灾空间规划中围绕致灾因子网络的空间演化特征制定空间治理方案。

（2）承灾体多维度风险治理下的空间规划诉求

本书将滨海城市空间作为安全风险系统的主要承灾体，虽然其本身不属于物质实体，但由于承载了城市居民生命、经济财富、工业生产和设施网络等重要灾害损失要素而具有物质属性。另外，在城市灾害系统构成要素中，很多致灾因子或灾害损失因不具有空间属性而难以进行风险快速识别与管控，将城市空间作为承灾体则可以在对此类风险进行链式效应分析的基础上，对其灾害影响进行空间可视化，有利于准确而全面地把握灾害风险构成要素的城市空间反馈途径。当前滨海城市有关承灾体的风险治理工作内容主要表现在暴露性与脆弱性评估方面，评估对象涵盖了城市空间所承载的设施、人口、生态、文化、经济以及社会等众多领域，而这些要素对城市空间所产生的灾害影响及其作用时间也各不相同，需要针对这种多维特性建立基于时间维度、领域维度和影响维度的各类致灾因子风险评估机制。这种评估机制效用的发挥则需要依赖于融合全过程风险治理以及多层级空间防灾的滨海城市综合防灾规划体系。由此可见，有关滨海城市承灾体的安全风险治理工作，实际上是通过防灾减灾空间的综合治理，实现对安全风险环境多维度要素的治理过程，表现出较强的综合防灾空间规划耦合诉求。

4.3.2　综合防灾规划系统响应的可行性

滨海城市综合防灾规划对风险治理理论与方法的响应不应局限于灾前安全风险分析与评价阶段，而是要考虑灾前、灾中与灾后风险演化与防灾空间设施响应的特点，将全过程风险治理技术运用到综合防灾规划体系中。滨海城市综合防灾规划分别从规划内容和规划方法两个路径，实现对风险治理体系中风险子系统与风险治理子系统的响应（图 4-3）。

综合防灾规划内容作为整个响应系统的主体，主要从防灾空间分析响应、防灾空间应用响应以及防灾空间管理响应三个方面实现对风险治理核心内容的全面耦合。其中，空间分析响应系统运用安全风险评估技术，从滨海城市灾害领域、政府管理以及公众参与三个维度进行现状综合防灾能力评价，依据对灾害领域、影响和时间维度风险要素的评估、分析与控制，提出综合防灾行动计划。空间应用响应系统将滨海城市防灾空间划分为区域、城区、社区、建筑4个层级，通过设定风险等级、可接受风险标准、风险防控空间格局及风险数据可视化等安全风险治理措施，进一步明确不同空间层级的防灾空间规划建设重点，形成综合防灾规划成果。

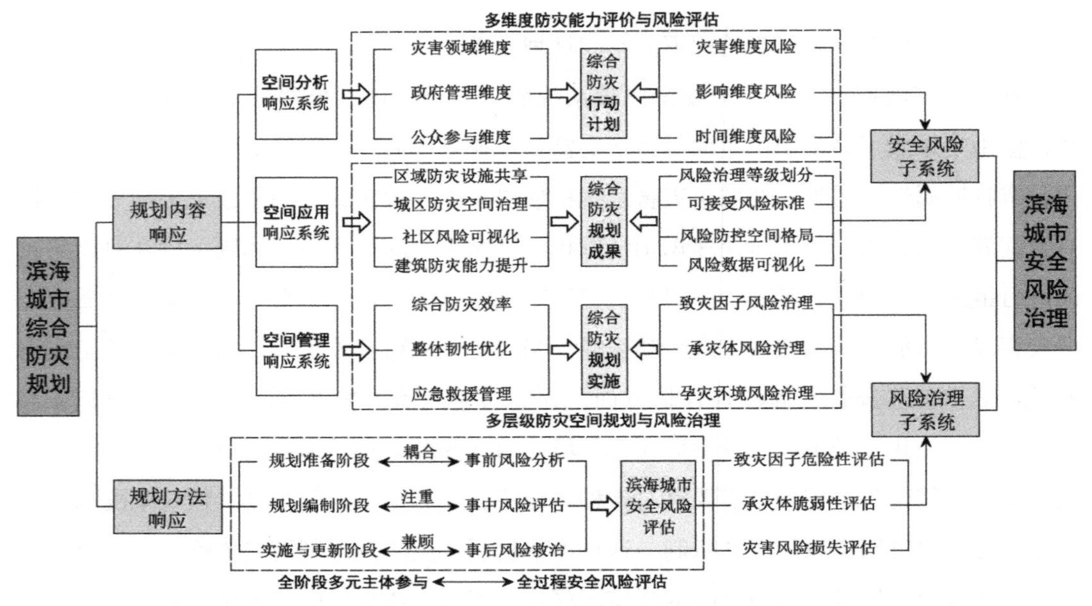

图4-3 安全风险治理下的滨海城市综合防灾规划响应系统设计图

综合防灾规划方法主要通过对全生命周期防灾减灾治理机制的创新探索实现对风险治理子系统的响应。具体来讲，依照滨海城市安全风险评估框架，在综合防灾规划准备阶段，主要运用致灾因子危险性评估来耦合事前风险分析；在综合防灾规划编制阶段，针对城市空间承灾体脆弱性评估，形成注重事中风险评估的规划成果；在综合防灾规划实施与更新阶段，则重点进行风险损失评估，用于兼顾应急管理对事后风险的救治需求。通过事前、事中、事后全过程安全风险评估机制的建立，探索多元主体共同参与整个滨海城市综合防灾规划准备、编制、实施与更新阶段的创新路径。

4.4 本章小结

本章聚焦滨海城市综合防灾规划困境及对策，识别了当前滨海城市综合防灾规划在整体认知、规划实施及内容创新方面的困境，并运用三阶段DEA模型、探索性空间自相关、地理加权回归GWR模型等空间计量方法集成，展开对综合防灾效率的时空演进特征分析及其影响因素研究，归纳并演绎出滨海城市韧性综合评价办法与指标体系，进而判断综合防灾对策的演变规律，以此论证防灾空间规划与安全风险评估及防控体系的耦合诉求（耦合的必要性），并进行综合防灾规划响应系统设计（耦合的可行性）。

（1）滨海城市综合防灾规划的困境集中表现为现状综合防灾能力认知缺失与规划成果实施效率偏低。解决综合防灾规划整体认知与实施困境需通过综合防灾效率评价，找出影响其时空分异的主导因素。解决横向与纵向矛盾则需将城市韧性视为协调多标准防灾能力建设及多种规划相互衔接的核心目标。

（2）2010—2017年间，我国滨海城市在省域及城市内部层面的综合防灾效率差距都在逐步加大，其空间聚类特征表现出向区域内综合防灾效率高地集聚的趋势，各因素的影响力大小依次为：灾害事件损失总额＞防灾基建投入总额＞安全风险评估相关支出＞居民安全感指数＞应急救援与防灾管理支出。滨海城市韧性综合评价中的成本与效能评价都可以由综合防灾效率分析完成，整体韧性优化需从灾害领域、影响、时间维度分析各安全风险子系统间的功能联系以及灾害链式效应关系，寻找韧性最低水平点。

（3）综合防灾技术应对策略不再局限于物质型防灾工程研究，因纳入全方位综合防灾对象与多领域防灾技术而趋于系统化和多元化。致灾因子的网络化风险治理，承灾体的多维度风险治理均体现出融入防灾空间规划的必要性。滨海城市综合防灾规划可通过内容与方法重构，分别实现对安全风险子系统与风险治理子系统的响应。

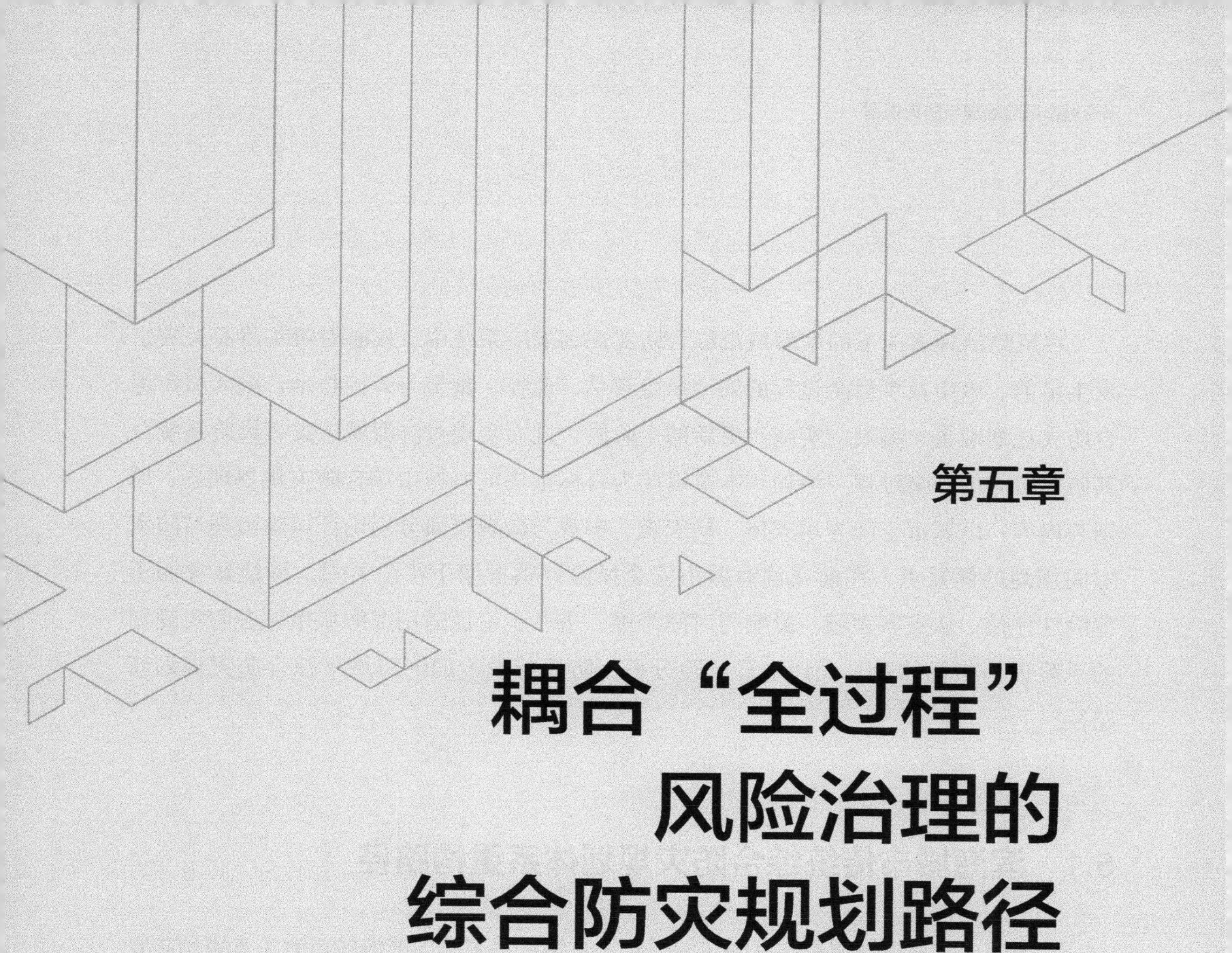

第五章

耦合“全过程”风险治理的综合防灾规划路径

在风险治理导向下的滨海城市综合防灾规划响应系统中，核心对策是将有关灾害发生事前、事中及事后全过程的安全风险评估、监控、预警与管控技术，融入城市综合防灾规划准备、编制、实施与更新的全阶段，进而实现对滨海城市灾害风险系统及其防灾空间的“全过程”治理。本章以此为目标重构滨海城市综合防灾规划理念、原则与内容，以城市空间为承灾体，从宏观、中观与微观层面分别论证风险治理与防灾空间规划的侧重点，在前文滨海城市安全风险评估框架下（图 3-9），围绕致灾因子危险性评估，从灾害领域、影响与时间维度，进一步论证适用滨海城市综合防灾规划的风险评估指标体系，设计融合风险分析、防控与救治的滨海城市综合防灾规划新路径。

5.1　滨海城市传统综合防灾规划体系重构路径

传统综合防灾规划体系没有固定的模式。总结近年来我国滨海城市有关灾害预防管理的综合性规划实践与建设经验，本书将传统综合防灾规划体系理解为以自然灾害防御与人为灾难防卫为主体，为全面有效应对灾害影响及其损失，预定设防标准与防灾目标，以各项防灾空间用地布局、防灾设施综合部署、防灾措施及减灾对策为核心内容的规划体系，规划成果形式主要分为城市规划中的防灾规划以及城市综合防灾专项规划两类。以此认知为基础，进一步探索其重构路径。

5.1.1　规划内容与方法的并行重构

由图 5-1 可知滨海城市传统综合防灾规划体系的特点，一方面表现为防灾方法与减灾措施表达的直观性，无论综合防灾总体规划还是详细规划都以城市空间结构与功能分区为基础，将防灾减灾方案以空间与环境形态、用地与设施分布进行表达，能够更直观地将规划成果信息传递给城市居民等防灾实施主体。另一方面能够发挥统筹防灾空间资源配置的有效性。城市空间作为灾害系统的承灾体，既是防灾减灾资源发挥效用的重要载体，又是协调人与灾害关系的主要媒介，综合防灾规划通过对消防、洪涝、人防、地质灾害等防灾救灾基础设施与避难疏散场所的统筹布局，通过防灾空间的协调优化提高各类防灾减灾资源的利用效率。近年来，很多滨海城市在治理能力现代化的工作中，引入了智慧化信息技术构建综合灾害数据管理平台，促进了对城市整体安全风险环境的动态监控与精准评估，相关评估结果与空间治理对策需要通过防灾空间规划发挥效用。

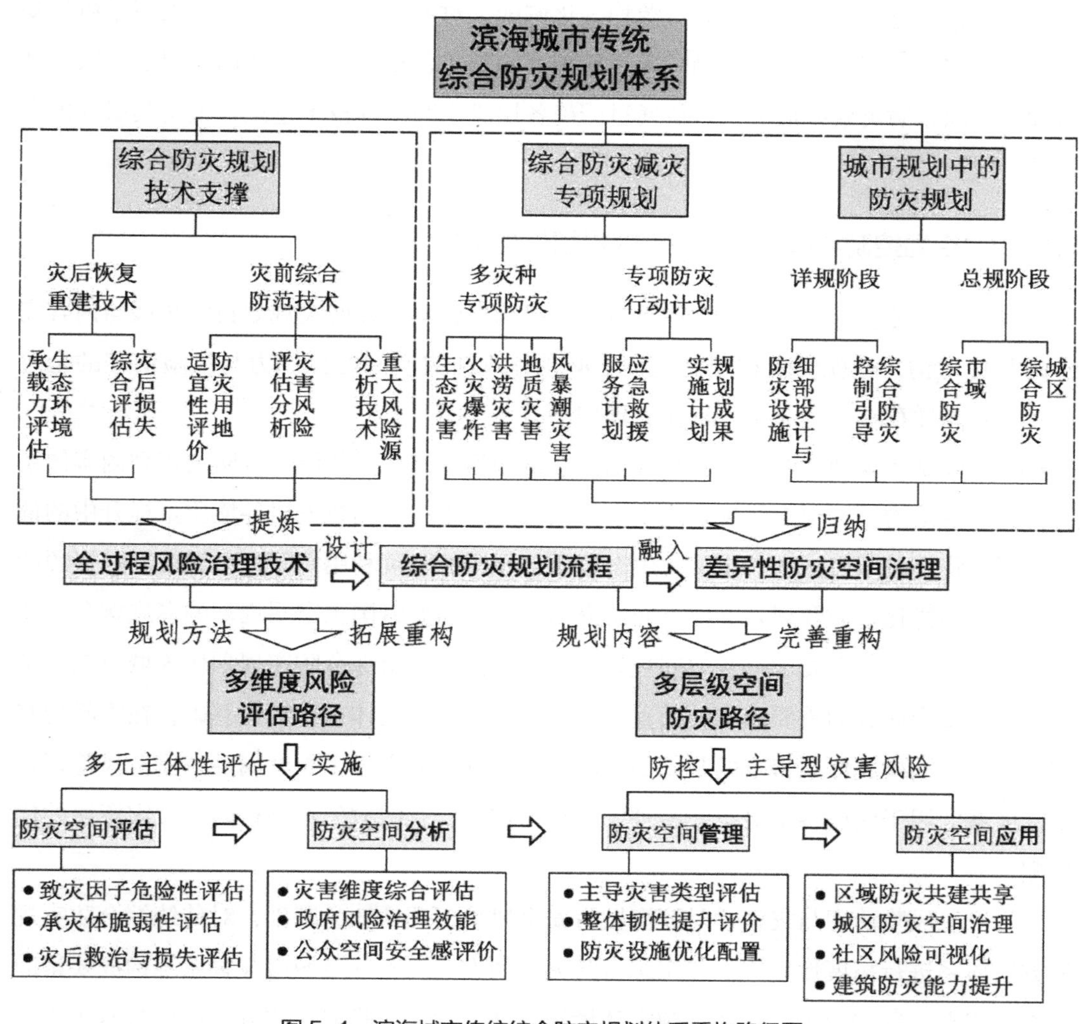

图 5-1 滨海城市传统综合防灾规划体系重构路径图

5.1.1.1 技术拓展与内容完善并行的规划体系重构

基于风险评估与空间治理的融合诉求，传统综合防灾规划体系产生了两个亟待创新重构的地方：一是缺乏理性风险评估支撑体系。传统综合防灾规划仅在防灾总体规划阶段运用灾害风险分级、重大危险源分析、防灾用地适宜性评价进行灾前综合风险评估，评估结果仅用于选定重点防灾对象和划定设防标准，由于无法理性识别主导灾害类型及其安全风险的演化特征，在防灾空间分区与设施布局方面则更趋于经验式规划，亟待融入全过程安全风险评估技术重构其研究方法体系。二是缺少多层级空间治理体系研究。传统综合防灾规划没有明确区域、城区、社区等不同空间层级下的主要防灾手段与优先减灾措施，因过分强调防灾减灾资源均等化调配，对不同空间层级的主要灾害矛盾认知不清，防灾设施配置存在种类趋同或规模相近的现象，相关设施的使用因缺乏主次与针对性导致综合防灾效率低下，亟待通过明确各层级空间治理技术重点，重构其研究内容体系。

5.1.1.2 空间控制与风险治理并行的规划流程重构

滨海城市传统综合防灾规划体系重构的落脚点，集中在防灾规划技术拓展与内容完善的并行重构，这就要求在规划流程上必须体现防灾空间的控制力与风险治理的全过程，二者同样存在并行关系，具体表现如下。

（1）以城乡规划学对国土空间规划体系认知为基础，对传统综合防灾规划内容体系进行完善性重构。国土空间规划注重发挥城市“三生”空间在人居环境质量提升中的催化作用，将有关城市生产、生活、生态资源与环境的永续利用划归为对城市空间资源的合理保护与优化。城乡规划学以空间研究为主体，需要将国土空间规划的多规融合、技术创新、风险评价等要求融入空间规划体系中。传统城市综合防灾规划作为城乡规划学有关空间安全研究的重要内容，其重构也应该以空间规划体系认知为基础，在吸收现有滨海城市空间构成体系特点的基础上，归纳并完善有关灾害多维度属性的安全风险评估指标体系，用于明确各层级空间治理的重点与难点，有的放矢地进行防灾减灾资源的优化配置。

（2）以风险治理与灾害学对滨海城市安全风险机理认知为基础，对传统综合防灾规划方法体系进行拓展性重构。传统综合防灾规划方法离不开对城市灾害系统构成要素的研究，将有关致灾因子危险性、孕灾环境敏感性、承灾体脆弱性的分析评价技术运用于重大危险源识别、防灾用地适宜性评价、灾害风险与损失评估、生态环境承载力评估等方面，主要关注灾前综合风险防范和灾后恢复重建阶段的防灾技术支撑。随着滨海城市综合灾害数据管理平台的逐步完善，通过风险治理技术方法系统认知整体安全风险机理成为可能，传统城市综合防灾规划作为安全风险空间治理的重要手段，需要耦合信息化空间防灾技术，并将其融入防灾空间治理的全过程。特别是在风险治理主体趋于多元化的背景下，应该系统整合原本灾前与灾后的安全风险评估技术，将其拓展应用到灾害生长机理的全阶段，构建多维度安全风险评估系统，将灾前致灾因子危险性评估、灾时承灾体脆弱性评估、灾后救治与损失评估技术运用到防灾空间评估的全过程，进而确立不同空间层级的主导灾害类型、韧性提升措施以及防灾设施配置。

5.1.2　规划目标与定位的治理解构

耦合风险治理技术的滨海城市综合防灾规划体系，需要进行规划内容的完善性重构与规划方法的拓展性重构。这种“并行重构”关系并不是对传统防灾规划体系的否定和取代，而是通过融入精细化风险治理思想，对传统综合防灾规划的理念、目标、原则进行“治理解构”，突破其静态灾害风险评估、单向防灾空间控制的规划定式，形成适用于综合防灾规划的“全过程”风险治理系统。

5.1.2.1　风险治理导向下“五位一体”规划理念解构

1）滨海城市安全风险全过程治理理念

综合防灾效率是评价滨海城市安全水平的核心指标，而灾害事故产出则是综合防灾效率的主要影响因素，因此滨海城市安全风险治理首要目标是降低灾害事故发生概率，通过精准合理的安全环境建设投资，实现消除或降低风险隐患的最优化。风险治理工作不仅需摸清滨海城市主导型灾害产生机理与发展规律，做好灾前风险防范设施与空间准备，还需准确把握灾中影响及其灾害链式效应演化特征，通过应急救援管理与防灾空间规划的结合进行紧急灾害风险治理。此外，还要对滨海城市灾后损失及其影响进行预判，恢复城市受损空间功能，重建城市空间活力，实现安全风险环境与适灾空间综合治理。该理念表现出从非常态下救灾、应灾到常态化防灾减灾的全过程治理需求。传统综合防灾规划体系主体内容包含防灾基础设施规模与布局、防灾空间结构与功能优化等，属于非常态下被动式防灾减灾公共政策，缺乏城市空间与灾害系统关联性研究，亟待引入全过程风险治理理念，将常态化防灾空间规划与非常态应急反应机制融入滨海城市综合防灾规划中。

2）综合防灾空间规划体系多层级防灾理念

当前我国滨海城市大多作为区域经济社会发展的中心城市，其灾害系统趋于复杂化与网络化。综合防灾空间规划体系的构建，应遵循复杂系统研究中多层级分类解决问题的方法，既要考虑复杂灾害链网络结构中，不同灾害层级下主导型灾害链的影响及其断链减灾措施，又要建立涵盖区域到社区多层级的综合防灾空间体系，摸清不同空间层级间的灾害链能量传导机理，提出综合防灾网络建设目标与多层级防灾空间规划策略。另外，多层级防灾理念对综合防灾规划体系的影响，还体现在对滨海城市地上与地下防灾减灾空间资源的系统整合，明确纵向不同空间层级下的主要减灾措施与避难疏散路径，形成三维立体式的综合防灾空间体系。

3）综合防灾技术方法研究多维度评估理念

传统滨海城市综合防灾规划体系认知灾害及其影响的技术主要表现在灾害风险分级、重大危险源分析、灾前防灾用地适宜性评价三个方面，用于确定综合防灾用地空间布局，划定各类防灾基础设施红线及制定工程性设防标准。该技术方法仅考虑不同灾害领域对城市空间的影响，分析与评价结果是静态的，形成的综合防灾规划内容无法适应灾害在不同时间段的多变性，以及在不同安全风险环境下的多元化影响。因此，应吸收传统综合防灾规划技术方法的优点，综合滨海城市在灾害时间、领域、影响等多个维度的风险评估方法，组建动态化安全风险评价与分析系统。

4）综合防灾规划目标与定位韧性化建设理念

对滨海城市传统综合防灾规划体系的重构应以提高综合防灾效率与综合灾害治理效能为目标。韧性化建设在风险治理工作中的定位，就是通过衔接风险评估与灾害治理技术发挥指导空间治理的优势，实现滨海城市在面对各类灾害风险侵袭时具有较强的适应性与功能恢复能力。依据该韧性化理念重构滨海城市防灾空间体系建设目标，通过组建多维度风险评估系统，提升滨海城市在安全风险环境、政府治理效能、居民防灾自救方面的韧性。通过多层级防灾空间体系的构建，提升从区域到建筑空间的综合“适灾”能力，实现应急管理与防灾规划一体化的韧性城市建设策略。

5）综合防灾规划实施与更新智慧型治理理念

风险治理导向下的滨海城市综合防灾规划特性，不仅表现在通过动态风险评估进行理性灾害风险管控与灾害损失应对的工程防灾特性上，更重要的是通过多元主体共同参与、政府风险治理效能提升、信息化综合灾害治理平台建设等方式提升综合防灾效率与韧性水平，表现出较强的非工程性灾害治理特性。因此，在综合防灾规划实施阶段要以智慧化灾害信息治理平台为依据，动态识别、监控与评估安全风险环境，确保发挥防灾空间规划与减灾措施的效用。另外，还可以运用有关灾害风险的大数据统计分析技术进行综合防灾规划的实施效果反馈，及时发现并修正其中有关风险治理的组织管理危机，更新相应的灾害风险评估与空间规划技术。

5.1.2.2 全过程治理导向下“三阶段”规划目标解构

滨海城市综合防灾规划以实现全过程风险治理为总体目标，对传统综合防灾规划体系进行内容与方法的重构，不仅需要依据现有防灾减灾资源条件明确防灾空间体系的建设目标，还要遵循滨海城市安全风险机理的演化规律，分三个阶段制定不同发展时期的综合防灾目标及其重点防灾减灾规划内容（图 5-2）。

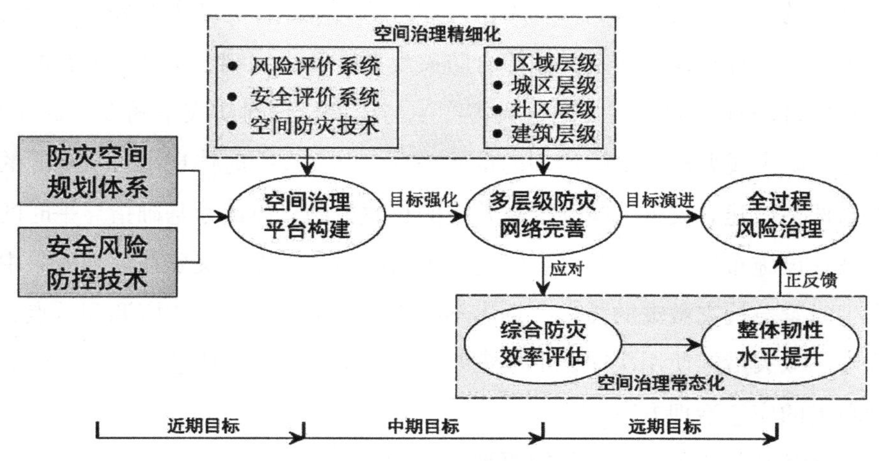

图 5-2 滨海城市综合防灾规划“三阶段”目标

具体来讲，近期目标主要指在滨海城市综合防灾规划技术方法拓展时期，将应急管理的风险评估技术方法引入防灾空间规划体系中，构建完整的风险识别、监控、预警与控制分析的空间治理平台。在防灾空间体系构建上，整合滨海城市现有的防灾减灾资源并制定相应的调配机制，针对主导型灾害风险划定设防标准，重点评估存在重大安全风险隐患的致灾因子及其灾害链的网络结构，据此组建适用于综合防灾规划的风险评估系统。建设基础性防灾减灾工程，运用重点防灾项目用地适应性评价、重大危险源识别与动态评估等防灾空间规划技术，满足灾前防灾减灾资源的空间配置要求以及灾后应急救援的时效性。

中期目标主要指在滨海城市综合防灾网络基本建设完成后，完善多层级空间治理与防灾规划内容的时期。以提高综合防灾效率与整体韧性水平为目标，评估综合防灾效率影响因素并建立综合防灾投入产出长效机制，提出整体韧性优化行动方案，进而实现对不同空间层级下主导型灾害的风险管控与精细化治理。

远期目标指在滨海城市综合防灾规划体系建设成熟后，弹性适应安全风险环境变化的时期。全过程风险治理不仅涵盖灾害发生及演化的空间治理内容，而且包含滨海城市安全风险全情境实现风险评估、风险管控、防灾减灾技术自我迭代更新，完成多元主体共同参与空间治理的常态化机制，不断提高滨海城市综合防灾空间规划体系对复杂灾害链网络结构演变的弹性适应能力。

5.1.2.3 “常态化—系统化—韧性化”的规划原则解构

1）常态化治理，“平灾结合”的原则

滨海城市的全过程安全风险治理不再将综合防灾规划作为结果型公共安全政策，硬性指导防灾减灾工程建设，而是关注综合防灾规划准备、编制、实施与更新的全过程对城市安全风险环境优化的作用，剖析灾害产生与发展机理对防灾空间设施的动态影响。滨海城市综合防灾规划作为空间治理的重要平台，既要在平时体现出对风险源的动态识别、监控与评估，建立灾害风险预警与管控的长效机制，以此为基础指导平时的防灾空间规划、减灾设施布局、应急救援物资配置等空间治理工作，又要在规划成果中体现适应灾害发生时紧急抗灾救灾的需求，提出不同空间层级下的救灾物资调配重点、防灾设施启动程序、减灾措施使用次序，形成灾时多风险动态管控的应急预案，并建立多部门紧急联动救灾的应急治理方案。

2）系统化治理，“多灾融合”的原则

滨海城市安全风险系统的主要灾害类型不仅包含自然灾害、事故灾难等物质型灾害，还有组织管理危机、社会文化风险等多种非物质型灾害，多灾并发或一灾多发的现象让滨海城市灾害具有高复合型特征。综合防灾规划在制定防灾目标和划定设防标准时，必须要针对不同安全风险情境的特点实行“多灾融合”的系统性研究，精准定位主导灾害类型，研究其灾害链的长链机理与断链减灾措施，避免出现多灾种防灾空间对立与设防标准彼此冲突的现象。同时应考虑多元主体共同参与空间治理的规划路径，综合防灾规划研究内容不再局限于对物质型灾害的治理，还应拓展至应急管理、生态修复、社会危机、文化保护等多个领域的系统化风险治理。

3）韧性化治理，“评控聚合”的原则

对滨海城市空间承灾体施行韧性治理是综合防灾规划与建设的主要目标，主要包含自身“适灾”能力提升与韧性技术优化两个方面。前者侧重于对滨海城市安全风险环境与综合防灾空间体系的“适灾”能力提升，理顺人、建筑、空间在灾害链网络结构演化中的关系与作用，避免大规模环境改造，寻找顺应自然环境下的断链减灾办法，提升城市防灾空间体系应对灾害的弹性恢复力。后者侧重于通过安全风险评估与控制技术的不断优化更新，实现风险评估结果与风险管控策略在防灾空间上的聚合。

5.2　全过程风险治理下的综合防灾规划流程设计

风险治理导向下的滨海城市综合防灾规划是一种全过程风险监测、评估与管控机制[54]。它既不同于灾前工程性防灾空间规划，又不局限于灾后应急管理。耦合"全过程"风险治理的综合防灾规划流程，包含风险情报搜集及分析、风险控制与防灾空间布局、风险应急处置与规划实施三个阶段。规划方法上注重利用风险分析和公众参与来完善灾前的"防"；结合风险评价和减灾方案来体现灾中的"控"；通过应急止损和规划更新落实灾后的"救"。

5.2.1　耦合事前风险分析的规划准备阶段

规划准备阶段作为整个综合防灾规划编制过程的基础环节，通过规划前期的研究解决防灾规划支撑体系混乱及现状防灾能力认知模糊等源头问题。该阶段运用风险分析方法，从两个方面实现综合防灾规划与城市安全风险治理的融合。

1）风险治理计划与防灾规划支撑体系融合

目前法定规划、防灾规范及技术标准对防灾规划支撑体系的内容均无定论，但如果从风险治理的视角将整个综合防灾规划的编制过程视作一个项目整体进行研究，那么对防灾规划支撑体系的治理就是为该项目提供完整的行动纲领[55]，主要以风险治理计划的形式制定组织架构、治理范围、部门职责及运行策略等，具体包含确定综合防灾规划区域、组建防灾规划团队、激活公共参与机制三个方面。其中综合防灾规划区域边界的划定既要体现全域性防灾理念，又要将区域内危险性及脆弱性相似的大尺度空间分类纳入风险分析范围内；防灾规划团队由政府主导，将各部门技术专员、社区领导、企业及市民代表等利益相关者纳入防灾规划委员会中，明确各自的角色和任务后，由规划主管部门负责编制规划方案并定期举行成果审查会；公众参与机制通过综合防灾宣传和培训活动进行激活，让公众充分了解有关灾害减缓的知识，寻找防灾志愿者并邀请其参与到灾害风险分析和损失评估结果的讨论中，使公众有机会了解身边安全风险并就规划成果提出意见。

2）风险识别与现状防灾能力认知融合

二者主要从风险源影响识别、防灾系统易损性评估以及综合风险地图方面进行融合，其中风险源识别的首要任务是摸清规划范围内风险环境本底及其可能遭受的灾害类型，然后对所识别风险源进行结构化处理，细分并探索各灾害风险间的联系，比如时间先后、因果关系以及交互作用等，进而对这些风险源进行灾害链式效应分析[56]。防灾系统易损性评估是各灾种发生概率及其损失测算后形成承灾体财产目录，通过人员、建筑物与基础设施易损性评估得到伤亡人数、经济损失和财产损坏情况，从而辨别现状防灾系统脆弱性及漏洞。综合风险地图则是对致灾因子影响范围、孕灾环境特征、承灾体空间分布进行可视化表达，从而对设防区域进行风险分级。

5.2.2 注重事中风险防控的规划编制阶段

事中风险防控是在风险分析结果的基础上，模拟城市在面对各类灾害侵袭时应达到的最低抗风险水平，提前做好风险监控并评估降低灾害发生概率的减灾手段，有针对性地进行防灾空间规划、减灾措施优化及防灾设施布局等，将灾害控制在可接受风险范围内。对综合防灾规划编制工作而言，要求规划成果既要发挥灾前抗风险预案的作用，又要充分挖掘其对事中灾害风险的管控效用（图 5-3）。

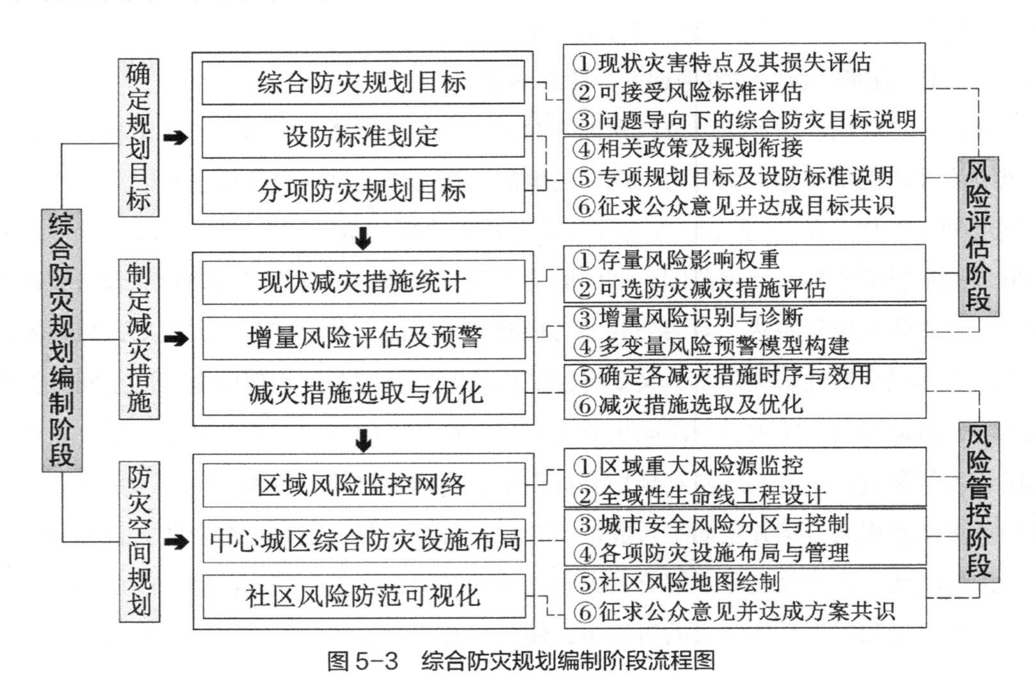

图 5-3 综合防灾规划编制阶段流程图

1）确定规划目标

依据现状灾害及损失风险评估结果，综合判定保障城市基本功能安全运行的可接受风险标准[57]，对标滨海城市防灾系统现实困境提出综合防灾规划目标。将总体目标与政策法规或法定规划进行比较，确保其与经济社会发展水平、城市性质功能定位、生态环境保护要求相适应。依据规划前期对各类灾害风险影响等级的划分，逐个制定专项防灾规划目标，对各灾种进行时空分解及定量化研究。最后就防灾规划目标提请防灾规划委员会进行讨论后向社会公示，征求公众意见并达成目标共识，以确保风险管控顺利执行[58]。

2）制定减灾措施

减灾措施作为有效应对事中风险的短期行动方案被单独列出并作为防灾规划编制的重要环节。现状减灾措施统计建立在存量风险评估基础上。首先依据风险因子的权重选择可实施减灾措施，然后逐项评估减灾措施适用条件及优缺点，判断能否引发增量风险及触发灾害的安全阈值，构建涵盖工程性及非工程性减灾措施的多变量风险预警模型。该模型应列出各项减灾措施影响权重、实施难度及防灾目标耦合度等指标，计算每个指标安全阈值并提出风险预警方案。最后再进行灾害风险管控，将评估阶段选取的所有减灾措施进行排序，权衡其对实现防灾目标的利弊。以此形成减灾措施优选表，明确各减灾措施在何时何地以何种方式付诸实施的计划。

3）完成防灾空间规划

作为滨海城市综合防灾规划的核心成果，防灾空间规划是对区域、城区、社区三个层级的孕灾环境及致灾因子施行风险管控与空间治理的长期行动方案。其中区域层面重点进行风险监控网络的构建与治理，基于风险识别和评估结果选取对维护城乡生态安全格局、优化人居环境、稳定社会治安、保障安全生产等具有重大影响的风险源进行监控。通过全域性生命线工程设计将城乡防灾资源配置、能源及医疗供应系统、主要避难疏散场所及应急救援路线等落实在空间上。中心城区层面主要进行安全风险分区，通过评估各分区的风险源等级及其影响空间范围，确定重点防灾对象并核定城区风险可接受标准，依据该标准计算各分区的安全风险阈值，建立城区综合风险矩阵与防灾设施台账。通过对各防灾分区内可选防灾减灾措施的优选，将各项防灾设施的位置、规模、时效性、适用条件、防护范围、责任主体及其周边开发建设强度等指标进行数字化管控。社区层面则重点进行风险防范措施的可视化工作，通过绘制社区风险地图让居民更直观地认知身边的风险、避难场所及防灾设施的位置等。另外，专项防灾减灾资金充裕的滨海城市，还可以在社区防灾的基础上开展建筑质量评估，识别高危建筑并提出相应的风险管控措施与防灾能力提升对策。

5.2.3 兼顾事后风险救治的规划实施与更新

风险应对阶段主要指依据风险管控体系来提升事后风险救治水平，包括灾害发生后城市防灾系统的应急管理效率、风险规避及风险分担能力，是保障综合防灾规划顺利实施并发挥规划成果效用的重要阶段（图 5-4）[59]。

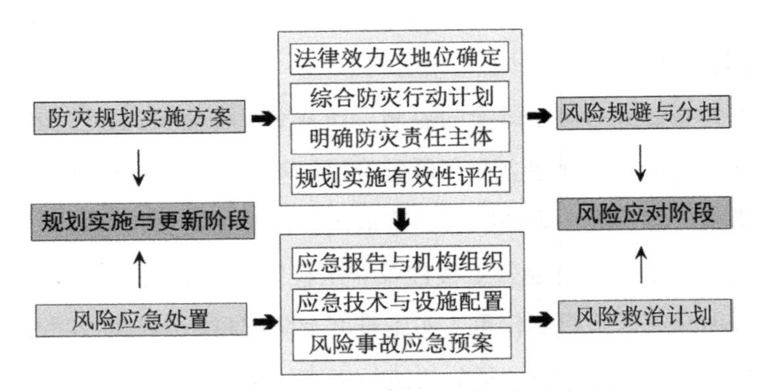

图 5-4　综合防灾规划实施与更新阶段流程图

1）制定规划实施方案

本书倡导滨海城市各级政府机构依照《中华人民共和国城乡规划法》和《城市综合防灾规划标准》GB/T 51327—2018，出台有关综合防灾规划的地方性法规或部门规章。首先通过确立综合防灾规划地位、防灾主体责权与事权范围、审查或审批程序等核心事项的法律效力，来保障规划成果有效实施[60]。然后针对综合防灾规划范围内各防灾分区的责任主体，从风险源日常监控、风险管控工作机制、减灾措施培训、防灾设施项目建设与维护等方面制定综合防灾行动方案，从而将防灾规划的内容落到实处[61]。最后由防灾规划委员会定期对规划实施进度进行监督，评估防灾行动的有效性，及时发现并反馈重大防灾项目建设、防灾资金落实、防灾人员组织等方面问题，提出风险规避与分担方案。

2）强化综合防灾规划与风险应急处置的衔接

滨海城市综合防灾规划应尊重应急管理部门在事后风险救治工作中的主导地位，在吸收城市风险事故应急预案成果的基础上，进一步完善风险评估技术，统筹短期救灾设施与长期防灾设施的关系。论证将公众参与融入应急管理组织架构中的方式及方法，充分发挥群众在联防联控及风险自救中的作用。

5.3　规划路径拓展之“多维度”风险评估系统

由滨海城市安全风险评估整体框架可知，有关致灾因子危险性的领域、影响、时间维度风险评估体系，是空间承灾体脆弱性评价的基础。该多维风险评估体系通过对滨海城市灾害链源及其演进规律的分析，建立了主导型致灾因子与滨海城市空间承灾体间的动态关系。滨海城市综合防灾规划作为空间治理的重要平台，既涉及对自然灾害、事故灾难、组织管理危机等各领域维度主导型致灾因子的风险治理与空间互馈机理研究，又包含对各类灾害影响维度的历史数据统计分析与综合防灾能力评价，二者结合衍生出安全风险的演化规律以及未来应对灾害风险的综合防灾措施。因此，需要从领域、影响、时间等多个维度进一步论证适用于滨海城市综合防灾规划的风险评估指标体系。

5.3.1 领域—影响—时间维度评估要素构成

有关领域范畴、影响范围和时间跨度的风险评估，是表征滨海城市灾害链式效应属性的基本评估单元，其来源于公共安全领域的“三角形”治理框架，通过构成要素的细分，可用于对多元化防灾主体与多样化致灾因子的风险评估，是本书在滨海城市综合防灾规划体系下，组建“多维度”风险评估系统的基础。

5.3.1.1 领域维度风险评估要素构成

领域维度风险评估体系是表征灾害属性特征的主体，也可称为灾害属性维度风险评估。其概念源于不同国家在处理突发公共安全事件时，根据事件产生原因、人的参与程度等多种变量划分灾害风险类型的方法。本书参照中国、韩国及美国的划分标准，探讨适用于滨海城市综合防灾规划的领域维度风险评估要素。

国外方面，韩国根据居民在突发公共安全事件中的不同参与程度，将领域维度划分为自然灾害、人为灾害以及关键性基础设施灾难三类，其中对关键性基础设施的定义涵盖了金融危机、淡水危机、传染病疫情等社会灾难。美国在“9·11”事件后完善了公共安全应对机制，依据发生诱因与行业类别对突发事件进行了详尽的领域划分，主要包含生态灾难，如环境污染、外来物种入侵、病毒或细菌外泄等；巨型灾害，如以海啸、地震、飓风、风暴潮等为主的重大自然灾害；网络信息危机，如黑客入侵、计算机病毒扩散等危害；农业安全事件，如大面积病虫灾害、农业设施瘫痪等；核与放射性事件，如核泄漏、放射性物质管理失误等；化工危险品事件，如油气泄漏引发的爆炸、大面积化工污染等；恐怖袭击与刑事案件，如恐怖主义、暴力犯罪、治安危机等。

我国对公共突发事件类型作出明确的规定源于2006年的《国家突发公共事件总体应急预案》，以及2007年颁布实施的《中华人民共和国突发事件应对法》，将我国突发事件划分为自然灾害、事故灾难、公共卫生事件、社会安全事件四大类。本书对滨海城市空间治理的研究，需要建立常态化风险监测与评估体系，并以此为依据实现风险治理技术与综合防灾规划在空间层面的耦合。因此，将突发状态下公共安全领域维度的风险要素，扩展应用到常态化的空间治理研究中，既体现"平灾结合"的动态灾害风险治理技术，又突出"多灾融合"下的综合防灾规划创新理念。按照滨海城市灾害风险系统主要灾害分类方法，将滨海城市灾害领域维度划分为自然灾害、生产事故灾难、公共卫生事件、社会安全事件、组织管理危机五个方面。

（1）从滨海城市物质型灾害系统构成要素出发，对海洋大气扰动、地质地貌异动、生态异常等自然灾害的生长机理，及其影响防灾空间调整的重要程度进行归纳，提出从致灾因子、空间承灾体、综合防灾能力、灾害损失后果四个方面构建综合防灾规划中自然灾害领域维度的安全风险评价指标体系。其中，致灾因子划分为大气圈、海水圈及地质灾害等；空间承灾体重点从空间所承载的人口与经济两个方面进行评估；综合防灾能力从基础防灾能力与灾害应急能力两个方面进行测度；灾害损失后果则重点评估人口伤亡与经济损失量。

（2）生产事故灾难主要指在滨海城市安全生产系统中，以化工危险品生产、存储及运输为主的工业企业在日常运行中所产生的重大风险隐患或由此引发的泄漏、爆炸、火灾等重大事故。

（3）滨海城市公共卫生事件属于人为故意型灾害，参照我国公共卫生基本概念中对孕育公共卫生事件环境要素的定义，将其划分为滨海城市公共卫生环境系统、预防与控制系统、居民社会网络脆弱性、公共卫生灾害影响四个方面，并据此建立滨海城市综合防灾规划中公共卫生领域维度的风险评价指标体系。

（4）滨海城市社会安全事件的成灾类型虽然属于人为故意型，但其孕灾环境却受自然、经济、社会等复合因素的影响，依据前文对滨海城市社会安全领域成灾机制的分析，将其风险评价指标体系划分为外部环境系统、经济支撑系统、分配保障系统、社会控制系统四部分。

（5）滨海城市组织管理危机主要指针对自然灾害、事故灾难等物质型灾害风险实施预警与控制过程中产生的危机。在滨海城市综合防灾规划中，其风险评价指标体系包含信息安全危机、应急管理危机、防灾决策失误三类。

5.3.1.2　影响维度风险评估要素构成

影响维度主要评估在滨海城市灾害风险产生及发展过程中各相关要素之间的因果关

系。从滨海城市公共安全建设的角度看，影响维度风险评估的核心内容是把握灾害系统组成要素的演化规律，即滨海城市各类致灾因子如何在孕灾环境的诱导下聚集灾变能量，以及灾害链式效应强度、能量传递、破坏模式等在事件和空间上的演化规律。从综合防灾规划的角度看，影响维度风险评估则需要拓展研究灾害要素如何作用于承灾体，对城市空间的破坏模式及其衍生的致灾因子能否导致更多灾害链的产生（次生灾害），以及如何通过制定综合防灾减灾措施（防灾空间优化、断链减灾措施、应急救援安排等），在灾害演化的各个阶段有效地降低灾害发生概率以及减少灾害损失。本书以国内公共安全体系通用的“三角形框架”为基础，借鉴倪鹏飞[62]等学者提出的“弓弦箭模型”评价体系，依据滨海城市安全风险机理特征及其综合防灾规划编制与实施的特点，在影响维度上提出建立包含致灾因子、承灾能力、防控治理、后果状态四个方面的风险评估指标体系，用于对滨海城市安全风险治理效能的理性评估。

（1）致灾因子影响维度不仅包含对前文自然灾害领域维度致灾因子的影响性评估，还涵盖事故灾难中的重大风险源、公共卫生中的致病因子，以及社会安全中的不稳定要素等，该影响维度表征了滨海城市在面对自然、经济、社会、人口等各种安全风险环境压力下可能暴发的灾害风险影响，直接对应了滨海城市灾害属性维度风险构成要素的五个方面[63]。

（2）承灾能力主要指滨海城市在面对领域维度各类灾害风险时所表现出的人、物或系统的脆弱性、暴露性以及易损性，代表城市空间在一定程度上能够阻抗各类灾害或扰动的能力，也可以表现为滨海城市的现状韧性水平。

（3）防控治理是通过常态预防、灾前预警等手段减少灾害损失，是对灾害不同阶段影响的动态化风险评估与管控，形成常态化防灾规划与紧急应急救援相结合的防控机制。其评价内容包含对滨海城市各类风险环境的风险控制、预防措施、事后应对等。参照前文滨海城市综合防灾效率的投入产出关系分析结果，将防控治理指标构成划分为预防保障、安全治理、应急处置、安全投入等方面，其中安全投入是安全治理的资金保障，依据综合防灾规划在不同阶段应对灾害风险的特点，最终选择预防保障、应急处置、安全投入作为防控治理二级指标。

（4）后果状态是在致灾因子、承灾能力、防控治理共同作用下，各种致灾因子所导致的灾害损失后果。该指标体系是滨海城市防灾减灾历史状况的直接反映，可以用于对现状安全风险机理特征与综合防灾能力的评估，有关影响维度后果状态的评价指标可以分为人口、财产、城市运行三个方面，其中人口反映灾害人员伤亡数据、财产代表灾害直接经济损失、城市运行则通过选择灾害对城市运行影响的指标间接表征灾害损失。

5.3.1.3 时间维度风险评估要素构成

现行滨海城市综合防灾规划大多将风险评估用于灾前现状评价，但通过对滨海城市安全风险机理发展规律的研究发现，其灾害系统与灾害链的演化具有灾前发生、灾中演变、灾后复发的全过程特征。风险评估系统不仅需要根据当前灾害领域维度方面的历史数据判断综合防灾能力，而且需要准确预测或模拟灾害未来发展的强度、概率及其影响时间与损失。在评估现有综合防灾条件应对未来灾害演化发展短板的同时，探索切实可行的防灾空间优化与整体韧性提升方案。因此，在滨海城市综合防灾规划中进行时间维度的风险评估，需要从城市防灾减灾历史数据、现状条件、未来规划三个方面建立评价指标，既总结城市历史灾害发展规律、评估现状灾害治理的优劣，又为未来科学合理地施行全过程空间治理提出更切合实际的综合防灾规划方案。而滨海城市多维度风险评估指标体系中的这种时间维度特性，需要在领域维度与影响维度的具体指标计算中系统体现。

5.3.2 灾害—政府—公众维度多元评估主体

抽取滨海城市安全风险评估框架（图 3-9）中有关致灾因子危险性评估的技术方法，基于领域、影响、时间三个维度构建适用于滨海城市综合防灾规划的风险评估系统（图 5-5）。其中，领域维度依照滨海城市灾害风险系统的特殊性，划分为自然灾害风险、生产事故灾难、公共卫生事件、社会安全事件、组织管理危机五个方面，主要是对滨海城市不同灾害属性主体的风险评估。在影响维度方面以城市公共安全应急管理体系中的三角形模型为参照，将滨海城市综合防灾规划中的致灾因子、防灾能力、风险防控、灾害损失作为描述安全风险影响维度的主要变量，主要表现为基于影响维度建立安全风险治理指标体系，进而对当前政府主体风险防控治理效能进行理性评估。在时间维度方面则重点考虑多元主体共同参与空间治理的过程中，通过综合防灾规划的编制、实施与更新，持续为滨海城市灾前防范、灾中救援、灾后重建的全过程提供数据支撑，进而实现提升综合防灾效率与整体韧性水平的目标 [64]。当然，要达到这个目标则需要经历一定的时间跨度，以现状综合防灾能力认知为起点可分为过去、现在、将来三个时间段，该时间维度可以通过以居民为核心的多元主体空间安全感评价指标进行测度，探索公众参与下的安全风险评估办法。该风险评估指标体系框架，既承接了滨海城市安全风险评估整体框架对致灾因子危险性评估的丰富与细化诉求，又为后文进一步组建基于灾害—政府—公众多元主体的“多维度”风险评估系统提供了完整的技术架构。

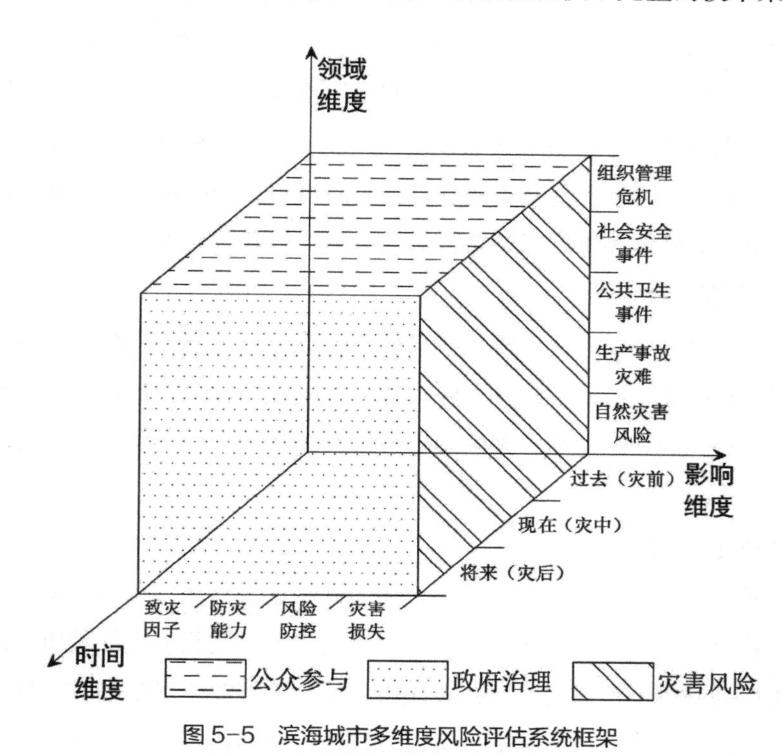

图 5-5　滨海城市多维度风险评估系统框架

（资料来源：依据参考文献[75]绘制）

5.3.3　是非型—分级型—连续型评判标准

划定指标评判标准是滨海城市综合防灾规划中多维度风险评估的基础性步骤，通过对滨海城市安全风险指标数据与评判标准的对比，有助于准确区分风险治理等级以及合理划分防灾空间层级。首先紧扣综合防灾规划目标与定位划定指标评判标准，然后将风险评估结果进行对标分析，识别空间治理的弱项以及综合防灾规划中的问题，有针对性地制定各层级防灾空间规划策略与减灾措施。有关滨海城市多维度风险指标评判标准的研究，需要依据风险评估技术规范与方法，从是非型—分级型—连续型三个维度，确定指标评价等级、临界值等内容[65]。

5.3.3.1　评判标准划定依据

风险是对滨海城市各类安全隐患与灾害发生概率的统一描述，本书认为风险是一个相对的概念，不存在绝对风险或是完全无风险的事物。滨海城市综合防灾规划涉及多维度的风险评估指标体系，针对这种复杂系统网络的研究可以采用横向比较、纵向比较、经验总结、理论分析等多种方法确定各维度风险评估指标的相对标准[66]。指标评判标准的划定同样也具有相对属性，只能用于表明该项指标对于整体风险的隶属度，对其评判的好坏只用于表征该项评估结果低于某种风险程度，作出相对风险性还是安全性的定性评判。因此，依据风险治理的基本概念以及滨海城市综合防灾规划体系重构的实际需求，可以从三个方面确定多维度风险评估体系中的指标评判标准。

1）依据标准规范划定

依据我国当前有关应急管理、防灾减灾规划以及专项防灾工程政策、国家与行业标准的研究内容，对有关滨海城市多维风险评估的关键性指标进行梳理归纳，并结合对已有风险治理工作经验的系统总结，帮助划定适用于滨海城市综合防灾规划风险评估指标的评判标准。

2）依据横向比较划定

由于滨海城市灾害系统网络的复杂性，横向比较法需要从多个角度实行，比如通过产业结构对比划分具有工业类、旅游类、交通枢纽类等不同相似点的城市，或者选择安全风险环境相近的城市进行横向对比；在城市规模与发展阶段类似的滨海城市间进行指标对比研究；在样本量足够的情况下，可以直接进行各项指标的排序并确定各维度风险指标所处的位置；当风险评估涉及内容较多时，可以采用因子分析、聚类分析等进行多指标综合评价。

3）依据纵向比较划定

纵向比较主要是对特定滨海城市防灾减灾工作不同发展阶段或不同时间段之间的对比分析，比如时空分异与指标演变分析等，通过各维度指标的变化情况确定指标的好坏，将滨海城市综合防灾规划视为动态发展的过程，通过对历史指标变化规律的分析划定纵向指标评判标准，然后将现状风险评估结果进行对照评判，从而确定滨海城市综合防灾能力或空间治理水平。

5.3.3.2 评判标准类型分析

滨海城市综合防灾规划中的多维度评估体系所涉及的指标种类较多，一种是包含防灾设施水平、致灾因子构成、安全风险环境、社会经济条件等方面的客观性指标；另一种是需要人的主观参与，通过对定性要素的定量化处理而形成的主观性指标，比如综合防灾效率、整体韧性水平、政府风险治理效能、居民安全感指数等指标；另外还包括一些政策性指标，比如有关城市应急管理和防灾减灾规划建设的国家法律法规、规范性文件等对多维度风险指标所作的相应规定与要求。本书依据以上指标分类，围绕解决滨海城市综合防灾规划现状防灾能力与设防标准间的矛盾，将二者所涉及的风险评估指标数据进行归纳分析后，建立了适用于综合防灾规划多维风险评估指标体系的评判标准，将所有风险评判标准划分为是非型、分级型（包含已有分级型与自有分级型）、连续型进行评判。

（1）是非型评判标准主要针对指标之间存在明确的是非关系，有着清晰的划分界限，或者法律法规、行业标准、相关规划有着明确的要求。这类指标的风险评估结果达到要求则为 1 分，否则为 0 分。滨海城市综合防灾规划中涉及有关组织管理危机或应急管理类的指标，以及有关防灾减灾工程设计规范标准的指标等都可以适用是非型评判标准。

（2）分级型评判标准主要按照对应标准规范的有无进行划分，包含已有分级型和自有分级型两类。其中已有分级型指在国家或国际标准规范中有明确的分级指标，可以按照相关要求进行分级，依据相关专业领域公认或者应用广泛的指标分级方法对滨海城市多维风险指标评估结果进行评判。自有分级型则指现行标准规范没有明确的内容，但仍然需要分级处理的指标，可以依照国内外滨海城市已有的相关风险评估经验值、平均值或者最低值，结合所评估城市的综合防灾目标与现状安全风险机理特征，综合确定不同风险程度的评判标准值。比如将评判标准分级为无风险、较小风险、临界风险与高风险四类，其中无风险指接近或者超过国内外先进安全城市建设的现状值；较小风险以国内先进安全城市现状值与全国城市平均值的中间值作为评判标准，其中大于该中间值并小于先进安全城市现状值的部分为存在的风险量；临界风险也以该中间值作为评判标准，将小于该中间值并大于全国城市平均值的部分视为安全风险阈值范围；高风险则以全国城市平均值与最不安全城市现状值的中间值为参照，差距越大则风险越高。

（3）连续型评判标准主要通过横向比较确定指标状态的好坏，可以分别对正向、负向以及适度指标进行横向对比，其中对于正向指标进行正差值计算，差值越大表明指标状态越好；负向指标进行负差值计算，差值越小则说明指标状态越好；而适度指标重点计算临界安全阈值，评估结果处于安全阈值范围内则为优，范围之外则为差，在一定安全阈值范围内的指标优秀度与数值正相关[67]。具体来讲，各指标的横向评判分值可以通过以下公式进行测度：

$$\text{正向评判分值}=[(X_i-\min)/(\max-\min)]\times 100 \quad (5\text{-}1)$$

$$\text{负向评判分值}=[(\max-X_i)/(\max-\min)]\times 100 \quad (5\text{-}2)$$

$$\text{临界评判分值}=[|X_j-X_k|/(\max-\min)]\times 100 \quad (5\text{-}3)$$

式中：X_i 为某项指标的风险评估值；X_k 为某项指标下的先进安全城市现状值；X_j 为某项指标下的全国城市平均值。

5.3.3.3 指标评判标准分级

依照上述滨海城市综合防灾规划中多维度风险评估指标的评判标准，对多所有指标进行统一分级标注，如表 5-1 建立四级评判标准，其中等级越低则对应的风险水平也越低，明确不同评判等级下的各类型指标评价标准的具体内容，为后文进一步组建基于多元主体性的滨海城市多维度风险评估系统提供分级依据，为灾害属性维度、政府治理维度以及公众参与维度的指标体系构建以及风险评估结果的评判奠定了方法基础。

表 5-1 多维度风险评估指标评判标准

评判等级	是非型	已有分级型	自有分级型	连续型
Ⅰ级	1	最优等级	无风险	[90，100]
Ⅱ级	—	良好等级	较小风险	[75，90）
Ⅲ级	—	中等等级	临界风险	[60，75）
Ⅳ级	0	较差等级	高风险	[0，60）

注：风险评估结果达到要求为 1 分，否则为 0 。

资料来源：依据参考文献 [77,78] 绘制。

5.4 规划路径完善之“多层级”空间治理方法

滨海城市的空间治理主要表现为横向防灾空间体系规划的多层级，纵向安全风险治理技术应用的多层次两个方面。二者耦合的前提必须以纵向安全风险治理技术拓展为基础，分别从宏观、中观与微观视角，研究不同空间尺度下的主导型风险治理技术及其运用方向，确立空间治理的重点内容，为制定基于风险管控的多层级防灾空间规划策略提供依据。

5.4.1 宏观层风险治理等级与空间层次划分

宏观层面侧重于制定风险治理技术的实施路径及其空间治理架构，针对滨海城市主导灾害类型进行综合风险区划，依据各灾害风险值的加权结果进行空间插值，以此划分空间治理等级并建立主次分明、多级联动的综合防灾空间层次。

5.4.1.1　滨海城市综合风险区划与治理等级划分

滨海城市综合风险区划是对物质型灾害与管理危机风险在空间上的综合测度，以各个类型的灾害链式效应分析为基础建立综合风险区划模型。基于滨海城市灾害风险系统网络的复杂性特点，按照模糊综合评价方法，构建涵盖灾害系统构成要素与防灾减灾能力的综合风险评价指标体系，得出有关自然灾害、事故灾难、组织管理危机的层次结构与指标权重，将相关指标运算方法导入 GIS10.0 进行空间数据叠加分析，按照层次结构由低到高依次测度，最后对不同层次下的空间数据图像进行权重系数赋值，运算后得出滨海城市综合风险区划[68, 69]（图 5-6）。具体来讲，首先对有关自然灾害、事故灾害风险以及组织管理危机的分类风险指数进行计算，方法为：

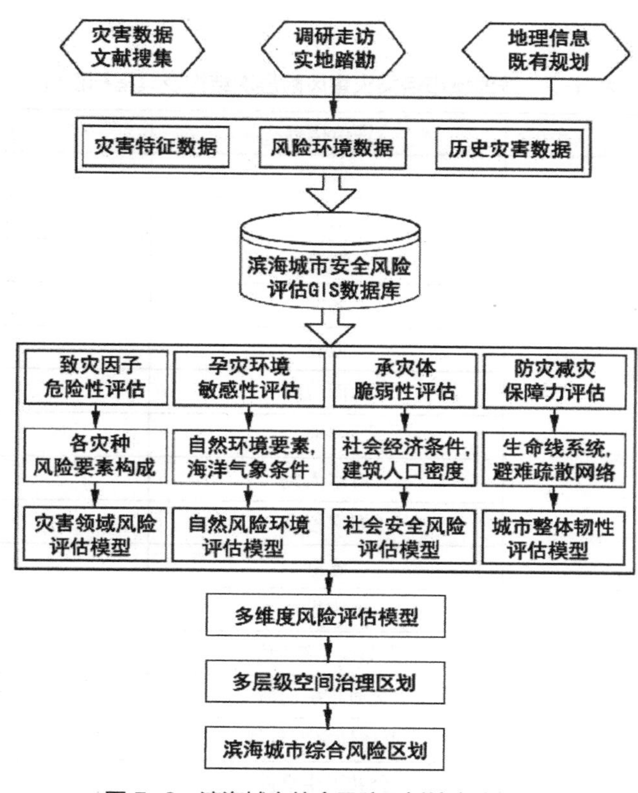

图 5-6　滨海城市综合风险区划技术路线图
（资料来源：依据参考文献[54, 55]绘制）

$$DRI = f\{(H)\cdot(E)\cdot(S)\cdot(R)\} \tag{5-4}$$

式中：*DRI* 代表滨海城市灾害风险系统中各类灾害的风险指数；*H* 为各类灾害风险中，与主导型灾害链相关的致灾因子危险性指数；*E* 为各类灾害所处安全风险环境的敏感性指数；*S* 为滨海城市防灾空间承灾体的脆弱性指数；*R* 为依据 4.2.1 小节得到的综合防灾效率值。

其次，进一步论证三类风险的层次结构与指标权重，运用加权分析法得出综合风险评估结果[70]。其中，层次结构依照 3.1.1 有关滨海城市灾害风险系统主要灾害类型间的灾害链机理关系构建，指标权重依据各类灾害对城市空间易损性进行确定，统计各类灾害引起的人口伤亡、物质财产损失、受灾面积代入公式（4-1）（公式中因变量替换关系：w_{ij} 为受灾面积；S_0 为 w_{ij} 包含的所有财产损失；x_i、x_j 表示 i、j 类致灾因子的综合人口伤亡数）进行有关承灾体易损性全局空间自相关分析，得出其 Moran' sI 指数，对其进行专家打分后得出该滨海城市各类灾害风险所对应的城市空间易损性系数，即为各灾害风险的指标权重。表 5-2 为运用该方法得出的滨海城市各类灾害风险层次结构及其指标权重[71]。

表 5-2　滨海城市各类灾害风险层次结构及其指标权重

风险层次	评价指标	权重系数
自然灾害层	风暴潮	0.103
	暴雨洪涝	0.072
	海浪	0.052
	海冰	0.024
	地震	0.085
	地面沉降	0.061
	海啸	0.035
	海水入侵	0.052
	海岸侵蚀	0.044
	赤潮	0.019
事故灾难层	火灾爆炸	0.055
	生命线系统崩溃	0.043
	交通系统崩溃	0.073
	群体性突发事件	0.007
	公共卫生事件	0.017
	社会安全事件	0.026
	大气污染	0.079
	海水污染	0.008

续表

风险层次	评价指标	权重系数
事故灾难层	工业泄漏	0.064
组织管理层	应急管理危机	0.041
	信息安全危机	0.007
	防灾决策失误	0.033

以中山市为例，在各类灾害风险分析的基础上进行综合加权，按照公式（5-5）进一步计算该滨海城市的综合风险值，分别得出物质型灾害与管理危机的综合风险空间分布情况。

$$CDRI = \sum DRI_n \cdot T_n \quad (5\text{-}5)$$

式中：$CDRI$ 为滨海城市安全风险综合指数；DRI_n 为第 n 类灾害的风险指数；T_n 为第 n 类灾害风险所占的权重。

最后，依照滨海城市各单元的综合风险值在宏观层面划分空间治理等级，通过标准差赋值法计算各单元综合风险值的标准差，对其进行分级归类后导入 GIS 进行空间插值，进而形成研究范围内的综合安全风险等级空间分布图。依据综合安全风险等级划定空间治理等级，论证不同等级下的治理目的、原则及其核心内容，比如在中山市综合防灾规划中运用该方法，得到了宏观层面空间治理等级划分情况及其对应的综合防灾减灾对策[72]（表 5-3）。

表 5-3 宏观层面空间治理等级划分及其对策

治理等级	Ⅰ低级	Ⅱ中低	Ⅲ中级	Ⅳ中高	Ⅴ高级
赋值标准	0.1	0.25	0.5	0.75	1
标准差倍数	（−∞，−1.5）	［−1.5，−0.5）	［−0.5，0.5）	［0.5，1.5）	［1.5，+∞）
治理目标	预防性	补充性	防控性	经常性	紧急性
治理原则	平灾结合		多灾融合	评控聚合	
对策提要	风险监控与设施维护	动态评估与空间优化	综合防灾与效率提升	韧性强化与应灾演练	避难疏散与应急止损
核心内容	环境污染治理、大气污染防治、安全阈值划定、多危险源识别、生产安全评估、生命线系统维护等	设施体系完善、重大危险源监控、灾害综合风险评估、防灾轴带布局、规范设防标准、综合防灾教育宣传等	防灾空间优化、防灾设施网络提质、防灾投入产出评测、安全城市数据库建设、综合防灾能力评价等	生态安全网络完善、应灾韧性强化、居民自救互助演练、防灾基建投资管理、事故风险常态化普查、应急机制完善等	救援物资及时调配、避难场所精准匹配、疏散通道合理装配、损失评估精准反馈、功能韧性恢复等

资料来源：依据本章参考文献[58, 59]绘制。

在综合风险标准差赋值计算方面，分别计算各单元物质型与管理型灾害的综合风险值标准差：

$$\sigma_{ij}=\sqrt{\frac{\sum_{j=1}^{n}(x_{ij}-\overline{x}_i)^2}{n-1}} \tag{5-6}$$

式中：σ_{ij} 为 j 单元中 i 灾害综合风险值的标准差；x_{ij} 为 j 单元中 i 灾害的综合风险值；$\overline{x}_i$ 为 i 灾害综合风险的平均值；n 为研究单元个数。然后再将各单元综合风险值对比标准差进行倍数求解得到标准差值（$\mu_{ij}=j$ 单元中 i 灾害综合风险值与标准差的比值）：

$$\mu_{ij}=\frac{x_{ij}-\overline{x}_i}{\sigma_{ij}} \tag{5-7}$$

以此为基础，运用李开忠[73]提出的空间赋值标准法，将所有单元的标准差值进行分类加权，通过空间赋值得到不同综合安全风险等级的空间分布图。

5.4.1.2　滨海城市综合防灾空间结构层次划分

宏观层面防灾空间结构的细分是以综合风险区划与空间治理等级为基础，突出不同层级下的风险评估与管控的重点内容，建立主次分明、多级联动的综合防灾空间体系[74]。施行多层级空间治理与风险管控，一方面可以建立常态化风险治理的防灾空间运行机制，有利于排查现状防灾减灾工作在不同空间层级上的薄弱点，有针对性地制定韧性优化方案，实行分层级致灾因子识别与动态监控，在降低本层级灾害发生概率的同时，能够及时阻断灾害链能量向其他空间层级的扩张[75]。另一方面有利于灾害风险治理技术发挥最大的效用，无论灾害系统动力学分析还是安全风险评估技术，在对城市灾害系统的研究中都形成了复杂多样的技术方法库，不同方法适用于不同的空间尺度，其所发挥的效用也各有差异，因此需要对滨海城市空间体系进行分级，针对不同层级空间承灾体的特性遴选适用性最强的灾害风险管理技术，进而为中观层面安全风险防控空间格局的构建提供条件。如图 5-7 所示，本书依照滨海城市安全风险的“常态化”空间治理需求，将其综合防灾空间体系划分为建筑、社区、城区与区域四个层级，各层级彼此相互关联，形成圈层式的防灾空间格局，并融合应急管理机制形成多风险动态管控的技术体系。

（1）区域层级以防灾空间及防灾设施互联共享为重点

围绕滨海城市自身的安全风险环境特点，在重大风险源识别技术的基础上，增加常态化风险监控、预警机制，建立覆盖全域的风险源动态评估网络。重点对区域生态环境保护区、海洋性自然灾害多发区、化工危险品生产基地、高密度城市建成区等高风险敏感空间实行动态风险管控。以区域防灾用地适宜性与生态韧性评价为基础，探究国土空间规划“双评价”影响下的综合防灾空间韧性评价方法。从防灾减灾一体化视角研究各组团生命线系统工程的互联互通，建立多城市防灾空间共享网络。

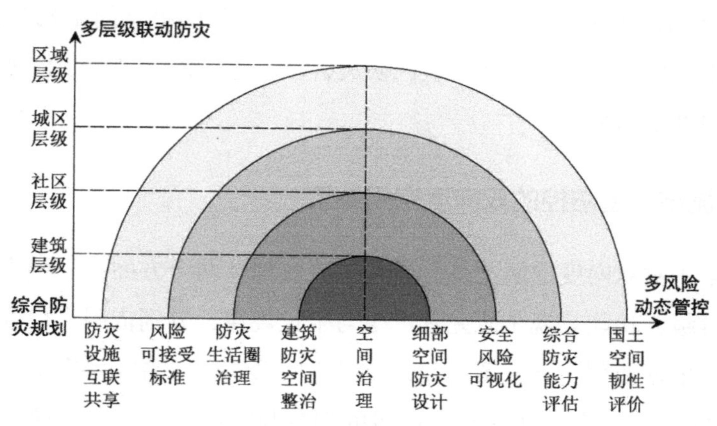

图 5-7　滨海城市综合防灾空间结构层次划分

（2）城区层级重点进行现状综合防灾能力评估

摸清主导型灾害风险，评价防灾空间及设施布局的合理性，依据综合防灾效率与应急救援效能划定防灾目标及设防标准。以此判断中心城区的可接受风险标准，有针对性地划定防灾空间分区并提出各分区的空间治理重点及其减灾措施匹配方案。对于中心城区的防灾基础设施与应急管理服务设施均应该建立设施台账，明确其空间落位与日常维护使用方法，实行对综合防灾设施网络的智慧化治理。

（3）社区层级重点进行居民安全风险防范措施的可视化治理

针对不同社区所处的安全风险环境特点，分类划定防灾生活圈，并制定常态化的综合防灾减灾方案及其风险防控建设标准，登记社区风险源并对其进行定期风险评估，将风险评估结果与主要风险防范措施绘制在社区风险地图上。

（4）建筑层级主要针对其内外部空间进行防灾能力提升

对建筑物外部空间环境进行敏感度识别，建立对高密度区域超高层建筑以及结构易损性建筑的动态风险监控与评估系统，及时对高危建筑进行修缮维护；对建筑物内部空间防灾能力的提升则重点从地下人防、消防隐患、设备安全等方面进行治理。

5.4.2　中观层“双向度”风险防控空间格局构建

中观层面空间治理主要指滨海城市在划分风险治理等级及其空间层级后，针对各层级防灾空间的格局与形态特征制定更为详尽的风险防控方案。在基于风险治理技术的综合防灾规划研究中，城市空间作为滨海城市灾害系统的主要承灾体，不仅要摸清滨海城市安全风险机理在空间上的演化特征，还要认清其防灾空间结构与形态特点，进而制定适用性更强的空间治理措施。在研究内容上既要考虑各层级空间格局间的纵向结构关系，又要厘清空间形态构成要素间的横向防灾诉求，这就需要进一步梳理滨海城市风险防控措施的双向度空间关系。

5.4.2.1 滨海城市风险防控的双向度空间关系

城乡规划学中对双向度空间关系的研究主要表现在两个方面：一种将空间看作有机体，从规模、等级、功能等视角研究其产生与生长规律，分别依照人口或建筑密度划分空间格局等级，依据使用功能或图底关系定义空间形态，二者在特定空间研究范围内保持独立性，比如张玉坤[76]对居住空间层级的划分与特性研究；另一种将空间视为网络关联体，注重地理学在城乡空间研究中的应用，不局限于空间个体的特性解剖，而是将不同规模或功能的空间视为地域范围内的一个点，通过测算空间网络的关联度，表征所有空间集合的分布特征及演化规律，建立宏观层面的空间网络关系格局，进而描绘整体空间网络形态，如施坚雅[77]突破行政空间局限，以市场关联为视角进行的区域空间格局与形态研究。

本书尝试将两类空间关系视角综合应用至滨海城市风险治理研究中，在有关宏观、中观与微观空间治理的研究中体现这种双向度空间关系（图 5-8）。其中，空间格局表现为宏观层面综合防灾空间层级划分，空间形态表现为中观、微观层面由防灾设施和减灾措施决定的防灾空间“点线面体”不同形态特征[78]。

空间层级 / 防灾规划	宏观 ⇨	中观 ⇨		微观		空间治理 / 风险防控
	区域	城区	社区	建筑	空间形态	
独立性	重大风险源	应急避难场所	可移动防灾设施	消防与抗震结构	点	精准
↓	生命线系统工程	灾害缓冲带	紧急疏散通道	内部疏散路径优化	线	↑
完整性 ↓	应急救援管理网络	防灾空间分区治理	防灾生活圈	外环环境风险识别	面	多维 ↑
复合性	智慧防灾减灾系统	防灾综合体	综合灾害风险地图	地下空间利用	体	动态

图 5-8 滨海城市防灾空间双向度关系

（资料来源：依据参考文献[62-64]绘制）

5.4.2.2　滨海城市综合防灾规划空间格局构成

图 5-8 系统展现了滨海城市综合防灾空间的双向度关系，在空间治理从宏观向微观逐步深入细化的过程中，通过综合防灾规划实现对所有空间层级的全过程治理。滨海城市传统防灾减灾规划在风险治理理念和技术的影响下，其防灾空间体系将由独立性防灾工程设计转变为完整的综合防灾系统。针对区域、城区、社区及建筑的不同安全风险特点分层级实行风险防控，综合防灾系统构成要素的空间形态也逐步表现为“点线面体”多种形式，这些物质实体共同构成滨海城市综合防灾规划的空间格局（表 5-4），在精准、多维、动态的风险防控技术影响下发挥着不同的防灾减灾功能。

表 5–4　滨海城市综合防灾规划空间格局构成

空间形态	构成要素	风险防控措施
点	灾害管理与应急救治点：各类灾害管理中心、各级应急指挥中心、消防站所、治安管理机构等	重大危险源识别、气象灾害预测、海水动态监测、风险数据采集与应急救援等
	人防与应急避难场所：各级人防空间、防灾公园与绿地、学校与操场、广场等开敞空间等	人防空间统计与优化、避难场所平灾管理、流动性防灾设施配置等
	重大应急设施：救援医疗机构、救援物资储备站、变电站及滞洪池、淡水储备池等	应急救援演练、重点设施易损性评价与管控、淡水资源评价等
线	灾害防御性屏障：灾害缓冲带、综合防灾轴、海防堤坝带、填海生态带等	生态廊道监控与维护、地面沉降带监测、海洋灾害监控网络等
	设施及道路交通系统：快速疏散道、消防通道、道路避难设施、生命线系统工程等	灾时快速疏散模拟、交通系统运行效率提升、生命线系统稳定性控制
面	生态韧性系统：填海造田区、生态缓冲区、海防敏感区、蓄滞洪区等	生态斑块识别与风险控制、高风险致灾因子管控、风暴潮监测预警
	开发建设系统：人口与建筑密集区、化工企业集聚区、危险品存储区、近海开发区等	孕灾环境暴露性评估与治理、安全生产评估、开发项目风险管理等
体	智慧化防灾系统：综合防灾示范社区、线上线下防灾决策系统、高风险集中治理区等	社区风险地图、灾害数据库更新、常态化风险评估与管控等
	立体化防灾设施：地下空间综合利用、防灾综合体建设、综合管廊建设	风险防控动态化、立体风险监测与评估系统等

5.4.3　微观层风险模拟与防灾行动可视化

微观层面以风险评估技术为基础，对防灾空间布局、减灾措施、应急救援、恢复重建等与空间治理紧密相关的数据进行可视化处理，让公众能够更直观地理解自身所处的风险环境，及时控制风险隐患并采取有效的灾害应对措施，同时也是提高滨海城市综合防灾实施效率以及整体韧性水平的关键步骤。本书从滨海城市主要灾害类型出发，体现灾前防灾空间规划、灾中应急救援管理、灾后韧性恢复的全过程空间治理诉求，将适用于滨海城市综合防灾规划的风险空间数据可视化工作，主要分为灾害事故仿真模拟与防灾行动计划可视化两个方面。

5.4.3.1 灾害事故仿真模拟

滨海城市综合防灾规划在微观层面的灾害事故仿真模拟主要是针对物质型灾害发生机理与演变特征进行的，其目的是帮助综合防灾规划准确预判灾害损失及其影响，提高防灾空间分区与防灾设施布局的合理性。

进行灾害事故仿真模拟首先要建立有关该灾害风险的数据库，既要涵盖历史灾害统计、灾害链式效应构成、灾发全时当量测算、相关设施位置与规模等内部致灾因子数据，又要包含灾害研究区域的地形地貌信息、人口建筑密度分布、防灾空间层级关系、衍生灾害影响因素等外部孕灾环境数据。然后通过创建综合风险评估与计算机模拟系统，将综合风险评估的执行结果进行空间插值并完成动态可视化，依据灾害事故的可视化影响对不同层级下的空间格局构成要素施行具体风险防控措施。比如，胡传博等[79]在对太原市高新技术开发区进行有关燃气泄漏而引起爆炸事故风险的仿真模拟研究中，针对风险监测与评估结果提出可视化的三阶段异步法，在虚拟地理空间场景下通过增加可视化风险数据分析模块，模拟风险评估过程与结果对风险环境、空间构成要素的影响[80]。

具体来讲，在风险感知阶段，给城市输气管道安装压力传感器，搜集有关管道类型、空间位置、压力值、监测频次等数据信息，当检测到有燃气泄漏事件发生时准确核定发生点并及时测算出其泄漏强度，根据感知信息预测灾害风险等级。在灾害模拟阶段，通过粒子编辑器设计并模拟燃气泄漏爆炸发生后的衍生灾害演化趋势，分别模拟燃气扩散、火灾蔓延与气云爆炸的空间影响范围，实现对其灾害损失程度的可视化。在风险评估阶段，评估主次生灾害导致的财产损失与致死率，将评估结果耦合建筑、人口密度值，得到泄漏区域周围的个人与社会风险等值面图，将二者叠置为燃气管网空间影像数据，最终实现对安全防护距离、死亡人数估算、可接受风险阈值等重要评估结果的空间可视化。

5.4.3.2 防灾行动计划可视化

滨海城市综合防灾规划在微观层面的防灾行动计划可视化，主要是在多维风险评估的基础上，制订多元主体协同防灾减灾的行动方案，将风险评估结果与行动内容进行空间可视化表达，用于实现灾中有效避难疏散或者灾后科学重建。防灾行动计划的制定需要在较短时期内围绕某个灾害事件进行综合防灾与应急处置方案的统筹安排，研究范围不如综合防灾规划大且涵盖的空间层次也较少，一般以两个以上灾害影响研究为主体。以研究区域内灾害系统构成要素的全方位风险评估与综合风险管控为基础，优化防灾减灾措施并形成相应的防灾空间行动方案，具有较强的针对性，是居民等行为主体了解并参与安全风险治理的最直接方式，因此对其进行可视化研究也是提高综合防灾效率的重要手段。

本书总结日本滨海城市在灾后重建与恢复工作中的实践经验，认为防灾行动计划的可视化包含：滨海区域风险建模与敏感度分析可视化、防灾措施与避灾设施的空间可视化、综合防灾组织实施框架可视化三个阶段[81]。

第一阶段主要是对受灾损失最严重的滨海区域进行详细的灾害敏感度分析，依照灾害损失数据建立主导型致灾因子的风险模型，寻找该地区未来降低类似灾害影响的减灾方案。比如日本依据东北沿海地区的遥感卫星图像和海上地震源监测数据，首先进行以地震海啸为主导型致灾因子的随机相位建模（图 5-9，即蒙特卡罗模拟或随机海啸建模）。该模型基于目标点的灾害历史数据，假定地面震动沿着走向和倾角方向的滑移分布具有二维傅里叶振幅谱，并模拟震源处引起海啸产生的滑移数量，合成滑移空间分布及其变化趋势[82]。然后依据东北海啸联合调查（TTJS）数据对受灾影响核心区宫城县的地震海啸顶部边缘深度、走向角、倾角等断层参数进行修正，基于不同地震动滑移水平进行海啸仿真模拟，得到水深 1m 以上淹没区域的淹没等级空间可视化图[83]（图 5-10）。

第二阶段依据海啸仿真模拟结果制定相应的减缓灾害损失的措施，提出主要避灾设施的建设标准。比如宫城县的仙台市依据海啸仿真模拟，精确计算出本地区内的海啸侵袭强度与时空演进特征，据此制定了海岸重建的模型及其各空间层级的减灾措施（图 5-11）[84]。

第三阶段主要指灾后重建与恢复时，围绕防灾计划的实施进行组织管理可视化研究，重点落实严重受灾区的居民转移与安置行动方案。比如宫本县的山元町在灾后及时向居民公布转移安置图，对每户的安置位置都进行了可视化表达，在执行灾后综合防灾系统重建中，组建了应急救援队伍、海洋防灾大队、土地管理署以及公共卫生署等多部门组织管理系统，并以可视化的方式明确各部门在不同年份的责权，明晰事权权重及相关责任主体，在两年内高效高质量地完成了灾后重建恢复与综合防灾工程系统的建设工作[85，86]。

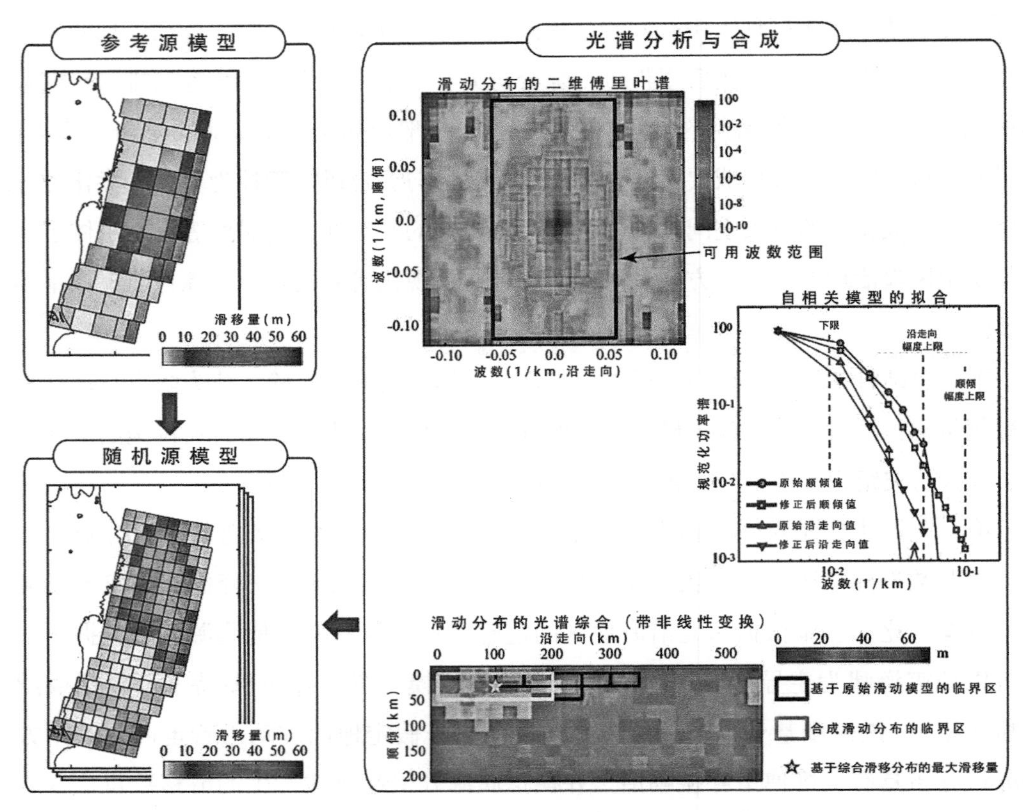

图 5–9　日本东北沿海地震海啸风险可视化建模

（资料来源：依据参考文献 [67, 68] 绘制）

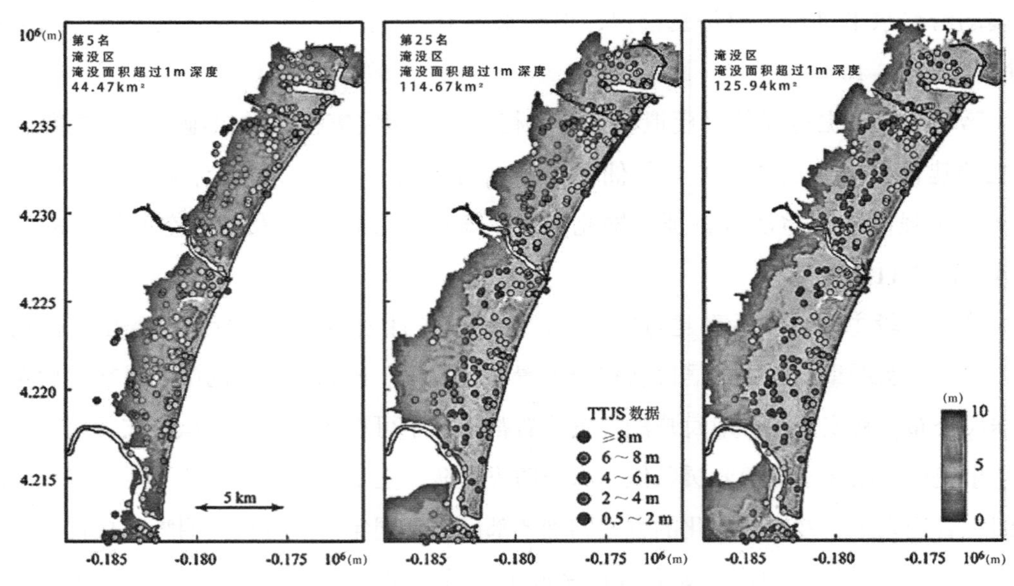

图 5–10　水深 1m 以上淹没程度等级的空间可视化图

（资料来源：依据参考文献 [69] 绘制）

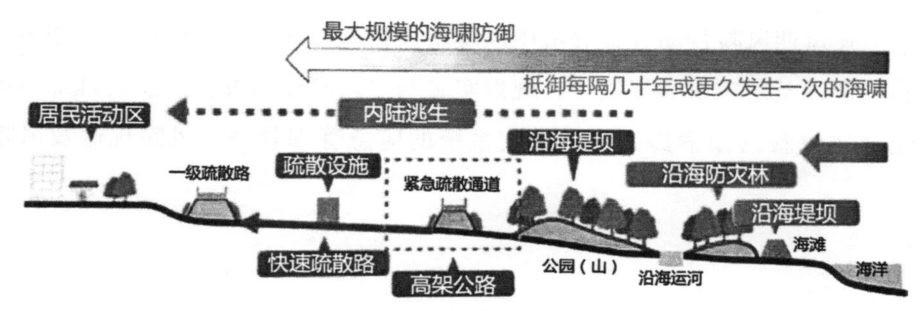

图 5-11 仙台市海岸重建模型示意图

（资料来源：依据参考文献[70]绘制）

5.5 本章小结

本章以城市空间为承灾体，分别从宏观、中观、微观层面论证了空间治理与防灾规划的侧重点，并从领域、影响、时间维度挖掘出适用于滨海城市综合防灾规划的指标要素构成及其风险评估体系框架，以此设计了融合风险分析、防控与救治的滨海城市综合防灾规划准备、编制、实施与更新的创新路径。

（1）滨海城市传统综合防灾规划缺乏理性风险评估技术支撑，存在多层级空间治理的短板，分别以城乡规划学对国土空间规划认知为基础，进行防灾规划内容的完善性重构；以风险治理与灾害学对滨海城市安全风险机理认知为基础，进行规划方法体系的拓展性重构。近期以组建基于多元主体性的“多维度”风险评估系统为目标；中期以完善“多层级”空间治理与综合防灾规划网络为目标；远期以形成综合防灾规划更新以及韧性提升的常态化机制为目标。

（2）多层级防灾空间规划必须以纵向安全风险治理技术拓展为基础，宏观层面依据综合风险区划与治理等级研究划分防灾空间层级；中观层面依照各层级防灾空间格局与形态间的“双向度”关系选择相应的安全风险防控措施；微观层面通过风险空间数据处理实现灾害事故仿真模拟与防灾行动计划的可视化。基于领域范畴、影响范围、时间跨度的多维度风险评估指标体系框架能够表征滨海城市主导型致灾因子与空间承灾体的动态关系，应将各指标评估结果按照是非型、分级型与连续型分类后进行分级评判。

（3）规划准备阶段利用风险分析和公众参与方法，重点解决防灾规划支撑体系混乱及现状防灾能力认知模糊等源头问题。规划编制阶段依据风险评估结果，将可接受风险标准、长短期风险行动方案等事中风险防控措施，融入综合防灾目标划定、各项减灾措施制定以及防灾空间规划中。规划实施与更新阶段需发挥应急管理部门的主导作用，结合风险救治预案提高综合防灾系统的应急管理效率、风险规避及风险分担能力。

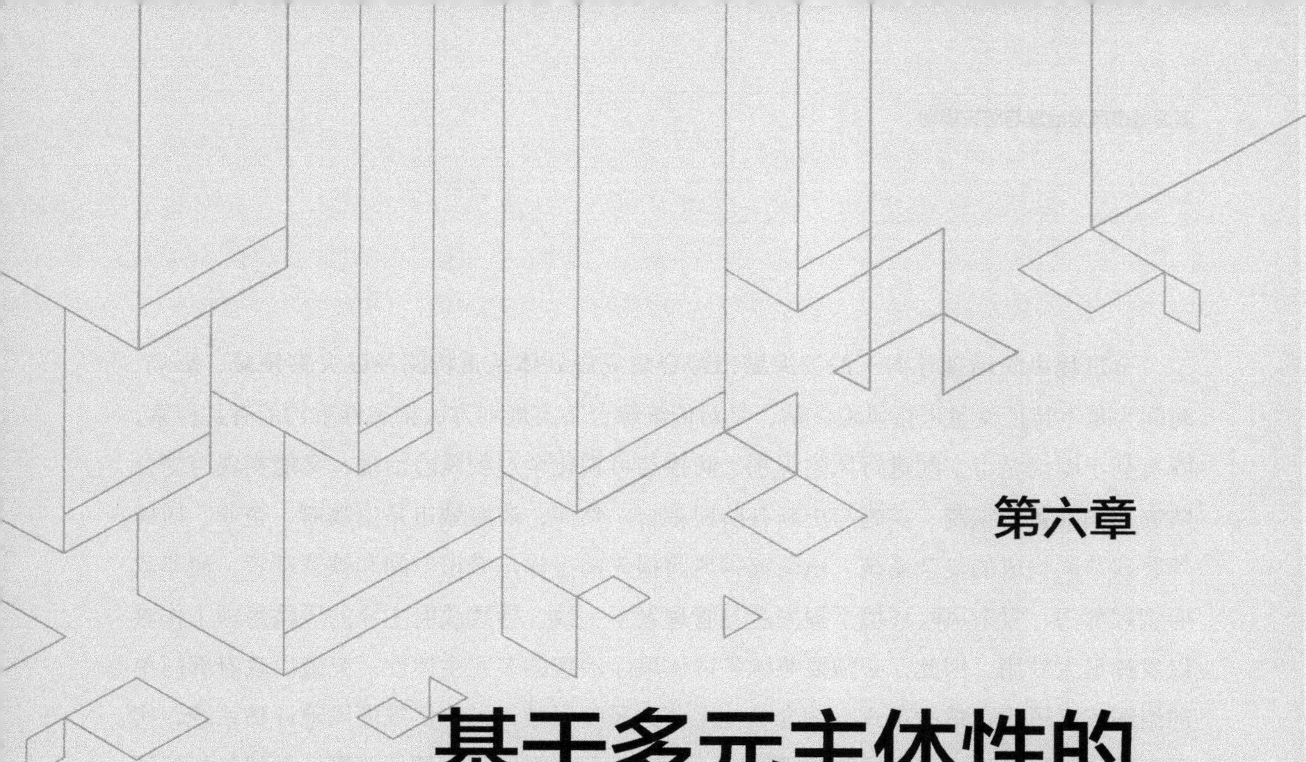

第六章

基于多元主体性的“多维度”风险评估方法

全过程风险治理导向下的滨海城市综合防灾规划体系重构路径以灾害领域、影响、时间为基本特征变量进行风险评估，是对传统综合防灾规划方法拓展性重构的有益探索，既有利于围绕城市空间进行风险识别、防控与可视化全过程风险治理，又能实现与综合防灾规划准备、编制、实施与更新各阶段耦合。然而，滨海城市是由政府、企业、居民等要素共同构成的复杂系统，承受灾害风险损失的主体是城市空间和被管理者，而非政府管理部门，复杂风险环境下损失者与管理者不一致，导致政府主导的风险治理工作难以发挥最大效用。因此，必须要兼顾各群体风险治理的多元主体性，突破以政府部门单向组织灾害风险评估的定式，融合其他主体的风险属性，细化多维度风险评估系统，实现由单方风险管理向多方风险治理转变。在第五章多维度风险评估要素、框架与指标评判标准下，论证具体实施技术路径，围绕综合防灾规划工作多元主体，组建针对自然灾害、安全事故、社会文化灾害属性的风险评估系统；针对政府治理影响维度的安全风险治理效能评价；针对公众参与维度的居民安全感评价，并制定综合防灾行动计划。

6.1 滨海城市多元治理主体的风险评估路径

由前文对滨海城市物质型灾害及风险治理行为灾害链式效应分析可知，物质型灾变能量在政府、公众与物质空间环境等多元主体间，存在领域、影响与时间维度的衍生关系。因此，要发挥综合防灾规划应对物质型灾变能量正向传导的断链减灾“正效用”，必须逐项建立涵盖灾害属性、政府治理、公众参与等多元主体的风险评估指标体系及评判标准。将滨海城市灾害链式效应属性划分为领域范畴、影响范围、时间跨度三个基本评估单元，两两组合成适用于滨海综合防灾规划的多元主体风险评估指标体系。其中，领域与时间维度构成灾害属性风险评估指标；影响与领域维度构成衡量政府风险治理效能的指标；时间和影响维度组成居民安全感指数评价的指标。

具体风险评估技术路径为：首先，依据滨海城市风险要素构成及其机理演化规律，分析领域、影响与时间维度指标之间在风险系统中的互馈关系；其次，抽取主导型作用机制及其核心关系链；最后，对其进行物化特征辨析并重新划分为灾害属性维度、政府治理维度以及公众参与维度三个风险评估子系统。这样既能让风险评估执行者更直观地理解各维度指标的内涵，又便于将风险评估结果与管控措施对接到各层级防灾空间规划中。本书依照此研究思路形成了滨海城市综合防灾规划中的安全风险评估技术路径图（图 6-1）。该风险评估技术路径的制定以重构后的滨海城市综合防灾规划体系理念、目标及原则为依据，操作流程上可以分为评估指标细化、评估执行与分析、风险动态管控三个阶段。

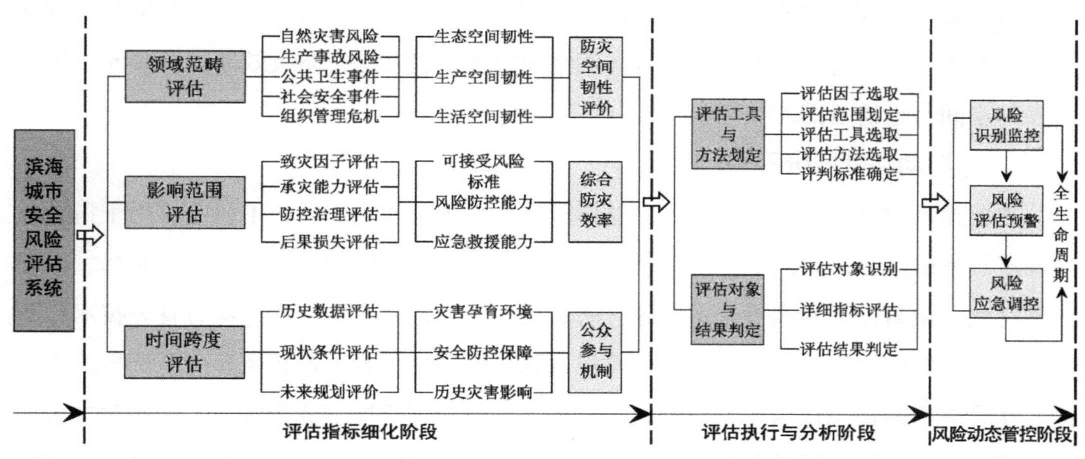

图 6-1　滨海城市综合防灾规划中的安全风险评估技术路径图

1）评估指标细化阶段

针对多维度风险评估指标体系内容进行详细分类，以适应综合防灾空间评价。紧扣滨海城市综合防灾规划目标，将各维度风险评估指标归类为不同物质空间规划评价要素。其中，领域维度中自然灾害风险、生产事故风险、公共卫生与社会安全事件指标主要表征灾害属性，对应防灾空间韧性评价，主要为生态、生产及生活空间韧性评价三方面，响应我国国土空间规划“三生空间”安全建设要求。影响维度致灾因子评估、承灾能力评估、防控治理评估以及后果损失评估相关指标，共同组建政府风险治理维度指标体系，用于评价滨海城市综合防灾效率与政府风险治理效能，包含可接受风险标准、风险防控能力、应急救援能力三个方面。而时间维度作为针对领域维度与影响维度指标复合的动态测度，实行历史数据评估、现状条件评估以及未来规划评价，对应灾害孕育环境、安全防控保障与历史灾害影响三类评价，形成全过程安全风险评估系统的公众参与机制。

2）评估执行与分析阶段

主要指对细化后的多维度风险指标执行具体评估，并就测度结果进行综合分析与评判的过程。一方面，明确针对各维度指标内容的风险评估工具以及实施评估的具体方法；另一方面，厘清实行风险评估的时空范围及其物质空间构成要素，并对相应的指标测度结果进行评判。首先在摸清每个滨海城市安全风险机理特征的基础上，划定其综合防灾规划研究范围，即施行多维度风险评估的时空范围。然后针对现状综合防灾能力的短板，识别实行风险评估的物质空间对象，在多维度风险指标内容体系中选取主要评估因子，确定实施风险评估的工具以及评估方法，并依照前文所述指标评判方法进行指标评判标准的分级。最后执行对各个指标的详细评估，对评估结果进行综合评判后，反馈给综合防灾空间规划体系，用于精准定位防灾目标并制定有效可行的综合防灾减灾措施与应急管理方案，进而实现增强综合防灾空间韧性、提升综合防灾效率以及多元主体共同参与空间治理的目的。

3）风险动态管控阶段

主要指滨海城市综合防灾规划中的风险评估系统组建完成后，不仅能够用于指导各空间层级下的综合风险区划、现状防灾能力评价、防灾空间分区、防灾设施布局、减灾措施优化、设防标准划定等一系列综合防灾规划决策，还有助于促进应急管理技术与防灾空间体系的融合，形成从风险识别监控，到风险评估预警，再到风险应急调控的全生命周期导向下的常态化风险治理机制。其中，风险识别监控主要指对重大风险源进行动态监控，运用灾害传感设备与信息传输网络建立覆盖全域空间范围的风险源识别与监控体系，监控其在综合防灾规划与实施各个阶段所表现出的风险状态，根据风险监测结果制定相应的风险控制措施，及时更新综合防灾规划中的相关成果内容，并监测防灾减灾措施的有效性。风险评估预警主要依据风险识别与监测结果，进行灾害属性、政府治理、公众参与维度的具体风险指标计算、分析与评判，划定滨海城市各类灾害风险的预警界限和等级，及时对接近或超过安全阈值的风险指标进行预警，既构成了滨海城市全生命风险治理周期的核心技术，表征了空间治理主体对风险环境的反应速度和精度，又决定了综合防灾规划成果能否有效指导空间治理的关键环节。风险应急调控则是在风险预警接近界限或在高风险等级即将引发灾害的情形下，依据风险评估结果，在综合防灾规划中精准判定断链减灾措施，引导多元主体及时降低或消除灾害发生的隐患，在应急管理体系中准确调配救灾减灾物资并提前做好应急救援准备。

滨海城市“多维度”风险评估指标体系的构成、各项指标间的衍生关系，以及指标选定依据如图 6-2 所示：以第三章构建的滨海城市安全风险评估内容框架为基础，将风险管理学中产品供应链的风险度量方法，嫁接到滨海城市灾害链式效应风险评估中，将各致灾要素均视为灾害“产品”供应链中的“企业”。依据前文滨海城市物质型灾害与管理危机的海洋特性，以及国内公共安全体系通用“三角形框架”，将其灾害链式效应动态风险评估划分为：领域范畴、影响范围、时间跨度三个基本评估单元。然后利用倪鹏飞等学者提出的“弓弦箭模型”对各评估单元的 24 项 Ⅰ 级评估指标（致灾要素）进行衍生关系分析，两两组合成多元主体的风险评估指标体系。

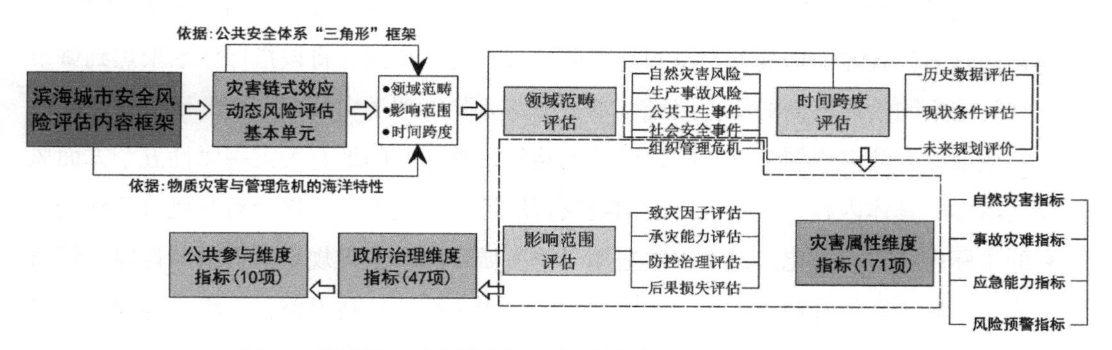

图 6-2　滨海城市"多维度"风险评估指标衍生关系及选定依据图

其中，领域与时间维度构成评估灾害属性风险的 171 项Ⅲ级评估指标，选定依据分别为：自然灾害指标依据滨海城市自然灾害与城镇化的双向演化规律进行选定；事故灾难指标依据李毅中的国家安全生产"五要素论"进行选定；应急能力指标依据《国家突发公共卫生事件应急预案（2006）》分级为基准进行选定；风险预警指标以公安部"社会治安状况评价指标（1994）"为基准，参照中国城市竞争力研究会提出的"安全城市评价指标体系（2017）"，宋林飞提出的社会风险预警综合指数法及其社会风险监测与报警指标体系，综合进行选定。

影响与领域维度构成衡量政府风险治理效能的 47 项Ⅲ级评估指标，通过对灾害属性指标进行甄选得出涵盖安全风险环境、灾害防控保障、灾害损失影响三个方面，其指标甄选依据为：国内 9 个典型滨海城市（上海、天津、唐山、秦皇岛、宁波、台州、厦门、珠海、湛江）中 13 个风险治理效能部门（气象、人防、地震、民政、住建、安监、水利、消防、卫生、环保、公安、自然资源、应急管理）的征询意见；部分高风险社区调研数据；公共安全专家（来自清华大学、天津大学、中国人民公安大学等高校）的咨询意见。

最后对政府风险治理效能评价的 47 项Ⅲ级评估指标进行精炼，得到 10 项居民安全感指数评价指标，该指标精炼依据为：上述国内 9 个典型滨海城市的居民综合安全感问卷调查结果，以及葛继科等学者提出的 BP 神经网络指标筛选法。

6.2　灾害属性维度的风险评估指标细化

灾害属性维度的风险评估要素划分为自然灾害、生产事故灾难、公共卫生事件、社会安全事件、组织管理危机五个方面。在我国现行滨海城市防灾减灾与风险治理体制下，关于这些风险评估指标体系的治理内容涉及近 17 个国家部委及相关机构的职责，所涵盖知识面广且评估标准参差不齐。因此，必须进一步探寻将该指标体系聚焦到城市防灾空间或空间治理层面的研究路径。本书借鉴风险管理学中公共安全的研究方法，依照滨海城市综合防灾规划中的风险评估技术路径，整理并归纳有关灾害属性五个方面风险评估指标的具体内容，重点提出前四类灾害属性的分类模型，逐个对其风险评估构成要素的指标内容进行细化，进而组建适用于滨海城市综合防灾规划的灾害属性风险评估指标体系。对于组织管理危机相关的评估指标，则依据评估技术路径，将其与影响维度共同构成风险治理的指标体系，用于评价政府风险防控治理效能。

6.2.1 聚合城镇化影响的自然灾害指标

近年来全球海平面逐步上升，导致滨海城市遭受的极端气候影响更加频繁，由此形成的海洋性气象灾害数量增加，相应的影响与危害也愈发严重。与此同时，我国滨海城市所处的沿海地区是城镇化发展速度较快的区域，人口与财富在滨海城市的高密度聚集，既放大了自然灾害的损失影响，又催生了多种自然与人为因素复合的灾害[87]。而当前我国滨海城市针对该类灾害风险的治理水平提升速度落后于城镇化的发展速度，防灾减灾规划与应急管理的薄弱导致滨海城市安全环境存在恶化趋势，城市空间承灾体的暴露性带来了多种灾害风险与损失影响的失控，因此自然灾害风险评估必须纳入城镇化发展的影响因素。

6.2.1.1 自然灾害与城镇化双向演化的风险评估模型

如图 6-3 所示，由综合时间维度与相关致灾要素可知，滨海城市自然灾害风险强度的演化与其城镇化发展进程间存在双向规律特征。依据该特征梳理历史灾害风险数据，构建自然灾害风险评估指标模型，聚焦评估滨海城市灾害系统现状综合防灾能力，提出空间治理与防灾减灾措施，以应对或控制可预见的灾害风险[88]。

滨海城市自然灾害风险主要存在于富有海洋性特征的孕灾环境中，由致灾因子、承灾体脆弱性、人为因素影响以及风险管理危机等因素共同作用而成。引起滨海城市自然灾害风险的主导型因素较多，本书从三个不同的角度对其进行指标量化：从致灾因子危险性的角度，对其时空演变与影响强度进行指标量化；从灾害造成的损失角度，对发生概率与相应的生命财产损失进行指标量化；从灾害风险系统论的角度，引入对经济或社会等要素的脆弱性分析，形成综合风险评价指标体系。由此得出滨海城市自然灾害风险评估指标体系的核心是对致灾因子、承灾体脆弱性、综合防灾能力、灾害损失后果等要素的综合量化（图 6-4）。

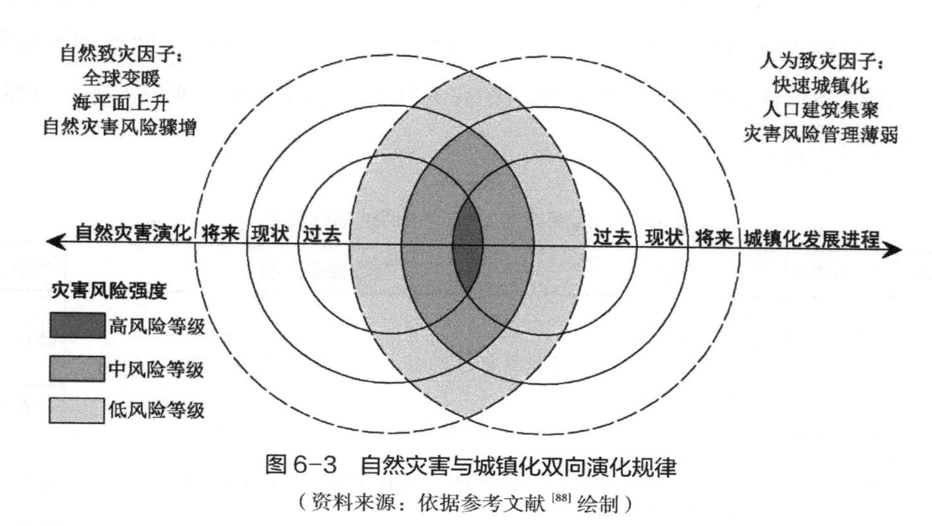

图 6-3　自然灾害与城镇化双向演化规律

（资料来源：依据参考文献 [88] 绘制）

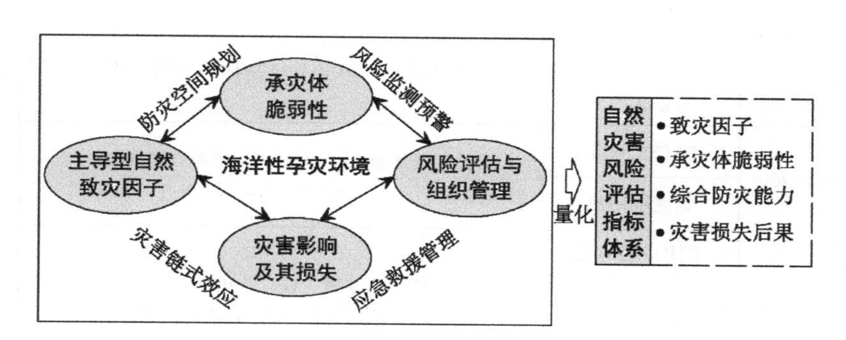

图 6-4　自然灾害风险评估模型

6.2.1.2　聚合城镇灾害系统影响的风险评估指标体系

滨海城市自然灾害风险评估模型由致灾因子、承灾体脆弱性、综合防灾能力、灾害损失后果共同构成评估指标体系的核心板块，依照滨海城市安全风险机理特征，考虑在综合防灾规划中的空间可操作性，将四类核心板块按照层次分析法进行分类聚合，通过进一步细化其Ⅰ级至Ⅲ级的指标评估内容，明确相关数据来源与指标计算方法，进而构建成自然灾害风险评估的完整指标体系。

1）致灾因子指标

评估滨海城市各致灾因子危险性需搜集各主导型自然灾种具体表征参数，比如灾害发生历史数据、次生灾害种类及其影响等。从灾害学角度分析致灾因子评估指标体系是非常复杂且多样化的工作，包含从灾害产生机制到防灾工程系统等多个层面。本书从中观尺度探究适用于滨海城市综合防灾规划的风险评估指标体系，既考虑不同滨海城市所在沿海区域自然灾害的整体状态，又兼顾主导型致灾因子对其城市空间影响的特殊性，对其风险评估指标体系的内容细化重点集中在大气圈与水圈、地质地貌灾害、自然生态系统三个方面（表 6-1）。

表 6-1 滨海城市致灾因子评估指标体系

<table>
<tr><th>Ⅰ级指标</th><th>Ⅱ级指标</th><th>Ⅲ级指标</th><th>指数选取依据</th><th>评判分级</th></tr>
<tr><td rowspan="13">大气圈与水圈</td><td rowspan="3">风暴潮</td><td>台风登陆次数</td><td rowspan="3">《风暴潮灾害风险评估和区划技术导则（2016）》</td><td rowspan="2">已有分级型</td></tr>
<tr><td>台风等级</td></tr>
<tr><td>底层大风指数</td><td>自有分级型</td></tr>
<tr><td rowspan="2">洪涝灾害</td><td>洪水重现期</td><td rowspan="2">《洪涝灾情评估标准》SL 579—2012</td><td rowspan="2">已有分级型</td></tr>
<tr><td>过程日降雨量</td></tr>
<tr><td rowspan="2">海浪灾害</td><td>波动周期</td><td rowspan="3">《海浪灾害风险评估和区划技术导则》
《海冰灾害风险评估和区划技术导则（2016）》</td><td rowspan="2">自有分级型</td></tr>
<tr><td>波长波高</td></tr>
<tr><td>海冰灾害</td><td>总冰期</td><td rowspan="3">已有分级型</td></tr>
<tr><td rowspan="2">雾霾灾害</td><td>PM2.5 浓度</td><td rowspan="2">《环境空气质量指数（AQI）技术规定（试行）》
HJ 633—2012</td></tr>
<tr><td>能见度距离</td></tr>
<tr><td rowspan="3">极端气温</td><td>平均日照时数</td><td rowspan="3">《冷空气等级》GB/T 20484—2017
《高温热浪等级》GB/T 29457—2012</td><td>自有分级型</td></tr>
<tr><td>降温幅度</td><td rowspan="2">连续型</td></tr>
<tr><td>热浪指数</td></tr>
<tr><td rowspan="10">地质地貌灾害</td><td rowspan="3">地震与海啸</td><td>震级与烈度</td><td>《地震震级的规定》GB 17740—2017
《中国地震烈度表》GB/T 17742—2020</td><td rowspan="2">已有分级型</td></tr>
<tr><td>海啸波幅</td><td rowspan="2">《海啸灾害风险评估和区划技术导则（2016）》</td></tr>
<tr><td>淹没风险区</td><td rowspan="3">自有分级型</td></tr>
<tr><td rowspan="2">地面沉降</td><td>地面标高损失量</td><td rowspan="2">《地面沉降调查与监测规范》DZ/T 0283—2015</td></tr>
<tr><td>历史灾害强度</td></tr>
<tr><td>滑坡</td><td>滑移距离与规模</td><td rowspan="3">《滑坡崩塌泥石流灾害调查规范（1：50000）》
DZ/T 0261—2014</td><td rowspan="5">已有分级型</td></tr>
<tr><td rowspan="2">泥石流</td><td>单位面积冲刷量</td></tr>
<tr><td>最大流量</td></tr>
<tr><td rowspan="2">海水入侵</td><td>地下水位</td><td rowspan="2">《地下水资源储量分类分级》GB/T 15218—2021
《地下水质量标准》GB/T 14848—2017</td></tr>
<tr><td>地下水氯离子浓度</td></tr>
</table>

续表

<table>
<tr><th>Ⅰ级指标</th><th>Ⅱ级指标</th><th>Ⅲ级指标</th><th>指数选取依据</th><th>评判分级</th></tr>
<tr><td rowspan="2">地质地貌灾害</td><td rowspan="2">海岸侵蚀</td><td>海平面上升速率</td><td rowspan="2">《中国海洋灾害公报》；
《中国海平面公报（2016—2019）》</td><td>已有分级型</td></tr>
<tr><td>海滩近滨坡度</td><td>连续型</td></tr>
<tr><td rowspan="5">自然生态系统</td><td rowspan="3">填海区生态污染</td><td>污染物排放量</td><td>《污水综合排放标准》GB 8978—1996</td><td rowspan="4">已有分级型</td></tr>
<tr><td>围填海面积</td><td>《围填海工程生态建设技术指南（试行 2017）》</td></tr>
<tr><td>生态绿地率</td><td>《国家园林城市系列标准（2016）》</td></tr>
<tr><td rowspan="2">赤潮绿潮</td><td>发生周期</td><td rowspan="2">《赤潮灾害处理技术指南》GB/T 30743—2014
《绿潮预报和警报发布》HY/T 217—2017</td></tr>
<tr><td>影响范围</td><td>自有分级型</td></tr>
</table>

2）承灾体脆弱性指标

该项指标体系主要用于评估滨海城市空间面对灾害侵袭所表现出的承灾能力，重点测度由各类致灾因子所形成的复合型灾害对城市空间的影响，主要包含人口与经济两大领域，不再对各类具体化的自然或人为灾种进行单独测算。滨海城市空间承灾体的脆弱性不仅表现在建筑物、道路交通系统、生命线系统工程等物质型空间的暴露性，还表现在城市居民的空间分布结构以及经济发展活跃度等非物质空间的韧性，二者均表征为暴露在致灾因子影响范围内的数量及价值，是进行自然灾害风险评估的必要条件，本书由此得出滨海城市承灾体脆弱性评估指标体系的详细内容（表 6-2）。

表 6-2　滨海城市承灾体脆弱性评估指标体系

<table>
<tr><th>Ⅰ级指标</th><th>Ⅱ级指标</th><th>Ⅲ级指标</th><th>指数选取依据</th><th>评判分级</th></tr>
<tr><td rowspan="11">承灾体脆弱性</td><td rowspan="4">人口</td><td>人口密度</td><td rowspan="2">《城市规模划分标准（2014）》
《育龄妇女信息系统（WIS）基础数据结构与分类代码》GB/T 18848—2002</td><td rowspan="2">连续型</td></tr>
<tr><td>年龄构成</td></tr>
<tr><td>受教育程度</td><td>《育龄妇女信息系统（WIS）基础数据结构与分类代码》GB/T 18848—2002</td><td>是非型</td></tr>
<tr><td>流动趋势</td><td>各滨海城市《流动人口服务和管理办法》</td><td>自有分级型</td></tr>
<tr><td rowspan="7">经济</td><td>经济密度</td><td>《社会经济目标分类与代码》GB/T 24450—2009</td><td rowspan="3">连续型</td></tr>
<tr><td>建筑密度</td><td>《城市居住区规划设计标准》GB 50180—2018</td></tr>
<tr><td>道路网密度</td><td>《城市综合交通体系规划标准》GB/T 51328—2018</td></tr>
<tr><td>生命线系统工程规模</td><td>《城市综合管廊工程技术规范》GB 50838—2015</td><td>是非型</td></tr>
<tr><td>疏散脆弱性</td><td>《建筑设计防火规范》GB 50016—2014（2018 年版）</td><td rowspan="3">自有分级型</td></tr>
<tr><td>土地易损性</td><td>《城市综合防灾规划标准》GB/T 51327—2018</td></tr>
<tr><td>建筑易损性</td><td>《建筑抗震设计标准》GB/T 50011—2010（2024 年版）</td></tr>
</table>

续表

Ⅰ级指标	Ⅱ级指标	Ⅲ级指标	指数选取依据	评判分级
承灾体脆弱性	经济	人防工程面积	《人民防空工程设计规范》GB 50225—2005	已有分级型
		避难场所面积	《防灾避难场所设计规范》GB 51143—2015	
		绿地广场面积	《国家园林城市系列标准（2016）》	

注：疏散脆弱性、土地易损性、建筑易损性评估方法见附录B。

此指标体系以滨海城市防灾空间人口与经济属性为主体，既补充完善了致灾因子评估指标，又能在综合防灾规划理性风险分析与设施空间布局决策中发挥直接效用，具体表现在：合理测度滨海城市不同灾害发生情景下社会、经济运行系统受灾影响程度，用于支撑综合防灾规划中对防灾基建与管理投入决策；运用该指标体系定量分析滨海城市基建投资、社会风险环境等活动对灾害损失的影响，及时发现综合防灾规划与实施的问题，帮助实现滨海城市安全风险全过程监测预警；该指标体系明确指向因灾害导致社会经济损失，有利于居民等防灾主体直观理解灾害影响，帮助灾害治理部门进行日常防灾行动决策及灾时救援物资调配。

3）综合防灾能力指标

当前有关城市灾害系统指标评价体系的研究成果复杂多样，对滨海城市自然灾害风险的综合防灾能力评估也涉及众多因素。本书依据复杂网络研究方法，通过聚焦滨海城市安全风险系统的空间治理短板，从制定多层级防灾空间规划对策的实际需要出发，选取基础防灾能力与灾害应急能力两个方面综合反映滨海城市的现状防灾能力，其中基础防灾能力是对有助于降低滨海城市主导型灾害风险的人力、财力、物力等防灾减灾设施与资源的统称；灾害应急能力则指应对灾害的各种工程和非工程性减灾救灾条件（表6-3）。

表6-3 滨海城市综合防灾能力评估指标体系

Ⅰ级指标	Ⅱ级指标	Ⅲ级指标	指数选取依据	评判分级
自然灾害综合防灾能力	基础防灾能力	防灾财政投入	《安全保障型城市的评价指标体系与评价系统》	已有分级型
		台风抵御工程评估	《防台风应急预案编制导则（SL 611—2012）》	连续型
		防洪抗涝工程评估	《城市防洪工程设计规范》GB/T 50805—2012	

续表

<table>
<tr><th>Ⅰ级指标</th><th>Ⅱ级指标</th><th>Ⅲ级指标</th><th>指数选取依据</th><th>评判分级</th></tr>
<tr><td rowspan="15">自然灾害综合防灾能力</td><td rowspan="7">基础防灾能力</td><td>预警预报系统</td><td rowspan="2">《城市社区应急避难场所建设标准（建标 180—2017）》</td><td>已有分级型</td></tr>
<tr><td>避难疏散网络密度</td><td rowspan="2">自有分级型</td></tr>
<tr><td>海水监测点密度</td><td>《海洋监测技术规程》HY/T 147.1—2013</td></tr>
<tr><td>抗震设防标准</td><td>《建筑工程抗震设防分类标准》GB 50223—2008</td><td>是非型</td></tr>
<tr><td>气象监测站密度</td><td>《自动气象站观测规范》GB/T 33703—2017</td><td>自有分级型</td></tr>
<tr><td>滑坡防治工程评估</td><td rowspan="2">《泥石流灾害防治工程设计规范》DZ/T 0239—2004
《滑坡防治工程设计与施工技术规范》DZ/T 0219—2006</td><td rowspan="2">连续型</td></tr>
<tr><td>泥石流防治工程评估</td></tr>
<tr><td rowspan="8">灾害应急能力</td><td>每万人医疗救护人数</td><td>《城市综合防灾规划标准》GB/T 51327—2018</td><td rowspan="2">已有分级型</td></tr>
<tr><td>每万人消防人员数</td><td>《城市综合防灾规划标准》GB/T 51327—2018</td></tr>
<tr><td>每万人抗洪抢险人数</td><td>《城市防洪工程设计规范》GB/T 50805—2012</td><td>自有分级型</td></tr>
<tr><td>每万人病床数</td><td>《城市综合防灾规划标准》GB/T 51327—2018</td><td rowspan="2">已有分级型</td></tr>
<tr><td>每千人消防车辆数</td><td rowspan="2">《城市综合防灾规划标准》GB/T 51327—2018</td></tr>
<tr><td>火警调度专用线达标率</td><td>是非型</td></tr>
<tr><td>海上救援设施数量</td><td rowspan="2">《海上救助船舶设备配置技术要求》GB/T 29113—2012</td><td rowspan="2">连续型</td></tr>
<tr><td>应急物资储备规模</td></tr>
</table>

注：台风抵御、防洪抗涝、滑坡及泥石流防治工程评估详见附录 B。

4）灾害损失后果指标

滨海城市自然灾害损失不仅包含人员伤亡、经济损失等直接后果，还包括对城市生产或生活造成的间接破坏，及应急救援与灾后重建的成本投入。居民人员伤亡指标主要指受灾人数、死亡人数、受伤人数、失踪人数；在经济财产损失指标中，直接经济损失指在同一灾害链式效应影响下原生灾害与次生灾害的经济损失总和，损失对象较容易确定和评估，其指标评价程序与方法也较成熟。而间接经济损失则由自然灾害所致工矿企业生产停滞、商业金融运行紊乱及防灾减灾设施、应急管理服务系统减缓或停顿所造成的经济损失总和，这类损失后果很难直接评估，可发生在灾前维护、灾中救援与灾后恢复重建全过程，其评估指标需据特定损失对象及相关要素确定。本书采用定量损失与后果定性相结合的方法，分析总结滨海城市主导型自然灾害能产生的社会影响及损失，将灾害损失后果指标细分为社会居民与经济财产两方面（表 6-4）。

表 6-4 滨海城市灾害损失后果评估指标体系

<table>
<tr><th>Ⅰ级指标</th><th>Ⅱ级指标</th><th>Ⅲ级指标</th><th>指数选取依据</th><th>评判分级</th></tr>
<tr><td rowspan="11">自然灾害损失后果</td><td rowspan="4">社会居民</td><td>受灾人数</td><td rowspan="5">《自然灾害风险分级方法》YJ/T 15—2012</td><td rowspan="4">已有分级型</td></tr>
<tr><td>死亡人数</td></tr>
<tr><td>受伤人数</td></tr>
<tr><td>失踪人数</td></tr>
<tr><td rowspan="7">经济财产</td><td>经济损失总量</td><td rowspan="2">自有分级型</td></tr>
<tr><td>停工企业数</td><td>《企业安全生产标准化基本规范》GB/T 33000—2016</td></tr>
<tr><td>商业金融损失</td><td>《风险管理 风险评估技术》GB/T 27921—2023</td><td>连续型</td></tr>
<tr><td>倒塌房屋数量</td><td rowspan="2">《自然灾害风险分级方法》YJ/T 15—2012</td><td rowspan="2">自有分级型</td></tr>
<tr><td>建筑损坏数量</td></tr>
<tr><td>防灾设施重建支出</td><td rowspan="2">《城市综合防灾规划标准》GB/T 51327—2018</td><td rowspan="2">连续型</td></tr>
<tr><td>应急服务系统支出</td></tr>
</table>

6.2.2 安全生产要素论的事故灾难指标

我国很多滨海城市分布大量化工企业或危险品存储运输空间，实施日常安全生产监督与治理的机构主要为安监部门和应急管理部门，风险治理内容集中于各企业依据自身生产工艺及防灾标准进行风险评估并制定防灾计划。虽然有一定的积极作用，但由于缺少整体化工及危险品工业集聚区风险评估系统，自然资源部门综合防灾空间规划成果很难对生产类重大危险源进行有效管控，而安监与应急管理部门也缺乏对此类事故灾难的空间治理经验。因此，本书借鉴风险管理学安全生产领域风险评价技术，建立生产事故灾难风险评估指标体系，为综合防灾空间规划识别危险源、评估生产空间危险性、划定工业可接受风险标准、实施事故灾难风险治理、核定防灾投入提供依据。

6.2.2.1 安全生产“五要素”导向的风险评估模型

从滨海城市生产事故灾难与社会经济发展的关系来看，生产事故灾难风险等级、发生概率、致灾类型、损失影响与滨海城市产业结构、社会组织、经济运行方式息息相关，事故灾难主要来源于各个企业日常生产管理行为的技术性失误，其风险等级与空间分布在不同行业中存在一定的差异。比如，以海洋捕捞与渔业养殖为主的第一产业事故风险较低，受海洋气候等自然环境因素影响较大；以沿海化工、采矿与建筑为主的第二产业最易引发事故灾难；以服务业为主的第三产业相对于第二产业事故灾难风险较低。对于滨海城市而言，其风险主要集中在危险品存储与运输领域。各滨海城市由于其自身产业结构、经济发展水平不同而具备不同的生产事故灾难风险，其风险评估指标体系应能有效测度安全生产水平、风险监管能力、事故灾难治理成本投入等核心要素。本书在李毅中国家安全生产“五要素论”（安全文化、法制、责任、科技、投入要素）基础上[89]，认为滨海城市安全生产事故灾难风险评估指标体系内容应包含安全生产危险源等级、安全生产管理水平、城市安全与科技投入、生产事故灾难水平四个方面，共同表征滨海城市应对生产事故灾难风险的综合防控能力，也可用于对安全生产风险动态监控以及事故灾难产出预测（图 6-5）。具体运用到滨海城市综合防灾规划中，即通过该指标体系对安全生产系统中重大危险源空间分布进行识别，综合评估其自身防控治理能力，预测生产事故灾难产出，据此判断合理高效的综合防灾设施与管理投入区间，进而优选相应生产性空间的防灾减灾措施。

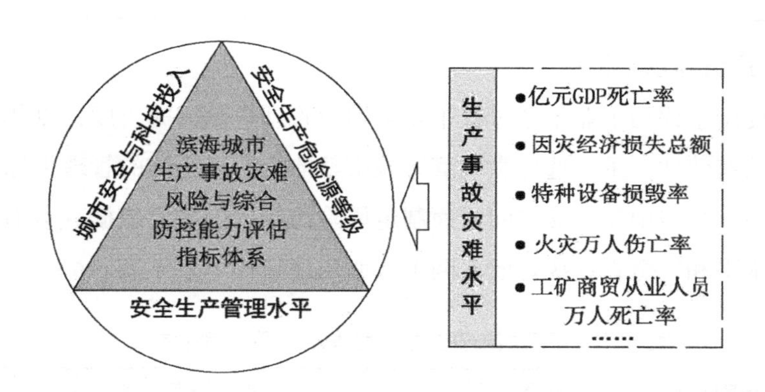

图 6-5　“五要素论”下滨海城市事故灾难风险评估模型

（资料来源：依据参考文献[89]绘制）

6.2.2.2　生产事故灾难的风险评估指标体系

1）安全生产危险源等级指标

研究滨海城市生产事故灾难与城市产业结构、业态分布间的风险关系发现，第二产业中此类灾害发生概率最大，且化工商贸生产总值及从业人数是最能反映滨海城市安全生产危险性的指标。近年来滨海城市生产事故灾难统计数据表明，沿海化工危险品生产、存储、运输等行业事故灾难发生概率较高，这些重大危险源一旦发生事故极易引起重大灾难损失。本书依照危险源影响程度及评估方法可操作性，筛选以上相关危险要素后形成表 6-5 的滨海城市安全生产危险源等级评估指标体系。

表 6-5　滨海城市安全生产危险源等级评估指标体系

Ⅰ级指标	Ⅱ级指标	Ⅲ级指标	指数选取依据	评判分级
安全生产危险源等级	整体危险性	第二产业比重	《企业安全生产标准化基本规范》GB/T 33000—2016	已有分级型
		化工商贸生产总值		已有分级型
		化工商贸从业人数		连续型
	行业危险性	危化品总产量		自有分级型
		危化品存储容量		自有分级型
		万人汽车保有量	《城市综合交通体系规划标准》GB/T 51328—2018	连续型
		特种设备数量	《特种设备无损检测人员考核规则》TSG Z8001—2019	连续型
		重大危险源数量	《危险化学品重大危险源辨识》GB 18218—2018	连续型
		万元 GDP 主要工业污染物排放强度	《污水综合排放标准》GB 8978—1996	已有分级型

2）安全生产管理水平指标

该指标主要用于评估工业生产过程中安全组织管理机制的完善度，以及对生产事故风险防控措施的有效性，重点选择影响滨海城市整体生产安全性的管理指标，以便于为综合防灾规划在宏观与中观防灾空间层面制定风险防控措施提供依据。本书主要从滨海城市安全监管水平和安全管理执行效率两个方面构建指标体系（表 6-6）。

表 6-6　滨海城市安全生产管理水平评估指标体系

Ⅰ级指标	Ⅱ级指标	Ⅲ级指标	指数选取依据	评判分级
安全生产管理水平	安全监管水平	安全监管人员配备率	《企业安全生产标准化基本规范》GB/T 33000—2016	连续型
		安全生产相关法规标准数量		自有分级型
		监察执法资格持证上岗率		是非型
	安全管理执行效率	职业危害申报率		连续型
		风险警示标识设置率		连续型
		危险源与风险隐患普查频次		自有分级型

3）城市安全与科技投入指标

有关安全生产事故灾难的防灾投入一方面表现在生产经营单位为了提高企业的系统安全性，防范各类事故发生而投入的资金，主要用于维护生产经营环境安全和改善安全生产条件。另一方面表现在城市在有关安全生产领域所进行的宏观防灾基础设施与应急服务设施投资，比如生命线系统建设与维护、消防队伍与设施建设等。另外科技研发工作也是防灾投入的重要内容，表现在安全生产防灾创新技术的开发以及新型防灾减灾设备的应用，包含相关发明专利数、风险评估监测技术应用率等指标（表 6-7）。

表 6-7　滨海城市安全与科技投入评估指标体系

Ⅰ级指标	Ⅱ级指标	Ⅲ级指标	指数选取依据	评判分级
城市安全与科技投入	安全投入	安全生产投入比重	《企业安全生产标准化基本规范》GB/T 33000—2016	连续型
		消防设备配备达标率		自有分级型
		火灾警报出勤效率	《火灾自动报警系统设计规范》GB 50116—2013	已有分级型
		生命线系统巡检频率	《城市综合管廊工程技术规范》GB 50838—2015	自有分级型
	科技投入与成果应用	相关发明专利数	《企业知识产权管理规范》GB/T 29490—2013	已有分级型
		危化品存储与运输动态监控比率	《企业安全生产标准化基本规范》GB/T 33000—2016	连续型
		疏散路网维护频次	《防灾避难场所设计规范》GB 51143—2015	连续型
		工作场所风险要素监测率	《企业安全生产标准化基本规范》GB/T 33000—2016	是非型
		重大危险源监控率		是非型
		污染物排放监测率	《污水综合排放标准》GB 8978—1996	是非型

4）生产事故灾难水平指标

该项指标主要用于表征在生产经营活动中，因人为操作失误导致的不同事故灾难所产生的人员伤害及经济损失程度，不包含因自然灾害或人为故意性要素引发的事故灾难，能够最直接地反映滨海城市应对生产性事故灾难风险的综合防控能力。本书参照国家安全生产相关规范、标准的指标划定，结合对我国主要滨海城市安全生产事故灾难数据的统计结果，采用事故灾难总体水平以及专项水平两个方面构建评估指标体系（表 6-8）。

表 6-8　滨海城市生产事故灾难水平评估指标体系

Ⅰ级指标	Ⅱ级指标	Ⅲ级指标	指数选取依据	评判分级
生产事故灾难水平	总体水平	亿元 GDP 死亡率	《安全保障型城市的评价指标体系与评价系统》	连续型
		工矿商贸从业人员万人死亡率	《企业安全生产标准化基本规范》GB/T 33000—2016	已有分级型
		因灾经济损失总额	《安全保障型城市的评价指标体系与评价系统》	自有分级型
	专项水平	火灾万人伤亡率	《建筑设计防火规范》GB 50016—2014（2018 年版）	连续型
		特种设备损毁率	《特种设备无损检测人员考核规则》TSG Z8001—2019	连续型

续表

Ⅰ级指标	Ⅱ级指标	Ⅲ级指标	指数选取依据	评判分级
生产事故灾难水平	专项水平	道路交通事故数	《城市综合防灾规划标准》GB/T 51327—2018	自有分级型
		生产性环境污染事件数	《污水综合排放标准》GB 8978—1996	自有分级型
		危化品生产事故损失总额	《危险化学品重大危险源辨识》GB 18218—2018	自有分级型

6.2.3 公共卫生标准化的应急能力指标

在滨海城市传统综合防灾规划中，针对公共卫生的风险治理主要包含环保环卫基础设施、医疗卫生服务设施两个方面，对其设施规模与空间布局的划定则直接参照卫生健康部门提供的建议。由于没有建立完整的公共卫生风险评估系统，无法真实地评估城市整体应对公共卫生事件的能力，进而导致设施规模不相适应或防灾资源浪费。因此，需要以我国公共卫生安全分级标准为基准，构建其风险评估模型，将研究拓展到有关人群脆弱性、灾害损失影响、环境系统等其他要素的影响，形成完整的滨海城市公共卫生事件风险评估指标体系。

6.2.3.1 安全分级标准导向的风险评估模型

国外城市公共卫生领域要素构成研究起源于1920年的美国卫生运动，耶鲁大学温斯洛教授首次提出运用社会治理机制帮助城市居民维持卫生健康生活环境的思路，将有关城市公共卫生治理概括为环境卫生改善、传染病疫情预防与控制、个人卫生教育、医疗设施建设与医护人员培训四个方面。该定义被广泛应用于美国、日本以及欧洲发达国家的公共卫生治理工作[90]。我国自2003年暴发“SARS”疫情后开始重点开展城市公共安全治理系统性研究，国家减灾委员会与公安部共同对我国城市公共安全内涵进行定义，重点包含改善卫生条件、培养卫生习惯与文明生活方式、预防控制传染病疫情等方面。2020年我国对新型冠状病毒肺炎疫情的快速有效控制，有力证实了基于城市公共卫生安全分级标准进行突发公共安全事件应急响应的正确性。因此，本书从公共卫生环境系统、预防与控制系统、人群脆弱性以及公共卫生灾害损失影响四个方面构建滨海城市整体公共卫生事件风险评估模型（图6-6）[91]。

据滨海城市公共卫生孕灾环境特点将居民人居生活环境与卫生发展条件要素归类，形成含气象、生态、市容、生产、人文五方面的公共卫生环境系统。预防与控制系统主要指维护居民健康生活环境而采取各种应对措施，含城市医疗卫生条件及有关疾病防控措施，前者主要考虑医疗救护资金、人员与设施等客观物质型指标，后者则重点对传染病预防、健康管理、突发公共卫生事件应对的灾害数据进行评价。公共卫生事件主要通过城市空间将灾害损失作用于居民群体，特别对儿童、老人等脆弱群体具有高风险性与高损害性，建立其比例、数量及空间分布指标可有效反映滨海城市公共卫生人群脆弱性。公共卫生灾害损失影响则由滨海城市公共卫生环境、预防与控制条件共同决定，通过城市生态环境污染、环保环卫设施损毁情况等人群健康指标共同测度公共卫生水平[91]。

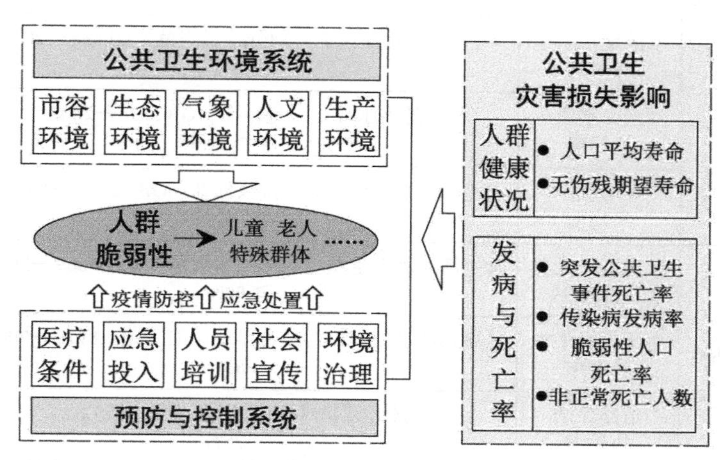

图 6-6　滨海城市公共卫生事件风险评估模型

（资料来源：依据参考文献[90, 91]绘制）

6.2.3.2　公共卫生应急能力的风险评估指标体系

1）公共卫生环境系统指标

从滨海城市安全风险环境机理特征出发，将有利于综合防灾规划实施评估的公共卫生环境系统细分为自然要素主导与人为要素主导两类，前者主要指滨海城市气象环境，后者则包含了市容环境、生产环境和人文环境，生态环境则由二者相互作用产生，整体评估指标如表 6-9 所示。在各滨海城市综合防灾规划中，可以对标相关指标测度结果评判自身公共卫生环境水平，找出系统短板并制定相应的风险防控治理以及空间设施优化方案。

表 6-9　滨海城市公共卫生环境系统评估指标体系

Ⅰ级指标	Ⅱ级指标	Ⅲ级指标	指数选取依据	评判分级
公共卫生环境系统	气象环境	高温热浪指数	《高温热浪等级》GB/T 29457—2012	连续型
		冬季低温持续天数	《冷空气等级》GB/T 20484—2017	连续型

续表

Ⅰ级指标	Ⅱ级指标	Ⅲ级指标	指数选取依据	评判分级
公共卫生环境系统	生态环境	环保投资比重	《安全保障型城市的评价指标体系与评价系统》	已有分级型
		建成区绿化覆盖率	《国家园林城市系列标准（2016）》	已有分级型
		人均公共绿地面积	《国家园林城市系列标准（2016）》	已有分级型
		年均雾霾天数	《环境空气质量指数（AQI）技术规定（试行）》HJ 633—2012	自有分级型
		水源地水质达标率	《饮用水水源保护区划分技术规范》HJ 338—2018 ≥Ⅲ类标准	是非型
		地面水质达标率	《地表水环境质量标准》GB 3838—2002 ≥Ⅴ类标准	是非型
		环境噪声平均值	《社会生活环境噪声排放标准》GB 22337—2008 ≤ 60 分贝	是非型
	市容环境	生活垃圾无害化处理率	《生活垃圾卫生填埋处理技术规范》GB 50869—2013 ≥ 90%	是非型
		生活污水集中处理率	《城镇污水处理厂污染物排放标准》GB 18918—2002 ≥ 85%	是非型
		道路保洁执勤率	《国家园林城市系列标准（2016）》≥ 75%	是非型
	生产环境	公共场所卫生达标率	《公共场所卫生管理条例》（2019 版）≥ 90%	是非型
		工业污染物排放达标率	《污水综合排放标准》GB 8978—1996 ≥ 100%	是非型
		重大危险源数量	《危险化学品重大危险源辨识》GB 18218—2018	连续型
		危化品安全送贮率	《企业安全生产标准化基本规范》GB/T 33000—2016 ≥ 85%	是非型
	人文环境	居民健康知识普及率	《全国健康城市评价指标体系（2018）》卫生健康部门≥ 80%	是非型
		人均教育支出	《全国健康城市评价指标体系（2018）》	连续型
		人均运动面积		已有分级型
		区级以上大型文化活动频次		连续型

2）公共卫生预防与防控系统指标

该项指标重点评估滨海城市有关医疗条件、健康管理以及事件应对效率的综合水平（表 6-10）。

表 6-10　滨海城市公共卫生预防与防控系统评估指标体系

<table>
<tr><th>Ⅰ级指标</th><th>Ⅱ级指标</th><th>Ⅲ级指标</th><th>指数选取依据</th><th>评判分级</th></tr>
<tr><td rowspan="8">公共卫生预防与防控系统</td><td rowspan="3">医疗条件</td><td>万人拥有病床数</td><td rowspan="2">《全国健康城市评价指标体系（2018）》</td><td>连续型</td></tr>
<tr><td>医疗卫生机构数</td><td>连续型</td></tr>
<tr><td>医疗卫生投入占 GDP 比重</td><td>《安全保障型城市的评价指标体系与评价系统》</td><td>自有分级型</td></tr>
<tr><td rowspan="3">健康管理</td><td>疫苗接种率</td><td>《全国健康城市评价指标体系（2018）》≥ 100%</td><td>是非型</td></tr>
<tr><td>健康档案合格率</td><td>《安全保障型城市的评价指标体系与评价系统》≥ 90%</td><td>是非型</td></tr>
<tr><td>传染病疫情控制率</td><td>《全国健康城市评价指标体系（2018）》≥ 85%</td><td>是非型</td></tr>
<tr><td rowspan="2">事件应对效率</td><td>突发事件报警及时率</td><td rowspan="2">《国家突发公共事件总体应急预案（2006）》</td><td>已有分级型</td></tr>
<tr><td>接警与应急处置效率</td><td>自有分级型</td></tr>
</table>

3）人群脆弱性及公共卫生灾害损失影响指标

人群脆弱性指标体系依据滨海城市不同年龄阶段居民卫生防疫要求，以及特殊性群体卫生防卫标准进行脆弱性群体划分，将 6～59 岁居民视为具有正常规范自身行为与维护公共卫生能力群体，重点从新生儿比率、0～5 岁儿童比率、孕产妇比率以及 60 岁以上老年人比率四个方面评估人群脆弱性。

发病与死亡率表征相关灾害损失影响程度，帮助综合防灾规划划定重点监控区域（表 6-11）。

表 6-11　滨海城市人群脆弱性及公共卫生灾害损失影响评估指标体系

<table>
<tr><th>Ⅰ级指标</th><th>Ⅱ级指标</th><th>Ⅲ级指标</th><th>指数选取依据</th><th>评判分级</th></tr>
<tr><td rowspan="9">人群脆弱性及公共卫生灾害损失影响</td><td rowspan="3">人群脆弱性</td><td>0～5 岁儿童比率</td><td rowspan="7">《全国健康城市评价指标体系（2018）》</td><td>连续型</td></tr>
<tr><td>60 岁以上老人比率</td><td>连续型</td></tr>
<tr><td>其他特殊人群占比</td><td>已有分级型</td></tr>
<tr><td rowspan="3">人群健康状况</td><td>人口平均寿命</td><td>已有分级型</td></tr>
<tr><td>无伤残期望寿命</td><td>自有分级型</td></tr>
<tr><td>传染病发病率</td><td>连续型</td></tr>
<tr><td rowspan="3">发病率与死亡率</td><td>非正常死亡人数</td><td>连续型</td></tr>
<tr><td>突发公共卫生事件死亡率</td><td>《安全保障型城市的评价指标体系与评价系统》</td><td>自有分级型</td></tr>
<tr><td>脆弱性人口死亡率</td><td>《全国健康城市评价指标体系（2018）》</td><td>自有分级型</td></tr>
</table>

6.2.4 社会安全保障力的风险预警指标

我国滨海城市具有人口高度密集且流动性强的特点，形成了复杂多样的社会关系网络，相应的社会安全敏感性也较高。关于社会安全保障力的风险评估是测定滨海城市居民安全感指数的重要依据，通过构建其风险预警指标体系，既能够为社区层级防灾空间生活圈的划定，以及风险地图的绘制提供理性数据支撑，又有利于在综合防灾规划中建立多元主体参与的机制。

6.2.4.1 社会安全保障力导向的风险评估模型

滨海城市社会安全事件风险评估模型以社会风险治理为基础，依据前文对滨海城市成灾机制分析，吸收并借鉴现行社会安全评价指标，构建社会安全事件风险评估指标体系。具体方法为：首先抽取滨海城市“自然—社会—经济”复杂系统社会安全构成要素；其次在社会风险治理与灾害学中寻找各要素指标评价方法，集成并借鉴社会安全领域已有指标体系；最后选取有助于评价社会安全整体稳定水平以及实施社会安全风险预警的代表性指标。其中，社会安全整体稳定水平评价指标选取参照公安部“社会治安状况评价指标（1994）”，以及中国城市竞争力研究会“安全城市评价指标体系（2017）”，滨海城市社会安全风险评估从控制力、破坏力、公众安全感三方面构建指标体系[92]。社会安全风险预警指标选取则借鉴宋林飞[93]社会风险预警综合指数法及社会风险监测报警指标体系。

本书基于上述指标体系构建思路与相关研究成果，构建滨海城市综合防灾规划社会安全事件风险评估模型（图 6-7），既考虑自然环境、事故灾难、公共卫生事件对社会安全系统的影响，又兼顾因社会环境变化引起的风险隐患，并据此提出社会安全外部环境系统[94]。除此之外，整个风险评估指标体系还包含经济支撑系统、分配保障系统以及社会控制系统，在充分分析各子系统内涵与关系的基础上，细化其指标评估内容。在各子系统关系辨析方面，外部环境系统主要指引起社会安全内部系统紊乱的外部扰动因素，对社会稳定的诸变量起到叠加共振的方法效用。经济支撑系统是社会安全的物质基础，既为分配保障系统提供物质条件，成为社会控制系统的重要依托，同时也受到分配保障系统的制约，需要三者形成有机整体而发挥综合效用。分配保障系统的收入分配差距并不会随经济增长而自动改善，从社会安全角度看，合理的社会收入分配格局与社会保障体制是经济可持续增长的必要条件，分配保障系统失衡会加剧居民间矛盾并放大社会风险隐患。社会控制系统不局限于公安部门社会治安管理，而是通过综合防灾规划或应急管理采用各种调控手段和措施，实现社会安全中各子系统有序运行，既需要经济系统提供物质投入，又需要有效的社会分配与保障手段进行支撑。

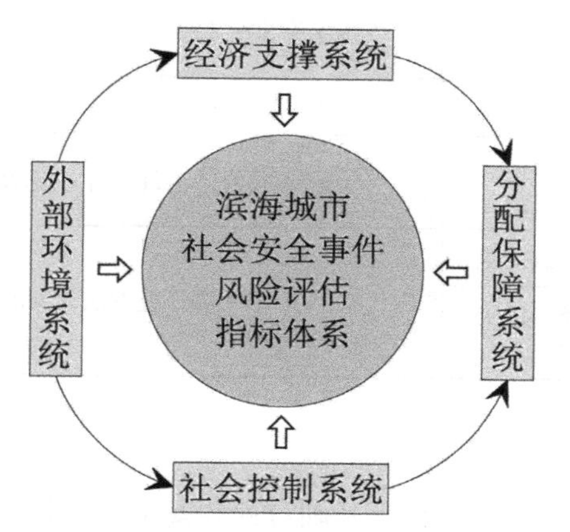

图 6-7　滨海城市社会安全事件风险评估模型

6.2.4.2　社会安全综合预警的风险评估指标体系

对照上述滨海城市社会安全事件风险评估模型的四个子系统，将恐怖袭击、治安刑事案件、群体性突发事件、社会保障失衡、经济系统紊乱等影响该系统稳定运行的风险要素纳入综合防灾规划风险评估体系内。采用分级方式将各子系统指标体系归纳为外部环境系统、经济支撑系统、分配保障系统、社会控制系统四类指标体系。

1）外部环境系统指标

该指标表征滨海城市外部自然风险环境或社会风险环境对社会内部整体安全的影响。滨海城市社会系统面临海平面上升、海洋气候异常等自然灾害风险日益严峻的形势，海洋性自然生态环境与滨海城市社会网络系统的关系也日益紧张，并导致各种社会安全事件发生。而我国大多滨海城市为国际性旅游目的地或商业金融中心，其社会网络稳定性受经济全球化、国际交流合作、国内发展环境等外部社会环境影响。本书将影响滨海城市社会稳定的外部环境系统指标体系划分为社会突变指标和灾害影响指数两类，前者主要聚焦国内外社会风险环境对滨海城市社会安全的影响，后者则指自然灾害、事故灾难、公共卫生等风险要素作用于滨海城市社会网络中所表现出的灾害指数化特征（表 6-12）。

表 6-12　滨海城市社会安全外部环境评估指标体系

Ⅰ级指标	Ⅱ级指标	Ⅲ级指标	指数选取依据	评判分级
外部环境系统	社会突变指数	刑事与治安案件发案率	《安全保障型城市的评价指标体系与评价系统》	连续型

续表

Ⅰ级指标	Ⅱ级指标	Ⅲ级指标	指数选取依据	评判分级
外部环境系统	社会突变指数	群体性突发事件数	《国家突发公共事件总体应急预案（2006）》	连续型
		流动人口占比	《安全保障型城市的评价指标体系与评价系统》	自有分级型
		其他社会冲突事件总数	《国家突发公共事件总体应急预案（2006）》	连续型
	灾害影响指数	伤亡人数比重	《自然灾害风险分级方法》MZ/T 031—2012	自有分级型
		直接经济损失比重		自有分级型

2）经济支撑系统指标

该指标用于测度滨海城市产业经济基础对社会安全运行状态的影响。当前我国滨海城市产业经济增长存在两种发展模式，一方面改革开放后经济快速崛起，长期关注经济增量而忽视经济、社会与环境间的协调关系，不考虑产业结构优化及经济发展质量，社会问题日益突出，社会居民间的矛盾不断激化，居民生活品质因生态环境恶化而不断下降，导致社会安全事件频发。另一方面，近十年来“新发展理念”不断深入，各滨海城市开始寻求综合协调社会、环境等要素的可持续绿色经济增长方式。因此，可在经济支撑系统下设立经济支撑指数二级指标，表示经济增长对滨海城市社会安全稳定的支撑作用（表6-13）。

表6-13　滨海城市经济支撑系统评估指标体系

Ⅰ级指标	Ⅱ级指标	Ⅲ级指标	指数选取依据	评判分级
经济支撑系统	社会经济发展水平	城市登记失业率	《安全保障型城市的评价指标体系与评价系统》	连续型
		人均 GDP 增长率	《宜居城市科学评价标准（2007）》	连续型
		物价指数增长率	《宜居城市科学评价标准（2007）》	自有分级型
		三产增加值占 GDP 比重		自有分级型
	社会经济稳定状态	城市居民恩格尔系数		已有分级型
		基尼系数		已有分级型

3）分配保障系统指标

该项指标主要测度影响滨海城市社会系统安全运行的居民生存状态，以及社会分配结构的合理性。居民生存状态是以滨海城市社会保障系统为基础，包括由国家和社会提供的一整套居民生活安全保障系统。该项指标的选取应体现市场竞争中所产生的不稳定因素或由此引起的社会安全隐患。社会分配结构指标则用于体现滨海城市现阶段的贫富差距或收入差距，二者可以用社会保障水平和配套设施水平作为二级指标进行测度（表 6-14）。

表 6-14　滨海城市分配保障系统评估指标体系

<table>
<tr><th>Ⅰ级指标</th><th>Ⅱ级指标</th><th>Ⅲ级指标</th><th>指数选取依据</th><th>评判分级</th></tr>
<tr><td rowspan="9">分配保障系统</td><td rowspan="5">社会保障水平</td><td>医疗保险覆盖率</td><td rowspan="5">《宜居城市科学评价标准（2007）》</td><td>连续型</td></tr>
<tr><td>失业保障覆盖率</td><td>连续型</td></tr>
<tr><td>养老保险覆盖率</td><td>连续型</td></tr>
<tr><td>居民收入差距</td><td>已有分级型</td></tr>
<tr><td>社会保障支出占 GDP 比重</td><td>自有分级型</td></tr>
<tr><td rowspan="4">配套设施水平</td><td>人均住房面积</td><td>《安全保障型城市的评价指标体系与评价系统》</td><td>连续型</td></tr>
<tr><td>万人医疗床位数</td><td rowspan="2">《全国健康城市评价指标体系（2018）》</td><td>连续型</td></tr>
<tr><td>万人卫生机构数</td><td>连续型</td></tr>
<tr><td>高等教育普及率</td><td>《全国健康城市评价指标体系（2018）》</td><td>已有分级型</td></tr>
</table>

4）社会控制系统指标

该指标主要表征社会系统安全稳定运行的调控机制与能力。从社会风险治理的角度看，社会控制只体现在滨海城市政府机关为维护社会安全所采取的一系列强制性手段。而从综合防灾规划与风险治理的角度看，社会控制更多地表现在依靠和引导社会力量进行各类灾害风险防控、施行应急救援管理以及控制居民生命或经济财产损失扩大化的过程。因此，在传统社会治安控制的基础上，将社会网络对自然灾害、事故灾难、公共卫生等风险要素的有效管控也作为社会控制指数的内容（表 6-15）。

表 6-15　滨海城市社会控制系统评估指标体系

<table>
<tr><th>Ⅰ级指标</th><th>Ⅱ级指标</th><th>Ⅲ级指标</th><th>指数选取依据</th><th>评判分级</th></tr>
<tr><td rowspan="7">社会控制系统</td><td rowspan="5">社会治安控制</td><td>刑事与治安案件破案率</td><td rowspan="5">《安全保障型城市的评价指标体系与评价系统》</td><td>连续型</td></tr>
<tr><td>群体性突发事件及时处置率</td><td>连续型</td></tr>
<tr><td>其他社会冲突事件及时处置率</td><td>连续型</td></tr>
<tr><td>万人警力配备数</td><td>已有分级型</td></tr>
<tr><td>公共安全支出占 GDP 比重</td><td>自有分级型</td></tr>
<tr><td rowspan="2">社会网络优化</td><td>自然灾害风险有效管控率</td><td>《自然灾害风险分级方法》MZ/T 031—2012</td><td>自有分级型</td></tr>
<tr><td>事故灾难风险有效管控率</td><td>《城市综合防灾规划标准》GB/T 51327—2018</td><td>自有分级型</td></tr>
</table>

6.3 政府治理维度的风险评估指标甄选

6.3.1 影响维度下的风险治理效能指标

以致灾因子、承灾能力、防控治理、后果状态为主体的影响维度风险评估指标体系，是滨海城市安全风险治理效能评估的重要途径。该指标体系的建立需依据灾害属性维度风险评估，在征求不同滨海城市的风险治理相关部门、核心社区居民、公共安全专家等各方意见的基础上，对灾害属性维度风险评估指标进行甄选，删除普遍认为不重要或不适合滨海城市防灾减灾实际情况的指标，对缺少或鲜有数据支撑的指标进行精炼。另外，通过归纳不同滨海城市的调研意见，因地制宜地增添一些必要性指标变量，进而形成适用于该滨海城市的安全风险治理效能评估指标模型（图 6-8）。该评估技术模型从灾害属性和影响两个维度进行指标选择，以灾害属性维度的自然灾害、事故灾难、公共卫生以及社会安全风险评估指标为基础，分别进行影响维度分解与合并的响应性分析，选择各个要素交叉空间的典型指标作为治理效能评价指标内容。

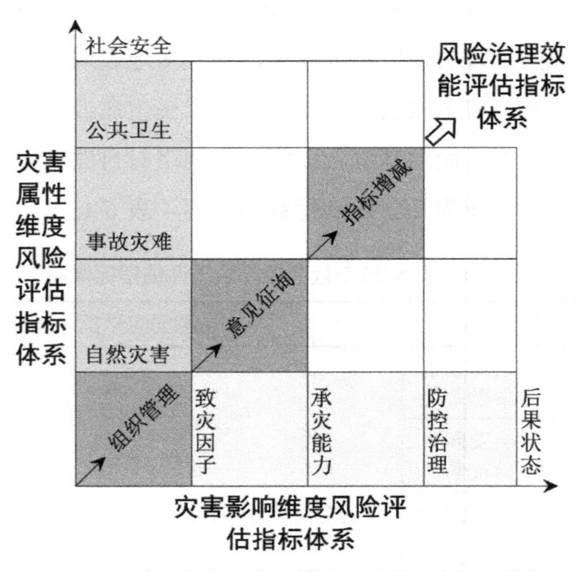

图 6-8 滨海城市安全风险治理效能评估指标模型

本书为制定滨海城市安全风险治理效能评估指标体系，首先选取我国沿海高风险地区的上海、天津、唐山、秦皇岛、宁波等 9 个滨海城市进行实地考察，围绕防灾应急队伍建设与海洋灾害防护工程踏勘取证。将拟定的风险评估指标体系内容发放给各地应急管理与自然资源主管部门进行重点意见征询，将意见归纳分析后对照综合防灾规划、国土空间规划及应急管理规划等相关成果，提出修正风险评估指标体系。然后将修正的评估指标体系分发至气象、人防、地震、民政等 13 个风险治理效能关联部门，对每项指标具体内容的重要性与合理性进行调查，完善相关数据的填报与搜集。最后统计分析 9 个滨海城市的指标意见，提炼共性指标并组建风险治理效能评估指标体系。

为论证该评估指标体系对我国滨海城市的普遍适用性，依据其余滨海城市风险治理相关部门提供的面上数据资料以及专家咨询意见，增减具体指标。比如，很多专家认为交通高峰期、CPI（居民消费价格指数）增长率、三次产业从业人口比重、人口平均寿命、产业信息化指数五项指标不能有效反映滨海城市公共安全水平，应删除；统计各滨海城市面上数据发现，基尼系数仅存在于学术研究领域，风险治理部门未将其纳入统计行列，应删除；有关洪涝灾害工程、台风防御工程、滑坡与泥石流抗灾工程的指标参差不齐，难以找到普遍认可的统计数据来描述，除深圳与杭州外，各滨海城市均无生命线系统工程巡检频率数据，应删除等。

考虑我国滨海城市地域分布差异性，适当增加一些评估指标。比如，沿渤海滨海城市认为雪灾对城市交通安全影响较大，需在海冰指标基础上增加雪灾风险指标；海洋气象灾害虽对滨海城市影响最大，但很多城市缺少其防灾工程指标数据，应增加气象站观测密度指标，丰富其他灾害领域风险监控率指标；很多专家认为应急救援管理指标中单纯道路网密度不能代表滨海城市灾害应急救援水平，应增加人均道路面积与避难疏散路网密度指标，表征快速到达灾害点及应急救援水平。最终形成适于综合防灾规划的安全风险治理效能评估指标体系（表 6-16）。

表 6–16　滨海城市综合防灾规划安全风险治理效能评估指标体系

Ⅰ级指标	Ⅱ级指标	Ⅲ级指标
致灾因子（A）	自然环境（A1）	风暴潮（台风）风险等级（A11）
		极端气温天数（A12）
		洪涝灾害风险指数（A13）
		海平面上升（A14）
		海浪风险等级（A15）
		海冰雪灾风险等级（A16）
		地震海啸风险等级（A17）
		滑坡泥石流灾害风险等级（A18）
	生产环境（A2）	第二产业比重（A21）
		重大危险源分布密度（A22）

续表

Ⅰ级指标	Ⅱ级指标	Ⅲ级指标
致灾因子（A）	生态卫生环境（A3）	空气质量优良率（A31）
		生活污水处理率（A32）
		生活垃圾无害化处理率（A33）
	社会经济环境（A4）	恩格尔系数（A41）
		城乡居民收入差距指数（A42）
		登记失业率（A43）
		流动人员比例（A44）
		万人社会安全事件立案数（A45）
承灾能力（B）	人口脆弱性（B1）	人口密度（B11）
		老年人口指数（B12）
	结构脆弱性（B2）	建筑密度（B21）
		生命线系统密度（B22）
		应急疏散路网密度（B23）
	经济脆弱性（B3）	单位面积 GDP（B31）
防控治理（C）	预防保障（C1）	气象观测站密度（C11）
		建筑物抗震设防等级（C12）
		重大风险源管控率（C13）
		突发事故处理及时率（C14）
		社会安全事件处理效率（C15）
		基本社保覆盖率（C16）
	应急处置（C2）	人均避难场所面积（C21）
		人均道路面积（C22）
		万人消防人员数（C23）
		万人抗洪排涝人员数（C24）
		万人病床数（C25）
		万人警察数（C26）
	安全投入（C3）	防灾系统建设支出占 GDP 比重（C31）
		社会保障支出占 GDP 比重（C32）
		应急管理系统支出占 GDP 比重（C33）
		防灾教育培训支出占 GDP 比重（C34）

续表

Ⅰ级指标	Ⅱ级指标	Ⅲ级指标
后果状态（D）	人口伤亡（D1）	自然灾害受灾人口比重（D11）
		亿元 GDP 生产事故灾难死亡率（D12）
		公共卫生事件伤亡率（D13）
		社会安全事件伤亡率（D14）
	财产损失（D2）	自然灾害直接经济损失占 GDP 比重（D21）
		万人因灾受损、倒塌房屋数量（D22）
		事故灾难直接经济损失占 GDP 比重（D23）

6.3.2　政府风险治理效能评判标准细分

6.3.2.1　致灾因子治理指标评判标准

1）自然环境指标评判标准

A11 风暴潮（台风[①]）风险等级：我国滨海城市所承受的风暴潮灾害主要以台风为主，风险发生区域较为稳定，需要在台风已有分级的基础上进行风暴潮风险等级的自有分级评判，主要依照《中国自然灾害风险地图集》和《风暴潮灾害风险评估和区划技术导则》进行指标自有分级，风暴潮灾害期望直接经济损失（0，100）万元为Ⅰ级；[100，500）万元为Ⅱ级；[500，1000）万元为Ⅲ级；[1000，+∞）万元为Ⅳ级。

A12 极端气温天数：根据滨海城市的低温天数与热浪天数之和进行自有分级评判，数据主要来源于气象部门监测结果，评判标准参照国家《冷空气等级》（GB/T 20484—2017）和《高温热浪等级》（GB/T 29457—2012），Ⅰ级为寒潮和热浪天数每年≤24 天；Ⅱ级二者天数每年≤36 天；Ⅲ级≤48 天；Ⅳ级＞48 天。

A16 海冰雪灾风险等级：海冰雪灾集中于我国渤海沿海地区的滨海城市，具有风险治理复合性，综合影响海运与陆路交通，评判等级依《中国自然灾害风险地图集》和《海冰灾害风险评估和区划技术导则》进行指标自有分级，雪灾风险等级分为 10 级，海冰危险等级分为 5 级。本书综合两项指标进行自有分级，如表 6-17 将雪灾风险等级分类划归到海冰危险等级Ⅰ到Ⅴ级中。当需要使用该指标进行综合治理效能评价时，可将

① 依据世界气象组织的定义，热带气旋中心持续风速在 12 到 13 级称为台风。

Ⅰ、Ⅱ级合并为Ⅰ级，形成四级评判标准。

表 6-17　滨海城市海冰雪灾风险治理评判标准

海冰危险等级	雪灾风险等级	冰情要素特征
Ⅴ（高）	9～10 级	严重冰期＞ 35d； 海冰厚度＞ 35cm； 海冰密集度＞ 8 成
Ⅳ（较高）	7～8 级	35d ≥严重冰期＞ 25d； 35cm ≥海冰厚度＞ 25cm； 8 成≥海冰密集度＞ 6 成
Ⅲ（一般）	5～6 级	25d ≥严重冰期＞ 10d； 25cm ≥海冰厚度＞ 10cm； 6 成≥海冰密集度＞ 4 成
Ⅱ（较低）	3～4 级	10d ≥严重冰期＞ 5d； 10cm ≥海冰厚度＞ 5cm； 4 成≥海冰密集度＞ 2 成
Ⅰ（较低）	1～2 级	严重冰期≤ 5d； 海冰厚度≤ 5cm； 海冰密集度≤ 2 成

资料来源：依据《海冰灾害风险评估和区划技术导则》绘制。

A17 地震海啸风险等级：我国滨海城市直接面临海啸侵袭的几率不大，但部分沿海区域位于强地震带，具备发生地震海啸的复合灾害风险，需要依照《中国自然灾害风险地图集》和《海啸灾害风险评估和区划技术导则》进行指标自有分级，以地震灾害年期望损失与海啸灾害淹没危险性等级为评判标准，将二者结合后形成地震海啸风险治理评判标准（表 6-18）。

表 6-18　滨海城市地震海啸风险治理评判标准

风险等级	海啸淹没深度（m）	海啸流速（m/s）	地震灾害年期望损失（万元 / 年）
Ⅳ	＞ 3.0	＞ 3.0	＞ 4300
Ⅲ	（1.2，3.0]	（1.5，3.0]	（1700，4300]
Ⅱ	（0.5，1.2]	（0.5，1.5]	（300，1700]
Ⅰ	[0.0，0.5]	[0.0，0.5]	[0.0，300]

资料来源：依据《海啸灾害风险评估和区划技术导则》绘制。

2）生产环境指标评判标准

A22 重大危险源分布密度：政府实行常态化风险监控与治理的核心内容，目前有很多对其进行识别或辨识的已有分级标准，但有关其空间分布密度的指标则需要进行自有分级评判。根据对我国 9 个滨海城市市辖区内重大危险源的统计数据，将滨海城市重大危险源分布密度的评判指标等级划为四级，数量＜ 0.06 个 /km^2 为 Ⅰ 级，风险指数最低；≥ 0.06 且＜ 0.12 为Ⅱ级；≥ 0.12 且＜ 0.18 为Ⅲ级；≥ 0.18 则为Ⅳ级，重大危险源分布密度最大且为事故灾难治理的高风险区。

3）生态卫生环境指标评判标准

A31 空气质量优良率：以雾霾影响为主体的滨海城市空气质量测评与改善是近年来政府施行蓝天保卫战的重要内容，对该项指标的评判包含 PM2.5 指数、空气污染指数、蓝天指数等多种标准。本书考虑对空气污染治理效能评价的明确指向性，使用连续型指标评判分级法，以空气质量优良天数占全年的比率来评判滨海城市空气污染治理指标，优良率≥ 90% 为 Ⅰ 级；≥ 85% 且＜ 90% 为 Ⅱ 级；≥ 80% 且＜ 85% 为 Ⅲ 级；＜ 80% 则为Ⅳ级。

4）社会经济环境指标评判标准

A42 城乡居民收入差距指数：目前一些滨海城市虽然分别对城镇居民可支配收入和农村居民人均收入进行了统计，但均没有针对两项指标差距的评判标准。对 A42 指标的评判有利于综合防灾规划合理识别贫富差距空间分布，制定区域生命线系统工程的互联共享方案，提高低收入居民群体生活空间的韧性，避免社会安全事件的发生。本书依据城镇居民家庭人均可支配收入、农村居民人均收入，分别测算各滨海城市的城乡居民收入差距指数，对比分析后形成连续型评判标准，差距指数≥ 4.0 为Ⅳ级；3.0 ≤差距指数＜ 4.0 为Ⅲ级；2.0 ≤差距指数＜ 3.0 为 Ⅱ 级；2.0 以内为 Ⅰ 级。

6.3.2.2　承灾能力提升指标评判标准

1）人口脆弱性指标评判标准

B12 人口年龄结构指数：该项指标可以测度滨海城市人口老龄化程度，识别脆弱性人口的空间分布区并帮助划定社区防灾生活圈，制定适用于不同脆弱人口特征的设防标准和减灾措施。本书依据各滨海城市统计年鉴对各年龄段人口的统计数据，将 0 至 14 岁青少年以及 65 岁以上老人视为脆弱性人群，人口年龄结构指数为二者人口数量之和与常住人口的比值。通过对 9 个滨海城市的人口年龄结构进行测算后，与平均值进行对比分析并划定连续型评判标准，人口年龄结构指数＜ 20% 为 Ⅰ 级；≥ 20% 且＜ 25% 为 Ⅱ 级；≥ 25% 且＜ 30% 为 Ⅲ 级；≥ 30% 以上则为Ⅳ级。

2）结构脆弱性指标评判标准

（1）B22 生命线系统工程密度：评判该指标直接表征滨海城市应对灾害侵袭的真实

防灾水平，反映政府可用于治理城市安全运行的物质保障条件。生命线系统工程密度指标可用管线总长度与建成区总面积比值表示，其中管线总长度统计含给排水、电力、燃气、输油、通信等管线长度总和，参照《2017年中国城乡建设统计年鉴》对生命线系统工程地下管线长度的指标设定，依据所搜集滨海城市的相关管线里程数与建设特征，制定生命线系统工程密度的已有分级评判标准，＜ 35km/hm^2 的为Ⅳ级；≥ 35且＜ 50km/hm^2 的为Ⅲ级；≥ 50且＜ 65km/hm^2 的为Ⅱ级；≥ 65km/hm^2 为Ⅰ级。

（2）B23应急疏散路网密度：当前我国滨海城市建成区范围内均形成了涵盖5级公路和高速路的完整道路交通网络，但从应急疏散风险治理的角度看，三级以下的低等级公路在海啸地震、台风洪涝等灾害情境下更容易遭到破坏，不适宜作为应急疏散道路。可以采用三级及以上公路长度占公路总长度的比值作为应急疏散路网密度的指标，该指标的评判标准依据已有分级方法，数值越大表明应急疏散道路占比越高，政府实施应急救援与安全疏散工作越有效，＜ 70%为Ⅳ级；≥ 70%且＜ 75%为Ⅲ级；≥ 75%且＜ 80%为Ⅱ级；≥ 80%为Ⅰ级。

6.3.2.3 防控治理指标评判标准

1）预防保障指标评判标准

C15社会安全事件处理效率：我国《“十三五”推进基本公共服务均等化规划》针对C14突发事故处理及时率划定了已有指标分级标准，但在社会安全事件处理效率方面仅包含刑事案件破案率一项指标。而有关滨海城市政府风险治理效能中的社会安全事件还包含对恐怖袭击、群体性突发事件、经济纠纷案件等社会不稳定要素的治理。因此，其综合处理效率应该表示为已处理社会安全事件的数量与各项事件发生次数总和的比值，依据搜集的各滨海城市相关数据进行测算后得到平均处理效率为43.7%，以此为基准划定对该指标风险管理的评判标准，＜ 38.7%为Ⅳ级；≥ 38.7%且＜ 43.7%为Ⅲ级；≥ 43.7%且＜ 48.7%为Ⅱ级；≥ 48.7%则为Ⅰ级。

2）应急处置指标评判标准

C23万人消防人员数：该指标反映滨海城市风险治理部门应对火灾突发事件的应急能力，帮助综合防灾规划按消防人员数量有效核定消防站与装备数量、消防设施规模及空间分布。我国滨海城市没有直接的万人消防人员数指标规定，需据其所在省份2017年消防统计年鉴数据确定。首先将全省消防车辆总数除以消防人员总数得到参照标准值，其次用各滨海城市2017年消防车辆总数乘以该标准值得到该市消防人员数，最后求该市消防人员总数与常住人口数比值得到万人消防人员数。可将滨海城市人均消防车数量（辆 /10 万人）作为万人消防人员数指标评判标准。本书依据各滨海城市计算数据，进行连续型指标评判标准分级，≥ 6 辆 /10 万人为Ⅰ级；＜ 6 且≥ 4 辆 /10 万人为Ⅱ级；＜ 4 且≥ 2 辆 /10 万人为Ⅲ级；＜ 2 辆 /10 万人为Ⅳ级。另外，对于万人抗洪排涝人员数、万人医疗卫生机构病床数等指标均依照此方法划定。

3）安全投入指标评判标准

C31 防灾系统建设支出占 GDP 比重：该项指标表征政府在风险治理中对防灾基础设施的投资力度，也是实行综合防灾规划与空间治理的重要资金保障。其主要包含防灾减灾规划与设施建设、风险监控与预警系统建设、防灾系统日常维护与管理三方面的支出，依据各滨海城市 2017 年统计年鉴与应急管理部门的"十三五"规划都能够得到相关数据。因此，防灾系统建设支出比重＝三项支出的总和 / 该滨海城市 GDP，对比分析各滨海城市测算数据得到该项指标的自有分级评判标准，≥ 1.5% 为Ⅰ级；＜ 1.5% 且≥ 1.0% 为Ⅱ级；＜ 1.0% 且≥ 0.5% 为Ⅲ级；＜ 0.5% 则为Ⅳ级。

指标 C33 应急管理系统支出占 GDP 比重：依照上述计算方法划定评判标准，其支出总和包含应急救援队伍建设、应急物资储备投资、应急服务设施建设。计算所得相应指标自有分级评判标准为，＞ 1.2% 为Ⅰ级；＜ 1.2% 且＞ 0.7% 为Ⅱ级；＜ 0.7% 且＞ 0.2% 为Ⅲ级；＜ 0.2% 则为Ⅳ级。

指标 C34 防灾教育培训支出占 GDP 比重：其数据来源，增加各滨海城市教育与公安部门"十三五"规划以及消防统计年报，其支出总和包括日常消防与反恐演练、校园防灾减灾教育、社会安全宣传活动三部分，指标评判标准为，≥ 0.3% 为Ⅰ级；＜ 0.3% 且≥ 0.2% 为Ⅱ级；＜ 0.2% 且≥ 0.1% 为Ⅲ级；＜ 0.1% 则为Ⅳ级。

6.3.2.4　后果状态指标评判标准

1）人口伤亡指标评判标准

D12 亿元 GDP 生产事故灾难死亡率：我国《安全生产"十三五"规划》要求 2020 年该项指标相比于 2015 年的降幅应达到 30%，2015 年该项指标为 0.147，2020 年则需达到 0.104 以下，从 2017 年我国各滨海城市的统计数据看，该项指标均值高达 0.126，可见安全生产形势依然严峻，属于生产事故灾难的高发区域。本书据此将该项指标划分为四个评判标准，≤ 0.10 即达到国内安全生产水平为Ⅰ级；＜ 0.15 且≥ 0.10 为Ⅱ级；＜ 0.20 且≥ 0.15 为Ⅲ级；≥ 0.20 则为Ⅳ级。

D13 和 D14 分别依据前文灾害属性维度的相关风险评估指标体系计算 2012—2015 年各自领域内的伤亡人数，计算平均伤亡人数后除以平均常住人口得到万人伤亡率指标，对比分析各滨海城市的指标数据后进行评判标准的自有分级。其中 D13 公共卫生事件伤亡率以＜ 0.03 为Ⅰ级；≥ 0.03 且＜ 0.06 为Ⅱ级；≥ 0.06 且＜ 0.09 为Ⅲ级；≥ 0.09 则为Ⅳ级。D14 社会安全事件伤亡率以＜ 0.050 为Ⅰ级；≥ 0.050 且＜ 0.087 为Ⅱ级；≥ 0.087 且＜ 0.107 为Ⅲ级；≥ 0.107 则为Ⅳ级。

2）财产损失指标评判标准

D22 万人因灾受损倒塌房屋数量：我国各滨海城市统计年鉴中鲜有针对防灾减灾的统计数据，只能依据其所在省份相关统计数据推算。首先测算目标滨海城市年度常住人口数与其所在省份常住人口比值，然后将该值乘以当年省内因灾倒塌、损坏房屋数量得到目标滨海城市指标数值。依据各滨海城市测算结果，将该项指标自有分级标准划定为，＜ 20 间为Ⅰ级；≥ 20 且＜ 100 间为Ⅱ级；≥ 100 且＜ 200 间为Ⅲ级；≥ 200 间则为Ⅳ级。

D23 事故灾难直接经济损失占 GDP 比重：我国各滨海城市缺少安全事故直接经济损失数据，只能依据各城市灾害管理部门统计年鉴综合分析，分别抽取安监局生产事故经济损失、交通局交通事故损失、消防部门统计的人为火灾经济损失数据进行求和，然后再对比当年的 GDP 值进行测算，将各滨海城市指标结果按照自有分级标准进行评判，＜ 0.07‰ 为Ⅰ级；≥ 0.07‰ 且＜ 0.12‰ 为Ⅱ级；≥ 0.12‰ 且＜ 0.17‰ 为Ⅲ级；≥ 0.17‰ 则为Ⅳ级。

6.3.3 政府安全风险综合治理效能评定

依照前文 6.3.2 各项指标评判标准，对照我国滨海城市综合防灾规划安全风险治理效能评估指标体系（表 6-16），将三级指标计算结果逐个分级评判，并将评判数值分类量化为四个等级。其中Ⅰ级、Ⅱ级、Ⅲ级、Ⅳ级所占权重分别为 0.9、0.8、0.6、0.4，然后依照 $f = 0.9n_1 + 0.8n_2 + 0.6n_3 + 0.4n_4$（$n_1$、$n_2$、$n_3$、$n_4$ 分别为Ⅰ、Ⅱ、Ⅲ、Ⅳ级评判标准数量）加权求值，最后通过横向对比滨海城市总得分，完成对我国滨海城市政府安全风险综合治理效能评价。以一级效能作为最优安全风险治理状态，对应指标评判标准分级后，得出一级到四级效能分布情况。滨海城市安全风险综合治理效能评价的目的，主要从优化防灾公共政策的角度出发，探讨综合防灾规划发挥其空间治理效用的最大化路径，既能为综合防灾规划确定可接受风险标准，为制定综合防灾设施投资建设计划提供理性数据支撑，又可摸清滨海城市综合防灾能力现状，明确防灾空间层级实行风险管控重点方向。依据上述方法，结合面上调研搜集数据，分别对我国海洋灾害高风险区域所涉 6 个省份 32 个滨海城市的安全风险治理效能评估指标进行测度，统计各级评判标准下的指标数量后，得到各滨海城市的安全风险综合治理效能评价等级分布（表 6-19）。

表 6-19　滨海城市的安全风险综合治理效能评价等级分布表

沿海省份 / 直辖市	滨海城市	指标评判标准分级				总得分	效能等级
		Ⅰ级	Ⅱ级	Ⅲ级	Ⅳ级		
上海	上海	28	16	2	1	39.6	一级
天津	天津	22	22	2	1	39	一级
河北省	唐山	22	18	1	6	37.2	二级
	秦皇岛	17	18	10	2	36.5	三级
	沧州	21	11	7	8	35.1	三级
浙江省	杭州	27	12	8	0	38.7	二级
	宁波	26	17	4	0	39.4	一级
	温州	20	21	6	0	38.4	二级
	嘉兴	19	17	8	3	36.7	三级
	绍兴	20	14	9	4	36.2	三级
	舟山	22	17	7	1	38	二级
	台州	24	15	6	2	38	二级
福建省	福州	24	22	1	0	39.8	一级
	厦门	27	19	1	0	40.1	一级
	莆田	23	16	3	5	37.3	二级
	泉州	25	15	5	2	38.3	二级
	漳州	18	15	9	5	35.6	三级
	宁德	17	10	11	9	33.5	四级
广东省	广州	25	18	3	1	39.1	一级
	深圳	26	19	2	0	39.8	一级
	珠海	24	15	4	4	37.6	二级
	汕头	20	19	3	5	37	二级
	江门	21	20	4	2	38.1	二级
	湛江	22	18	5	2	38	二级
	茂名	19	10	9	9	34.1	四级
	惠州	18	16	6	7	35.4	三级

续表

沿海省份 / 直辖市	滨海城市	指标评判标准分级				总得分	效能等级
		Ⅰ级	Ⅱ级	Ⅲ级	Ⅳ级		
广东省	汕尾	20	19	2	6	36.8	三级
	阳江	23	20	3	1	38.9	二级
	东莞	22	17	5	3	37.6	二级
	中山	26	20	1	0	40	一级
	潮州	19	14	8	6	35.5	三级
	揭阳	18	14	7	8	34.8	三级

依据32个滨海城市的评价数据，按照25%左右的城市能够达到一级效能，40%左右的城市达到二级效能；30%左右的城市实现三级效能；5%左右的城市为四级效能的分布格局目标，进一步确定我国滨海城市安全风险综合治理效能等级评判标准（表6-20）。

表6-20　滨海城市安全风险综合治理效能等级评判标准

效能等级	评判标准
一级	$f \geqslant 39.0$
二级	$39.0 > f \geqslant 37.0$
三级	$37.0 > f \geqslant 35.1$
四级	$f < 35.1$

6.4　公众参与维度的风险评估指标提炼

提炼公众参与维度的风险评估指标体系必须以居民空间安全感为基础，发挥居民参与在综合防灾空间规划决策中的效用。结合6.2小节提出的灾害属性维度风险评估模型，以6.3小节提出的影响维度下政府安全风险治理效能评估模型为基底，充分考虑两类模型指标体系与居民空间安全感的关联度，对各个指标内容进行筛选与组合。形成核心指标体系后，依据居民问卷调查，精炼出表征居民综合安全感指数的10项指标。滨海城市综合防灾规划融入该指标，既可以让居民更直观地认知自身所处防灾生活圈内的安全风险隐患，及时有效地采取防灾自救措施，又可以提高防灾空间规划与减灾设施布局决策的有效性。

6.4.1　面向居民空间安全感的核心指标

在广泛吸收居民防灾减灾诉求的基础上，以居民空间安全感指数提升为目标，提炼灾害属性和政府治理维度中的核心指标，并进行指标测度结果的评判。以此探寻各空间层级下，保障居民生命财产安全的风险治理措施以及防灾空间规划重点，有针对性地制定或更新综合防灾规划方案，既有助于提高滨海城市综合防灾规划实施效率，又有利于政府安全风险治理效能的提升。

6.4.1.1　居民空间安全感视角下的指标选取方法

本书选取系统分析与数据分析相结合的方法，对两类指标体系进行精简，总体上借鉴葛继科等学者提出的 BP 神经网络指标筛选法[95]，系统分析各指标之间的逻辑关系，删除存在逻辑重复的指标，然后对比分析已有的居民防灾减灾数据，删除统计难度大且对居民安全感指数影响较小的辅助性指标[96]。

（1）实行分项指标合并，提炼影响居民整体安全状态的指标。比如在灾害属性维度综合防灾能力评估指标体系中，居民的安全感来源于其所在社区对灾害的整体应急管理能力，不需要分类统计每万人医疗救护、消防人员、抗洪抢险人数等指标，而是依据居民防灾生活圈尺度，将其合并为千人应急救灾服务人员数。

（2）精简因果关系一致且评估内容重复的指标。比如在影响维度政府安全风险治理效能评估指标体系中，有关防控治理安全投入的指标与致灾因子社会经济环境指标，在居民生活空间尺度层面存在数据统计与测算重复，且二者存在因果关系，A41 恩格尔系数与 A42 城乡居民收入差距指数的变化“因”，可以得出 C31～C33 防灾系统建设、社会保障、应急管理系统等支出占 GDP 比重的“果”，故只保留 C3 指标即可。另外由于在社区层面与居民安全感紧密相连的指标为基本社会保险和防灾系统建设两方面，并据此对 C 类指标进一步精简。

（3）精选居民空间安全敏感性较强的指标，采取公众问卷调查的形式，总结居民最为关切的风险评估内容，对照居民安全诉求对拟定的各项指标进行适当增减。比如在政府安全风险治理效能评估指标体系中，居民对 A 类致灾因子指标下的自然环境指标认知模糊，对生产环境与社会经济环境的安全指标关注度较低，重点关注 A3 生态卫生环境等与自身生活品质有直接关联的指标内容，并将其精选为代表居民空间安全感的核心指标。

6.4.1.2 公众参与维度的核心风险评估指标体系

本书按照上述居民空间安全感评价指标选取方法，在灾害属性与政府治理维度风险评估指标体系的基础上，提炼出适用于我国滨海城市公众参与维度的核心风险评估指标体系（表6-21），表征了居民最为关心的综合防灾效率以及空间治理相关指标内容，主要分为灾害孕育环境、安全防控保障、历史灾害统计三个方面。

表6-21 我国滨海城市公众参与维度的核心风险评估指标体系

评价类型	核心评价指标	指数选取依据	评判分级
灾害孕育环境	综合灾害风险等级	《自然灾害风险分级方法》MZ/T 031—2012 《城市综合防灾规划标准》GB/T 51327—2018 《全国健康城市评价指标体系（2018）》	已有分级与自有分级相结合
	应急疏散道路长度	《城市社区应急避难场所建设标准（建标180—2017）》	已有分级
	重大危险源分布密度	《危险化学品重大危险源辨识》GB 18218—2018	连续型
	空气质量优良率	《环境空气质量指数（AQI）技术规定（试行）》HJ 633—2012	已有分级
	人均绿地景观面积	《国家园林城市系列标准（2016）》	已有分级
安全防控保障	防灾系统建设支出占GDP比重	《安全保障型城市的评价指标体系与评价系统》	自有分级
	千人应急救援服务人员数	《中国安全城市评价指标体系（2017）》	已有分级
	各类报警系统平均反应时间	《国家突发公共事件总体应急预案（2006）》	自有分级
	人均避难场所面积	《城市社区应急避难场所建设标准（建标180—2017）》	已有分级
	城乡居民收入差距比值	《宜居城市科学评价标准（2007）》	自有分级
	基本社保覆盖率	《宜居城市科学评价标准（2007）》≥70%	是非型
历史灾害统计	各类灾害人员伤亡率	《自然灾害风险分级方法》MZ/T 031—2012 《城市综合防灾规划标准》GB/T 51327—2018	连续型与自有分级相结合
	灾害直接经济损失占GDP比重	《中国安全城市评价指标体系（2017）》 《自然灾害风险分级方法》MZ/T 031—2012	自有分级
	生命线系统受损比率	《城市综合管廊工程技术规范》GB 50838—2015	自有分级

其中，灾害孕育环境指标主要围绕前述灾害属性维度中自然灾害、生产事故灾难、公共卫生与社会安全事件的风险评估指标体系，选取公众能够直接认知灾害孕育环境风险的典型指标。因居民普遍关注生产事故灾难中重大危险源的空间分布情况及其风险

性，选择重大危险源分布密度作为描述生产事故灾难风险等级的典型指标。公共卫生方面参照居民对雾霾与环境污染的关注，提出将空气污染指数优良率作为典型指标，将空气污染物浓度的常规检测值简化为单一的概念性指数值，用于对空气污染程度和质量状况进行分级表征。在社会安全指标方面选取应急疏散道路长度、人均绿地景观面积等典型指标反映居民对提升防灾空间品质，稳定提高生活质量的安全诉求。

安全防控保障指标主要是对影响维度中承灾能力与防控治理两方面的共性指标进行系统整合。将安全防控保障视为表征滨海城市全过程安全风险治理能力的重要指标，整合防灾减灾设施投入、应急管理系统投入、安全宣传教育投入、救灾人员投入等方面的内容，选取防灾系统建设支出占 GDP 比重、千人应急救援服务人数、各类报警系统平均反应时间三个典型指标，表征居民对滨海城市安全防控系统综合防灾能力的评价，并引入表征居民认知应急救援敏感性的人均避难场所面积和基本社会保险覆盖率两项指标来完善安全防控保障系统评估。

滨海城市历史灾害统计指标则是公众直接认知灾害影响与损失后果，自觉提升防灾自救能力的最有效评价内容，主要包括人员伤亡、直接经济损失对城市系统稳定运行的影响，可以用各类灾害人口伤亡率与灾害直接经济损失占 GDP 比重两个指标，表示历史灾害曾对居民造成的生命与财产损失影响。用生命线系统受损比率指标表征城市系统稳定运行的设施保障水平。

6.4.2　融入居民调查的核心指标再精炼

从滨海城市居民主动认知生活环境中的风险隐患，并能积极参与风险防范及综合防灾行动的角度出发，必须依据政府安全风险治理效能的优化手段，寻找表征居民安全感指数的风险评估方法。而要得到居民实际的空间治理诉求，则需要通过居民问卷调查进一步征求公众意见，将由理论推演得出的核心风险评估指标体系进行再精炼。

6.4.2.1　针对核心指标精炼的居民问卷调查

本书设计了滨海城市居民综合安全感调查问卷（附录 C），重点对前文所述高风险区域内的 9 个滨海城市居民发放问卷共计 450 份，其中 200 份为拦截访问，250 份借助“微信”等社交平台进行线上调查，最终收回有效样本量为 427 份，然后将问卷结果进行统计分析，分别对各项指标内容的居民认同度进行校核，最终形成能够表征 9 个滨海城市居民综合安全感指数的评价指标体系（表 6-22）。

表 6-22　滨海城市居民综合安全感指数评价指标体系

评价类型	评价指标
灾害孕育环境（A）	综合灾害风险等级（A1）
	重大危险源分布密度（A2）
	空气质量优良率（A3）
	人均绿地景观面积（A4）
安全防控保障（B）	基本社保覆盖率（B1）
	各类报警系统平均反应时间（B2）
	人均避难场所面积（B3）
	防灾系统建设支出占 GDP 比重（B4）
历史灾害统计（C）	各类灾害人员伤亡率（C1）
	灾害直接经济损失占 GDP 比重（C2）

6.4.2.2　居民安全感指标评判标准

为了确保上述评价指标体系适用于我国其他滨海城市，需要依据所有滨海城市灾害管理部门提供的面上居民安全风险数据资料以及相关专家咨询意见，进一步划定每项指标内容的评判标准。按照前文政府安全风险治理效能评判标准的划定方法，对有关居民综合安全感指数的指标逐个进行分级处理。

1）灾害孕育环境指标评判标准

A1 综合灾害风险等级，主要包含地震、台风、洪涝、海浪、海啸、海冰、滑坡、泥石流、火灾、爆炸 10 种，依据 2011 年《中国自然灾害风险地图集》对自然灾害的八级风险划定方法，参照相关的安全生产事故与公共安全风险的规范标准，对 10 种灾害进行自有分级综合评判标准的划定，Ⅰ级为最低风险 8～10 级；Ⅱ级为低风险 5～7 级；Ⅲ级为中风险 3～4 级；Ⅳ级为高风险 1～2 级。A2 单位面积重大危险源分布密度的指标评判标准与前文 6.3.2.1 致灾因子管理指标 A22 保持一致。A3 空气质量优良率指标评判标准参照前文 6.3.2.1 致灾因子管理指标 A31。A4 人均绿地景观面积指标可直接在各滨海城市统计年鉴或绿地系统规划中获得，其评判标准为已有分级。

2）安全防控保障指标评判标准

B1 基本社会保险覆盖率，与表 6-16 中 C16 保持一致，指标数值均可在各滨海城市统计年鉴及劳动社会保障局统计年报获得，属于已有分级评判标准。B2 各类报警系统平均反应时间，采取万人紧急服务人员数、市辖区面积和万人救援汽车保有量等指标进行测算，分别将 110、119、120 等报警服务平台从接警到抵达现场的平均时间表征为“（万人紧急服务人员数 × 市辖区面积）/ 万人救援汽车保有量”，依据调研数据测算并确定该指标连续型评判标准，＞ 150 为Ⅰ级；≤ 150 且＞ 100 为Ⅱ级；≤ 100 且＞ 50 为Ⅲ级；≤ 50 则为Ⅳ级。B3 人均避难场所面积，与表 6-16 中 C21 保持一致，该项指标数值可在各滨海城市统计年鉴或防灾减灾规划获得，属于已有分级评判标准。B4 防灾系统建设支出占 GDP 比重的指标评判标准与表 6-16 中 C31 保持一致。

3）历史灾害统计指标评判标准

C1 各类灾害人口伤亡率，分别统计各滨海城市近五年自然灾害、生产事故灾难、公共卫生事件、社会安全事件四个方面的受灾、受伤与死亡人口数量总和，然后除以常住人口数量得到综合灾害人口伤亡率指标。通过对比各滨海城市指标结果，确定其指标评判标准为，＜ 15% 为Ⅰ级；＜ 35% 且≥ 15% 为Ⅱ级；＜ 55% 且≥ 35% 为Ⅲ级；≥ 55% 则为Ⅳ级。C2 灾害直接经济损失占 GDP 比重，重点对自然灾害与事故灾难损失总和进行统计，其中自然灾害直接经济损失占 GDP 比重与表 6-16 中 D21 保持一致，该项指标数值可以在各滨海城市海洋自然灾害统计年报中获得，属于已有分级评判标准。事故灾难直接经济损失占 GDP 比重则参照表 6-16 D23，按照自有分级标准进行评判。最后将二者评判标准进行叠加得出综合评判标准，＜ 0.15% 为Ⅰ级；＜ 0.45% 且≥ 0.15% 为Ⅱ级；＜ 0.75% 且≥ 0.45% 为Ⅲ级；≥ 0.75% 则为Ⅳ级。

6.4.3 滨海城市居民综合安全感指数评定

依照上述评判标准，将有关我国滨海城市居民综合安全感指数 10 项评估指标（表 6-22）的计算结果逐个进行分级评判，并将评判数值分类量化为四个等级，其中Ⅰ级、Ⅱ级、Ⅲ级、Ⅳ级所占权重分别为 0.9、0.8、0.6、0.4，然后依照 $k = 0.9m_1 + 0.8m_2 + 0.6m_3 + 0.4m_4$（$m_1$、$m_2$、$m_3$、$m_4$ 分别为Ⅰ、Ⅱ、Ⅲ、Ⅳ级评判标准数量）进行加权求值。最后通过横向对比各个滨海城市的总得分，完成对我国滨海城市居民综合安全感指数的评价，以一级指数作为居民综合安全感最强的状态，对应其指标评判标准进行分级后，得出一级到四级指数的滨海城市分布情况。依据上述方法，结合居民问卷调查与调研的数据，分别对我国海洋灾害高风险区域所涉 6 个省份 32 个滨海城市的居民综合安全感评估指标进行测度。统计各级评判标准下的指标数量后，得出各滨海城市居民综合安全感指数评价等级分布表 6-23。

表 6–23 滨海城市居民综合安全感指数评价等级分布表

沿海省份 / 直辖市	滨海城市	指标评判标准分级				核心指标得分	指数等级
		Ⅰ级	Ⅱ级	Ⅲ级	Ⅳ级		
上海	上海	7	2	1	0	8.5	一级
天津	天津	5	3	2	0	8.1	二级
河北省	唐山	5	2	1	2	7.5	三级
	秦皇岛	4	2	3	1	7.4	三级
	沧州	3	5	0	2	7.5	三级
浙江省	杭州	7	2	1	0	8.5	一级
	宁波	6	3	1	0	8.4	一级
	温州	4	3	3	0	7.8	二级
	嘉兴	4	2	2	2	7.2	四级
	绍兴	5	3	0	2	7.7	二级
	舟山	3	4	2	1	7.5	三级
	台州	6	2	0	2	7.8	二级
福建省	福州	7	1	2	0	8.3	一级
	厦门	6	2	1	1	8	二级
	莆田	4	4	0	2	7.6	三级
	泉州	5	3	1	1	7.9	二级
	漳州	4	2	3	1	7.4	三级
	宁德	2	5	3	0	7.6	三级
广东省	广州	6	2	2	0	8.2	二级
	深圳	7	3	0	0	8.7	一级
	珠海	5	5	0	0	8.5	一级
	汕头	7	1	1	1	8.1	二级
	江门	3	5	2	0	7.9	二级
	湛江	5	4	1	0	8.3	一级
	茂名	3	4	1	2	7.3	四级
	惠州	6	1	3	0	8	二级
	汕尾	4	3	1	2	7.4	三级
	阳江	2	6	2	0	7.8	二级
	东莞	4	4	1	1	7.8	二级
	中山	6	4	0	0	8.6	一级

续表

沿海省份 / 直辖市	滨海城市	指标评判标准分级				核心指标得分	指数等级
		Ⅰ级	Ⅱ级	Ⅲ级	Ⅳ级		
广东省	潮州	3	5	1	1	7.7	二级
	揭阳	4	3	1	2	7.4	三级

依据 32 个滨海城市的评价数据，参照 6.3.3 小节针对政府安全风险综合治理效能评价指标结果确定的不同效能等级城市占比要求，相应划定我国滨海城市居民综合安全感指数的评判标准（表 6-24）。

表 6-24　滨海城市居民综合安全感指数的评判标准

指数等级	评判标准
一级	$k > 8.2$
二级	$8.2 \geqslant k > 7.6$
三级	$7.6 \geqslant k > 7.3$
四级	$k \leqslant 7.3$

6.5　链接多维度评估与多层级防灾的行动计划

在滨海城市多元治理主体的风险评估技术路线中，重点研究灾害属性、政府治理、公众参与三大核心维度的风险评估模型、指标体系及其评判标准。以此为核心内容组建的滨海城市“多维度”风险评估系统，既适用于对滨海城市事前、事中与事后的全过程实行动态风险评估与管控，又弥补了传统综合防灾规划缺乏理性风险数据支撑的短板，有利于破解防灾能力认知不清、设防标准彼此冲突、防灾资源配置无序等现状困境。

“多维度”风险评估系统在风险治理导向下的滨海城市综合防灾规划路径中起到了承上启下的作用：一方面详细论证了传统综合防灾规划方法的拓展性重构方案，为构建完整的防灾空间动态风险分析平台奠定了基础；另一方面为后文进一步探究滨海城市各个防灾空间层级的差异性，核定其风险管控措施与空间治理的重点内容，提供扎实的理性数据支撑。因此，“多维度”风险评估结果向“多层级”防灾空间的传导，必须通过滨海城市综合防灾行动计划进行“链接”（图 6-9），明确实行风险评估与管控的组织管理计划、具体评估方案、防灾空间规划与评估结果的对接方案，以及基于风险动态管控的常态化运行维护计划等。

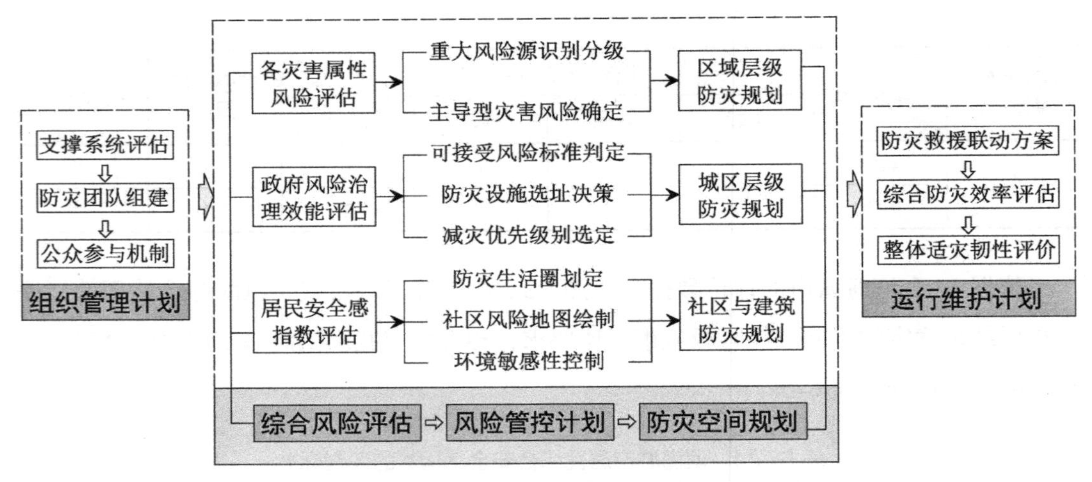

图 6-9 “多维度”风险评估下的滨海城市综合防灾行动计划

1）制定组织管理计划

该过程作为整个综合防灾行动计划的第一步，其目的是厘清实施综合防灾的范围与现状条件，明确相关组织机构、技术团队构成、公众参与机制等一系列前置性工作内容。支撑系统评估主要指由政府主导组建综合防灾规划技术团队，对支撑滨海城市系统安全稳定运行以及影响防灾减灾建设水平的各个风险要素进行评估。一方面衡量可用于综合防灾规划的资源数量，厘清有关风险治理的职能部门与机构，以及依照各维度指标统计相关的防灾减灾数据。据此客观评估滨海城市现状综合防灾能力，提出综合防灾规划范围，通过对现状灾害风险的认知、防灾规划困境的识别、防灾减灾资源的统计等多项支撑系统内容的评估，综合判定能否顺利实施综合防灾规划，以及能否开展全过程安全风险评估工作。另一方面，还要尊重多元主体参与空间治理的权利，在组织管理计划阶段提前制定引导公众积极参与综合防灾规划的方案。确立公众参与综合防灾规划的机制、明确宣传教育居民实施风险自救的方向，使居民在充分了解自身生活圈内风险环境的同时，保证综合防灾规划决策更贴近实际诉求。另外还要在组织管理计划中明确综合防灾规划的法律地位与效用，明确其与城乡规划法以及国土空间规划的关系，为规划成果的有效实施与更新提供保障。

2）综合风险评估与防灾空间规划

该过程是滨海城市综合防灾行动计划的核心组成部分。首先依照前文所述的各维度风险评估方法，逐个测度每项指标的数值并按评判标准进行分级。然后依据不同滨海城市的风险评估结果，分析筛选出弱项指标后，对照现状空间治理工作找出不足之处，并据此制定风险管控计划，得出不同维度风险评估下的空间治理重点内容及其核心风险防控措施。最后将相关风险管控的内容落实到滨海城市各层级防灾空间的规划成果中。具体而言，依据滨海城市各灾害属性的风险评估结果进行重大危险源的识别与分级，并确定主导型灾害风险构成；通过对政府风险治理效能的评估判定滨海城市的实际可接受风险标准，明确防灾设施选址决策方法，并对不同灾害情景下的减灾措施优先级别进行选定；按照居民安全感指数评估结果划定居民防灾生活圈，绘制社区风险地图，并提出高敏感性建筑内外部环境的风险控制方案。

3）基于风险动态管控的常态化运行维护计划

该过程是滨海城市综合防灾行动计划的实施与更新部分。探讨由滨海城市政府牵头组建安全城市风险治理委员会的方案，以自然资源与规划部门、应急管理部门为综合防灾行动指挥主体，通过整合各专项防灾减灾管理部门的职能建立常态化防灾救灾机制，监控主导型致灾因子与空间承灾体间的动态关系，制定多风险动态管控应急预案和多部门联动救灾应急方案，定期对综合防灾规划的实施效率进行评估，及时优化调整防灾空间与设施布局，进而提高滨海城市的综合防灾效率与整体韧性水平。

6.6　本章小结

本章主要寻找适用于滨海城市综合防灾规划中多元主体的“多维度”风险评估系统组建方法。对其安全风险评估体系框架的具体内容进行了详细研究，既论证了风险评估技术路线，又分别组建了针对自然灾害、生产事故灾难等灾害属性维度的风险评估系统，针对政府风险治理维度的综合治理效能评价系统，针对公众参与维度的居民综合安全感评价系统。制定了“多维度”风险评估导向下的综合防灾行动计划，实现了将灾前致灾因子危险性评估、灾时承灾体脆弱性评估、灾后救治与损失评估等风险评估内容与综合防灾空间规划相融合的目标。

（1）风险评估技术路线包含评估指标细化、评估执行与分析、风险动态管控三个阶段。灾害属性维度中物质型灾害的前四项风险评估体系用于防灾空间的韧性评价，组织管理危机则需联合影响维度相关指标共同用于政府风险治理效能评价。依据评估执行与分析精准定位防灾目标，通过制定动态风险管控方案，促进风险治理技术与防灾空间体系的融合。

（2）滨海城市各灾害属性维度安全风险评估指标体系均为三级，用于确定主导型灾害风险、识别重大危险源。自然灾害与生产事故灾难风险评估同等重要，二者均有表征灾害损失后果的指标，差异在于前者侧重致灾因子、城市空间脆弱性与综合防灾能力评估，后者则由生产管理水平、危险源等级、防灾投入与科技构成。公共卫生与社会安全事件风险评估指标都是对人为故意型致灾因子的测度，前者有助于核定环保环卫与应急医疗设施规模，后者可为城区社会防灾空间分区以及社区防灾生活圈划定提供依据。

（3）滨海城市政府安全风险综合治理效能评价指标体系为三级，包含致灾因子、承灾能力、防控治理、后果状态共 47 项指标；居民综合安全感指数评价指标体系为一级，涵盖灾害孕育环境、安全防控保障、历史灾害影响共 10 项指标。兼具一级治理效能与安全感指数的滨海城市为上海、宁波、福州、深圳、中山；天津、厦门、广州拥有一级治理效能，杭州、珠海、湛江具有一级安全指数。

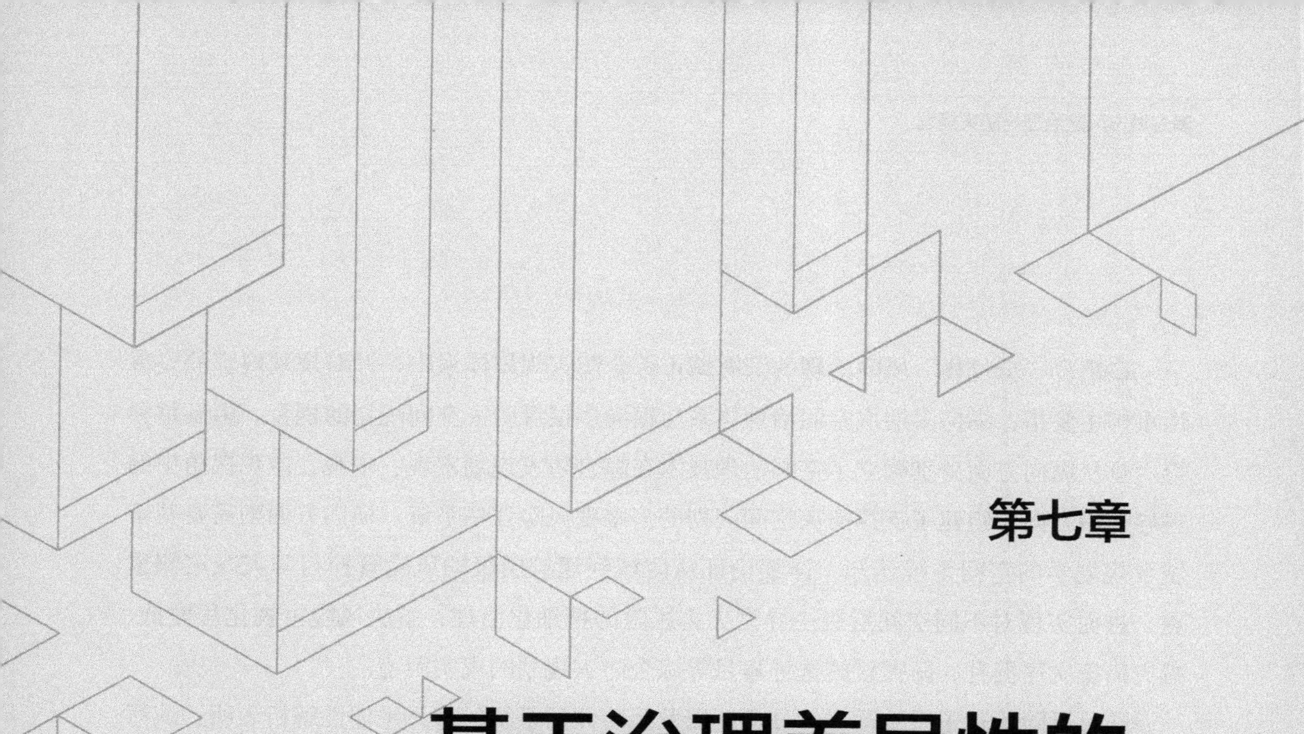

第七章

基于治理差异性的“多层级”防灾空间规划

在耦合“全过程”风险治理的滨海城市综合防灾规划体系中，针对规划内容的完善性重构主要指：纵向多层次空间治理体系与横向多层级防灾空间规划的耦合。第五章和第六章从纵向方面分别确立了空间治理技术在综合防灾规划宏观、中观、微观视角中的主导运用方向，组建了支撑防灾空间规划的多维度风险评估系统。横向方面则需要基于城乡规划学的空间系统认知，详细论证从区域到建筑层级的风险管控与防灾减灾侧重点，进而实现对不同空间层级主导型灾害风险的精细化治理，解决风险可视化程度低、减灾措施次序混乱、防灾设施选址盲目等综合防灾规划的现实困境。

通过风险治理子系统动力学分析，以及风险评估系统的多元主体性解析表明：滨海城市兼具灾害风险的客观存在性与防灾减灾资源的有限性。因此，在风险治理导向下的滨海城市综合防灾规划路径中，必须实行差异性的风险治理思路，即改变防灾设施均等化配置与减灾措施趋同化集合的规划方式，针对不同空间层级主导型灾害风险及其灾害链网络结构的差异性，制定防灾空间规划的核心风险管控措施，最大限度地发挥防灾基建与管理投入的效用，提高综合防灾规划效率。

7.1 区域风险源监控及整体韧性治理

区域层级防灾规划侧重于评估滨海城市所处的宏观安全风险环境，依据各灾害属性维度的风险评估结果划分空间治理等级并进行综合风险区划，确定实施综合防灾规划的空间范围及其主导型灾害风险。在风险治理技术运用上，主要通过风险源评估与分级方法对区域内的重大风险源进行识别与监控，集成生态安全格局与用地防灾适宜性评估方法进行区域国土空间韧性治理。在防灾空间规划布局上，为规避或应对区域重大风险源的致灾影响，必须设计各组团间的生命线系统工程互联方案。

7.1.1 区域风险分级之“一表一系统”区划

我国滨海城市集聚了大量的化工园区，有关石油、天然气、有毒物质等一系列危险化学品的存储、运输与生产空间都应该视为事故灾难的重大风险源。另外从近年来滨海城市突发事故灾难的统计数据看，交通事故多发地以及环境污染高发区也属于重大风险源[97]。本节将这些危害性大且风险发生率高的重大灾害源点及其影响范围作为重点识别与监控对象，在各滨海城市防灾减灾与风险治理相关数据资料的基础上开展重大风险源调查，形成“一表一系统”的风险区划方案。

7.1.1.1　重大风险源识别与评估下的风险分级

鉴于自然致灾因子复杂多样且具有很强的不确定性，只能根据自然环境观测数据实时进行风险预报，被动降低自然灾害损失影响而无法阻止其风险源的发生。因此，对重大风险源的识别与分级主要指以人为致灾因子为主的事故灾难风险源或“人为—自然”复合灾害风险源。从海洋环境监测部门以及安全生产监督管理部门获得重点化工危险品企业清单，从治安管理部门获得交通事故发生次数与地点，从环境保护部门获得存在重金属等污染物排放的单位数据，逐个识别其重大风险源数量、风险空间属性、内外部孕灾环境、风险治理条件等基本信息。

对区域层级重大风险源进行综合风险分级，依照生产事故灾害属性与政府治理维度的指标体系进行风险评估，得出每个重大风险源的事故灾难最大发生概率、损失程度和影响空间范围，进而评定单一风险源风险等级。将区域空间所有重大风险源风险等级进行加权叠加得到整体风险等级，导入 GIS 进行空间插值处理后得出多风险源分级评定图[98]。本书在对区域层级重大风险源的识别与分级研究中，忽略灾害链式效应与群发放大效应等不确定性影响因素，仅考虑多种重大风险源的直接叠加效果，其中加权系数通过统计公众参与维度下居民安全感指标体系的居民问卷数据进行拟定，然后再经过专家打分最终确定。具体实施方法如下。

（1）通过属性与治理维度风险评估结果确定研究区域范围内各重大风险源的单一风险等级，依据不同的风险属性划分这些重大风险源的类别，并对其不同风险等级下的灾害影响范围进行空间插值。将各类重大风险源的风险等级权重进行叠加后，计算得出综合风险等级评定结果，用于对各类重大风险源共同作用下所形成的综合风险发生概率与损失影响的可视化表达[99]。比如在南京市综合防灾规划中，将中心城区所在区域范围内的所有重大风险源划分为重化工企业、危险品存储区、重污染单位、交通事故点、高危设施走廊 5 类，依据其风险影响半径划分为三个等级，逐级计算风险值并确定各类重大风险源的权重值（表 7-1），进行叠加计算与空间插值后得到多风险源分级评定图[100]。

表 7-1　重大风险源的影响范围与风险权重评定

评定变量	重化工企业	危险品存储区	重污染单位	交通事故点	高危设施走廊
影响半径（km）	Ⅰ（0，1］ Ⅱ（1，3］ Ⅲ（3，5］	Ⅰ（0，0.5］ Ⅱ（0.5，1.5］ Ⅲ（1.5，3］	Ⅰ（0，0.2］ Ⅱ（0.2，0.5］ Ⅲ（0.5，1］	Ⅰ（0，0.1］	Ⅰ（0，0.2］
分级风险值	0.5 0.3 0.2	0.5 0.3 0.2	0.5 0.3 0.2	1	1
加权系数	0.27	0.2	0.2	0.18	0.15

资料来源：依据《危险化学品重大危险源辨识》GB 18218—2018 绘制。

（2）对重大风险源研究范围内的滨海城市空间承灾体进行敏感性评估，主要包括生态敏感区与人口建筑密集区两类空间，其中对生态敏感区的风险损害通过单因子临近敏感度计算①，主要测度生态涵养区和水源保护区等生态系统服务斑块。对人口建筑密集区的风险损害通过人口与建筑空间密集程度进行表征。

（3）将滨海城市生态敏感区与人口建筑密集区的复合敏感性评估结果导入多源分级评定图中，通过矩阵判别法设定综合风险等级评判矩阵，计算该区域所有空间单元内重大风险源的综合风险影响值，并生成综合风险分区图。将其与建设用地规划图进行对比分析，可以进一步识别该区域重大安全风险隐患地块，明确需要重点实行风险监控的单位以及加强防灾空间治理的街区。以南京市②为例，在多风险源分级评定图的基础上将多源风险与空间敏感性都划分为四级，二者复合形成综合风险等级评判矩阵表 7-2，依照高、较高、中、低风险评判标准对多风险源分级评定图进行修正处理得到综合风险分区，将四类风险分区空间范围与城市总体规划土地利用规划图叠加，找出重大风险源空间影响范围与城市建设用地间的冲突斑块，以此为基础制定防灾减灾策略。

表 7-2　综合风险等级评判矩阵

多源风险等级	城市空间敏感性等级			
	Ⅰ（0.46~1）	Ⅱ（0.16~0.46）	Ⅲ（0.07~0.16）	Ⅳ（0~0.07）
一级	高风险	高风险	较高风险	中风险
二级	高风险	高风险	较高风险	中风险
三级	较高风险	较高风险	中风险	低风险
四级	中风险	中风险	低风险	低风险

① 临近敏感度计算公式：$Z=100/e^{d}$ 式中，d 为象元与敏感区的最近距离；Z 即临近敏感度，为评价范围内各象元点对敏感对象的敏感度，随着距离的增加，临近敏感度呈指数递减。

② 南京为非滨海城市，此处旨在介绍一种通用的风险源识别与评估方法。

7.1.1.2　重大风险源“一表一系统”的风险区划

伴随滨海城市城乡一体化程度不断加深，原本沿海化工危险品生产存储区以及填海生态敏感区都出现了不同程度的人口与建筑聚集现象，高密度建成区的持续拓展造成重大风险源空间分布逐步向区域层级蔓延。因此传统综合防灾规划和应急管理工作不仅要关注中心城区的安全，更要建立覆盖全域的重大风险源监控、预警与管控体系，实现城乡防灾空间与风险治理的统一。本书倡导在区域层面建立完整的重大风险源监控系统，实施监控的主体为各滨海城市自然资源部门，监控对象是依据前文重大风险源识别分级确定的高风险街区与重点监控单位，实施具体监控的技术路径如图 7-1 所示。

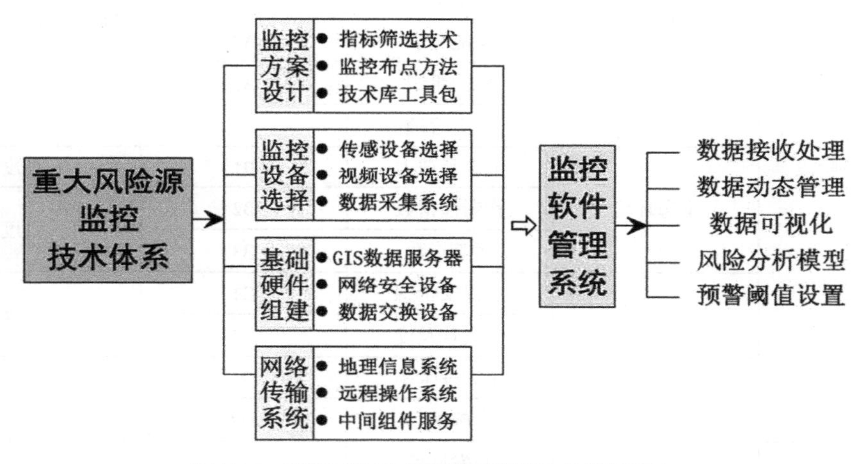

图 7-1　滨海城市重大风险源监控技术路径设计

有关重大风险源的监控系统虽然可以提供多元化的实时风险数据信息，但庞大的监控数据库无法直接运用到滨海城市区域层面的空间治理工作中，需要从防灾空间风险控制的有效性以及应急救援管理的可操作性角度对其进行鉴别和遴选，具体到滨海城市综合防灾规划成果中可通过“一表一系统”的设计实现对区域层面重大风险源的风险管控与空间治理。“一表”主要指建立滨海城市重大风险源的监控表（表 7-3），对安全风险隐患区域实施风险因子全过程监控，将表征其项目建设空间属性、灾害损失影响，以及自然与社会文化风险环境属性的监控数据进行分类，重点监控规划决策、开发建设及日常运行三个阶段。在四大类风险因子基础上细分小类风险并编号，进而提出各类风险监控频率，以发挥区域层面风险治理的行动时效。“一系统”主要指依据重大风险源监控数据建立可视化动态风险管理系统。一方面将风险监控表单数据导入数据查询统计模块（图 7-2），在综合防灾规划编制与实施中及时评估建设项目对风险源的影响以及规划决策的可行性。另一方面实现重要风险治理要素空间可视化，依照《城市综合防灾规划标准》GB/T 51327—2018 设定的可容许个人与社会风险基准，模拟重大风险源外部安全防护距离（图 7-3），以此核定生命线系统工程的安全设计路径，安排防灾避难场所的位置，合理分配和利用有限的防灾减灾资源。

表 7-3　滨海城市重大风险源的监控表

监控阶段	风险类型			监控频率
	大类	小类	编号	
规划决策阶段	项目建设	开发强度	A1	与规划方案调整同步
		防灾能力	A2	
		技术支撑	A3	
		功能布局	A4	
		机构组织	A5	
		资金管理	A6	
	生态环境	生态承载力	B1	季度
		脆弱性指数	B2	月度
		污染指数	B3	
	社会文化	居民安全感	C1	季度
		防灾普及度	C2	
	自然灾害	单灾发生率	D1	与规划方案调整同步
		设施配套	D2	
开发建设阶段	项目建设	开发进度	A7	月度
		工程施工	A8	
	生态环境	土地整理	B4	实时
		污染控制	B5	
	社会文化	文脉延续	C3	年度
		居民满意度	C4	
	自然灾害	空间韧性	D3	季度
		次生灾害	D4	
日常运行阶段	项目建设	安全生产	A9	实时
		应急队伍	A10	季度
	生态环境	环保执法	B6	月度
		生态斑块维护	B7	季度
	社会文化	防灾培训	C5	年度
	自然灾害	灾害预警	D5	实时
		救灾物资储备	D6	季度

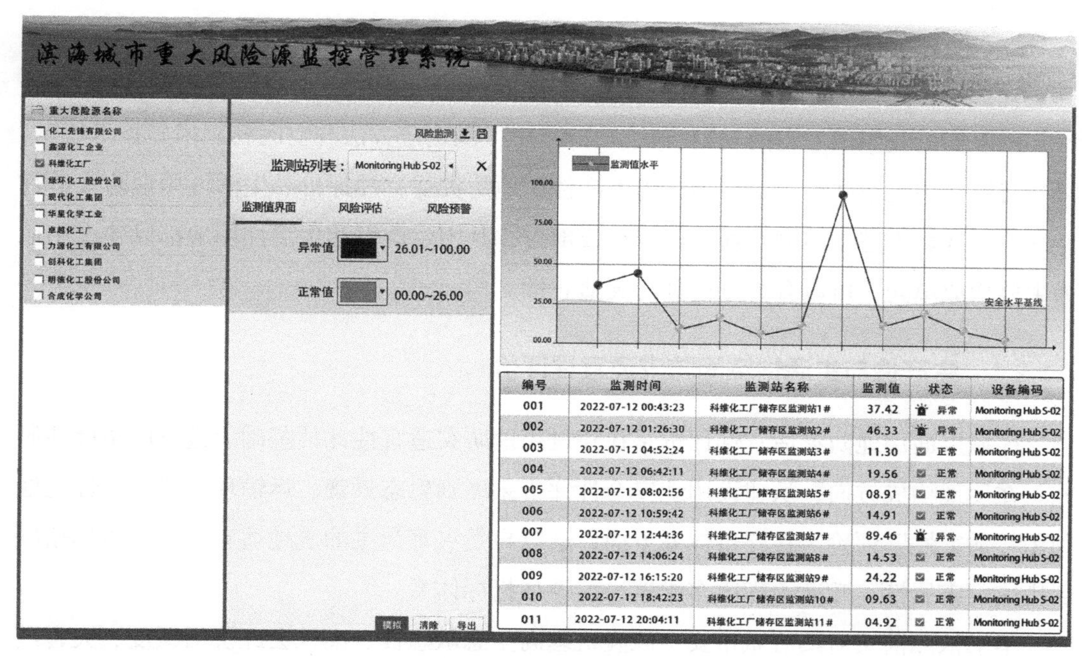

图 7-2　重大风险源监控数据查询统计模块设计

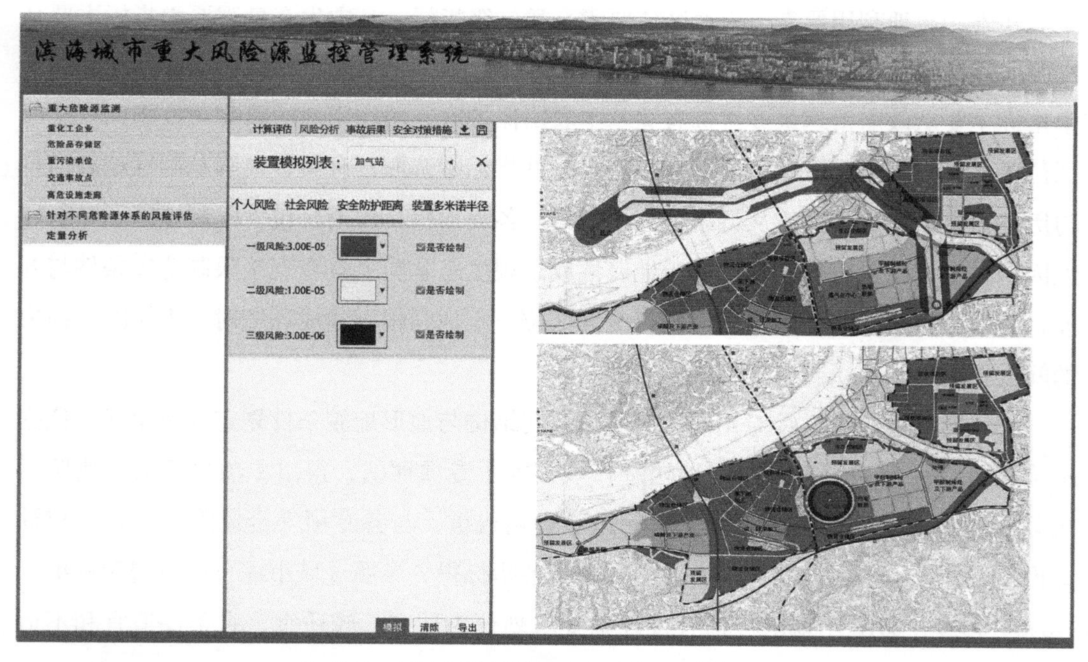

图 7-3　重大风险源外部安全防护距离模拟设计

7.1.2 衔接国土空间规划的韧性治理

按照当前我国国土空间规划有关“三区三线”的划定方法与空间管制措施技术规定，将滨海城市国土空间韧性治理划分为生产性用地防灾适宜性评价、生活性用地防灾适宜性评价、区域生态空间韧性评价三个组成部分，其中生产性和生活性用地都以建设用地为主要构成单元，可以合并分析其防灾适宜性。

7.1.2.1 生产性与生活性空间防灾适宜性评价

区域层面用地防灾适宜性评价是在建设用地防灾适宜性评估基础上进行的拓展性研究。在用地构成方面，从建设用地安全性评价拓展到生态景观、运输环境等综合性土地利用“适灾性”评价。在评价体系方面，从以自然灾害为主的土地适宜性评价指标拓展到集成灾害属性、政府治理等多维度风险评估指标体系。

本书依照前文对滨海城市安全风险机理高生态敏感性、高社会经济活跃度、灾害链网络结构演变等特征的认知，将其区域层面用地防灾适宜性评价的指标体系划分为生态景观要素、土地利用要素、交通区位要素三类一级指标，其中生态景观要素指标主要从灾害属性维度抽取用于表征湿地、河流、绿地等生态因子风险敏感性指标；土地利用要素指标主要从政府治理维度挑选有关基本农田保护区、居住用地的风险防控指标；交通区位要素指标则从灾害属性维度社会安全事件指标中选取；有关各要素基础性地理信息与历史灾害损失数据直接从调研资料中获得。各类指标具体内容包含限制性因子和引导性因子两个方面，前者主要指从土地属性或景观生态基质上具有直接限制防灾条件与开发强度的保护区或缓冲区；后者则指交通区位、土地利用等建成环境对灾害风险与损失的间接影响范围。

具体实施方法为：针对不同滨海城市空间结构与地形地貌条件划定评价单元，依据多维度风险评估系统对各单元地块进行致灾因子专项评估，得出专项风险值；按照层次分析法确定研究区域所有评价单元风险影响权重，与各专项安全风险值进行加权计算得出整体风险值，即防灾适宜性得分；将各指标得分参照《城市综合防灾规划标准》GB/T 51327—2018 用地防灾适宜性评估要求划分为适宜、较适宜、有条件适宜和不适宜四类。表 7-4 和表 7-5 为依据该方法分别对天津市域范围内生活空间、生产空间进行防灾适宜性评价，有助于在综合防灾空间规划中摸清区域范围内地形、地貌等适宜性特征以及潜在灾害风险影响因素，找出风险管控薄弱点，为划定用地防灾红线、灾害设防标准等提供依据。

表 7-4　天津市域生活性空间防灾适宜性评价表

影响因子类别		一级指标	二级指标	防灾适宜性	综合得分
限制性因子	生态景观要素	生态涵养区	涵养区	不适宜	1
			涵养区外部	适宜	4
		湿地与海岸保护区	保护区及其 0.5km 缓冲区	不适宜	1
			0.5km ＜缓冲区≤ 1km	不适宜	1
			1km ＜缓冲区≤ 2km	有条件	2
			2km ＜缓冲区≤ 3km	较适宜	3
			3km ＜缓冲区≤ 5km	适宜	4
			5km 以上缓冲区	适宜	4
		河流水系保护区	主要河流水面	不适宜	1
			0.5km 缓冲区	不适宜	1
			0.5km ＜缓冲区≤ 1km	有条件	2
			1km ＜缓冲区≤ 2km	较适宜	3
			2km ＜缓冲区≤ 3km	较适宜	3
			3km ＜缓冲区≤ 5km	适宜	4
			5km 以上缓冲区	适宜	4
		城市绿地景观带	绿地景观带	不适宜	1
			绿地景观带外部	适宜	4
	土地利用要素	基本农田保护区	保护区内部	不适宜	1
			保护区外部	适宜	4
		居住用地集群	现状集群及 0.5km 缓冲区	不适宜	1
			0.5km ＜缓冲区≤ 1km	不适宜	1
			1km ＜缓冲区≤ 2km	有条件	2
			2km ＜缓冲区≤ 3km	较适宜	3
			3km ＜缓冲区≤ 5km	适宜	4
			5km 以上缓冲区	适宜	4
引导性因子	交通区位要素	海港	海港及其 2km 缓冲区	适宜	4
			2km ＜缓冲区≤ 4km	适宜	4
			4km ＜缓冲区≤ 6km	较适宜	3
			6km 以上缓冲区	不适宜	1
		空港	空港及其 2km 缓冲区	较适宜	3
			2km ＜缓冲区≤ 4km	适宜	4
			4km ＜缓冲区≤ 6km	适宜	4
			6km 以上缓冲区	不适宜	1
		高速公路出入口	出入口 1km 缓冲区	适宜	4
			1km ＜缓冲区≤ 2km	适宜	4
			2km ＜缓冲区≤ 3km	适宜	4
			3km ＜缓冲区≤ 5km	较适宜	3
			5km 以上缓冲区	不适宜	1
		铁路场站	铁路场站 1km 缓冲区	适宜	4
			1km ＜缓冲区≤ 2km	适宜	4
			2km ＜缓冲区≤ 3km	适宜	4
			3km ＜缓冲区≤ 5km	较适宜	3
			5km 以上缓冲区	不适宜	1
	土地利用要素	产业集聚区	集聚区 3km 缓冲区	较适宜	3
			3km ＜缓冲区≤ 5km	适宜	4
			5km ＜缓冲区≤ 6km	适宜	4
			6km ＜缓冲区≤ 7km	较适宜	3
			7km ＜缓冲区≤ 8km	有条件	2
			8km 以上缓冲区	不适宜	1

表 7-5　天津市域生产性空间防灾适宜性评价表

影响因子类别		一级指标	二级指标	防灾适宜性	综合得分
限制性因子	生态景观要素	生态涵养区	涵养区	不适宜	1
			涵养区外部	适宜	4
		湿地与海岸保护区	保护区及其 0.5km 缓冲区	较适宜	3
			0.5km ＜缓冲区≤ 1km	适宜	4
			1km ＜缓冲区≤ 2km	适宜	4
			2km ＜缓冲区≤ 3km	较适宜	3
			3km ＜缓冲区≤ 5km	有条件	2
			5km 以上缓冲区	不适宜	1
		河流水系保护区	主要河流水面	不适宜	1
			0.5km 缓冲区	不适宜	1
			0.5km ＜缓冲区≤ 1km	有条件	2
			1km ＜缓冲区≤ 2km	较适宜	3
			2km ＜缓冲区≤ 3km	适宜	4
			3km ＜缓冲区≤ 5km	较适宜	3
			5km 以上缓冲区	不适宜	1
		城市绿地景观带	绿地景观带	不适宜	1
			绿地景观带外部	适宜	4
	土地利用要素	基本农田保护区	保护区内部	不适宜	1
			保护区外部	适宜	4
		产业集聚区	集聚区 3km 缓冲区	不适宜	1
			3km ＜缓冲区≤ 5km	有条件	2
			5km ＜缓冲区≤ 6km	较适宜	3
			6km ＜缓冲区≤ 7km	适宜	4
			7km ＜缓冲区≤ 8km	有条件	2
			8km 以上缓冲区	不适宜	1
引导性因子	交通区位要素	轻轨站点	站点及其 0.5km 缓冲区	适宜	4
			0.5km ＜缓冲区≤ 1km	适宜	4
			1km ＜缓冲区≤ 2km	较适宜	2
			2km 以上缓冲区	不适宜	1
		高铁站点	站点及其 5km 缓冲区	适宜	4
			5km ＜缓冲区≤ 8km	较适宜	3
			8km ＜缓冲区≤ 10km	有条件	2
			10km 以上缓冲区	不适宜	1
	土地利用要素	居住用地集群	现状集群及 0.5km 缓冲区	适宜	4
			0.5km ＜缓冲区≤ 1km	适宜	4
			1km ＜缓冲区≤ 2km	较适宜	3
			2km ＜缓冲区≤ 3km	有条件	2
			3km ＜缓冲区≤ 5km	不适宜	1
			5km 以上缓冲区	不适宜	1
		旅游景区	景区外 3km 缓冲区	适宜	4
			3km ＜缓冲区≤ 5km	适宜	4
			5km ＜缓冲区≤ 6km	较适宜	3
			6km ＜缓冲区≤ 7km	有条件	2
			7km ＜缓冲区≤ 8km	不适宜	1
			8km 以上缓冲区	不适宜	1

7.1.2.2 生态空间的韧性“源—流—汇”评价

本书借助景观生态学基本理论和分析工具，遵循城市病“源头治理”与韧性发展相融合的目标诉求，将滨海城市区域生态空间安全格局韧性评价纳入政府安全风险治理效能中，通过整合承灾能力与风险防控治理的评估指标体系，提出基于“源—流—汇”的区域生态空间韧性评价方法。其中，韧性“源”即区域生态安全格局中能够提供生态韧性服务的斑块，如植被缓冲、生境维持和水土保持等[101]；韧性“汇”即影响区域生态韧性恢复的阻力面，如建成区规模、人口密度等；而韧性“流”则指连通“源”与“汇”的安全空间载体，如生态廊道、城市形态等[102, 103]。通过该评价方法为滨海城市综合防灾规划制定生态空间韧性优化措施提供理性支撑，确保区域层面在面对不确定性扰动时具备回应压力或风险条件的弹性和恢复力，从而实现生态安全治理由“问题解决”向“源头治理”的方向蜕变。相关指数计算方法与评价策略如下，有关该指数评价方法在综合防灾空间规划中的具体应用将在第八章详细解读。

1）韧性源识别与指数计算

生态基础设施（*EI*）中确定的植被覆盖区、水源保护区、土壤保持区及湿地因严格限制城市建设行为且具有生态缓冲作用，可被作为维持城市生态涵养和弹性力的韧性源进行识别[104]。数据的选取以 TM/ETM＋影像数据提取为基础，其中植被覆盖和湿地一起使用 InVEST 模型中生物多样性模块进行缓冲区测算，以两者叠加斑块大小表征生态韧性中生境维持水平的高低[105]；水源保护通过提取区域内主要河流、坑塘等水系，以两侧各 1km 范围作为缓冲区进行设定；土壤保持则借助通用的土壤流失方程，以潜在土壤侵蚀量与实际量的差值计算土壤保持量[106]，然后将上述数据进行叠加得到保障城市生态韧性最低水平时的韧性源面积。最后结合各年份的韧性源面积与同年份已开发的建设用地面积得到韧性源指数，如公式（7-1）所示：

$$T_s = R_s / R_d \tag{7-1}$$

式中：T_s 为韧性源指数；R_s 为 *EI* 条件下最低韧性源面积，表征城市生态安全稳态所需最低生态源地面积，帮助摸清城市生态弹性力所需自然资源底数；R_d 为已开发建设用地面积，是阻碍生态源地影响范围及其弹性恢复力的主要因素。

2）韧性汇识别与相关指数计算

韧性汇用以表征区域建成环境对韧性源的弹性作用，先通过不透水面积及地表温度反演实现对基本韧性汇面的识别，然后再对相关指数进行测算。一方面包含建设用地规模与生态支撑容量间的适应，即生态韧性阻力面测算，如公式（7-2）[107]，指标的选取旨在反映客观物质关系层面建成环境对生态源地功能延展的影响，其测度值代表修复生态支撑容量所面临的阻力；另一方面指居民生态足迹需求和生态系统承载力间的适应，即生态韧性承载面测算，如公式（7-3）[108]，该指标用于表征人与生态关系层面居民生态足迹需求变化对韧性源地规模调控的影响，其测度值表示恢复生态弹性所应有的承载力。再根据滨海城市各年度的统计年鉴，将各类物质能源消费品数据转化成生产性用地面积，代入公式（7-2）和（7-3）分别计算各区的生态韧性阻力面和承载面，通过增加社会经济层面的要素指标来修正并完善两类生态韧性汇面的测算精度，最后利用公式（7-4）得出区域韧性汇指数。

$$E_c = N \times e_c \quad 其中，e_c = \sum_{i=1}^{n} A_i r_i y_i，\ r_i = d_i / D\ (i = 1, 2, 3, \cdots n) \tag{7-2}$$

$$E_f = N \times e_f \quad 其中，e_f = \sum_{g=1}^{n} r_g C_g / P_g\ (g = 1, 2, 3, \cdots n) \tag{7-3}$$

$$T_d = E_c (1 - 12\%) / E_f \tag{7-4}$$

式中：E_c 为总生态韧性阻力面，N 为城市总人口，e_c 为人均韧性阻力面，i 表示用地类型，A_i 为第 i 类土地上的人均生产面积，y_i 为第 i 类土地的平均生产力，r_i 为均衡因子，d_i 为全球第 i 类生物生产面积的年平均生产力，D 为全球所有各类生物生产面积类型的年平均生产力；E_f 为总生态韧性承载面，e_f 为人均韧性承载面，g 表示消费品类别，C_g 为第 g 种消费品的人均年消费量，P_g 为第 g 种消费品对应的生产性土地的年平均生产力，r_g 为均衡因子，T_d 为城市韧性汇指数，12% 指世界环境与发展委员会报告中为保护生物多样性所划定的最低生态容量比重。

3）韧性流提取与指数计算

韧性流作为生态基础设施和区域建成环境的连通载体，其指数既要能表达区域内部空间形态的韧性特征，又能度量生态安全格局的稳定性。因此，需参照景观生态学中最小累计阻力模型的研究方法进行韧性流提取[109]。首先将区域的地表 TM/ETM + 影像进行栅格化，确保前文所识别的所有韧性源和韧性汇都由大小相同的栅格组成；然后依照公式（7-5）计算栅格数量为 m 的某韧性源斑块中，每个栅格到最近韧性汇斑块栅格的最小平均距离，最后提取韧性流形态并得出其韧性指数。韧性流提取旨在对区域内部空间形态的韧性特征进行可视化研究，通过其指数测度摸清建成区形态对整体生态安全格局稳态的影响程度，为论证更符合生态韧性需求的空间形态提供依据。

$$T_k = L / L_d，其中，L_d = \sum_{i=1}^{m} \min(d_{ij}) / m \times R_i\ (i = 1, 2, 3, \cdots m;\ j = 1, 2, 3, \cdots n) \tag{7-5}$$

式中：T_k 为区域韧性流指数；L_d 为韧性流的最小平均弹性指数；d_{ij} 为韧性源栅格 i 到韧性汇栅格 j 的距离；m 和 n 分别代表韧性源与韧性汇斑块的栅格数量；R_i 为韧性源 i 对最近韧性汇的弹性系数；L 为各滨海城市的年平均韧性流值，可作为指数计算的基准参数。

7.1.3　生命线系统工程的互联共享

从综合防灾规划角度看，区域层面生命线系统中各单项基础设施工程应彼此相互关联形成紧凑的生命线网络，避免风险治理危机“级联效应”① 出现。然而目前综合防灾生命线系统工程规划大多是各单项市政管线运营与维护措施集合，区域层面互联设计很少。依照前文综合防灾规划困境研究可知，由于生命线系统工程建设资金直接划拨到相关行政管理部门，导致各部门依照自身行业标准编制的给水排水和电力等多种规划间存在“多规对立”与设防标准冲突的问题，综合防灾效率降低。因此，本书在防灾资金投入受约束的情境下，寻找区域层面生命线系统优化与互联的顶层设计方法，设计内容包含工程性与非工程性互联两种方式。

工程性互联设计是分析生命线系统中各单项子系统关系，找出物质型灾害风险节点，提出某子系统线路因灾受损后，其他子系统应急替代或辅助性支撑的互联方案。比如当滨海城市电力系统因强台风而停滞运行时，能源子系统可以通过机械发电，保障修复电力子系统受损节点用电需求[110]。实施策略为：① 在滨海城市生命线系统中，抽取各工程节点间的物理性关联，确定不同节点风险值，并按照数值大小划分普通性节点和关键性节点。② 将整个滨海城市生命线系统划分为电力、交通、通信、给水和应急管理五个子系统，每个子系统层抽象为若干个普通节点与关键节点，评判各系统层指标结果，结合不同节点灾害链式效应风险值判断同层级节点与不同层级节点间的关联性。③ 组建综合风险影响矩阵，用 0 和 1 赋值表征各节点关联性，若两节点不存在关联或关联度较低则标记为 0，相反则标记为 1，并由此形成区域生命线系统的工程性“节点—关系”图（图 7-4），而各节点自身服务能力水平也以［0，1］为标准化量纲，1 表示达到自身最优理论服务能力，0 则表示该节点不具备服务能力，没有必要建设[111]。

① 级联效应：也可称为级联反应，主要指在一系列连续事件中，前面一种事件能激发后面一种事件的反应，并且单个事件能够影响系统整体运营，并且催生出更多意外事件发生的效应。

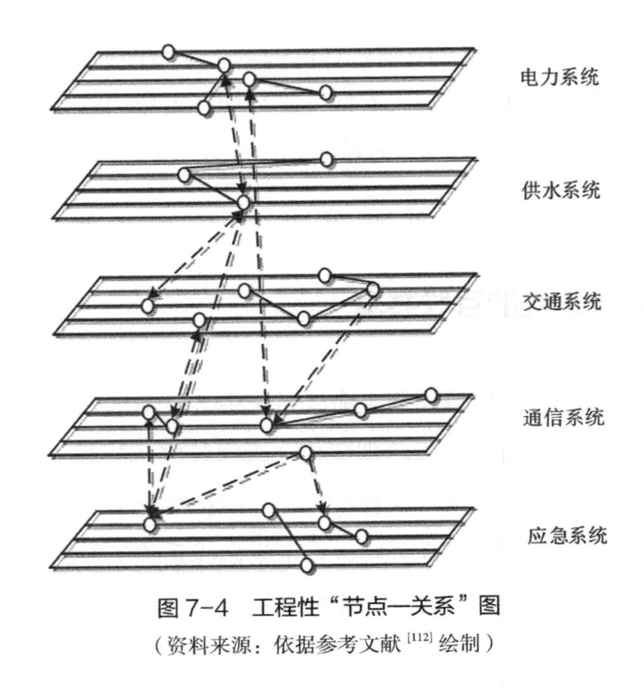

图 7-4 工程性“节点—关系”图

（资料来源：依据参考文献[112]绘制）

非工程性互联设计主要指相邻滨海城市间互补共享生命线系统应急救援与防灾减灾资源。其设计策略为：① 确定实行生命线系统互联的沿海区域，在各滨海城市风险评估过程中，抽取生命线系统的防灾减灾数据与风险值，摸清各子系统规模与存量需求。② 从风险管控有效性的角度找出优势与不足，并辨别其所属设施节点为一般性节点还是关键性节点，一般性节点依据滨海城市自身应急管理能力评估其服务水平并找出优化措施，关键性节点则在加大资金投入的同时，借鉴相邻滨海城市优势，及时提出补救措施。③ 将区域内各滨海城市生命线系统工程评价指标进行对比，提出优势共享或劣势互补方案，实现多城市生命线系统工程互联互通[112]。比如，汕头、揭阳与潮州作为广东省东部沿海区域核心滨海城市，空间上相互毗邻且经济社会联系紧密，具有实行区域生命线系统互联设计的物质条件。依据各滨海城市防灾减灾调研资料对其电力、通信、供水、能源子系统物资设备与应急防灾能力进行对比分析（表 7-6），通过各节点风险评估与指标评判得出区域生命线系统非工程性互联“节点—关系”图（图 7-5），为综合防灾规划调配应急救援资源、优化防灾设施布局、确立区域减灾措施提供依据。

表 7-6 “三市”生命线系统物资设备与应急防灾能力对比表

生命线系统	滨海城市		
	汕头市	潮州市	揭阳市
电力系统	应急发电车 6 台； 后备电源 17 台	应急发电车 5 台； 后备电源 15 台	应急发电车 2 台； 后备电源 20 台

续表

生命线系统	滨海城市		
	汕头市	潮州市	揭阳市
通信系统	应急通信基站 23 座	应急通信基站 27 座	应急通信基站 5 座
供水系统	应急储备水厂 2 座	应急储备水厂 1 座	无
能源系统	油气站点 136 个； 有应急输送线	油气站点 118 个； 有应急输送线	油气站点 104 个； 无应急输送线

资料来源：依据调研资料绘制。

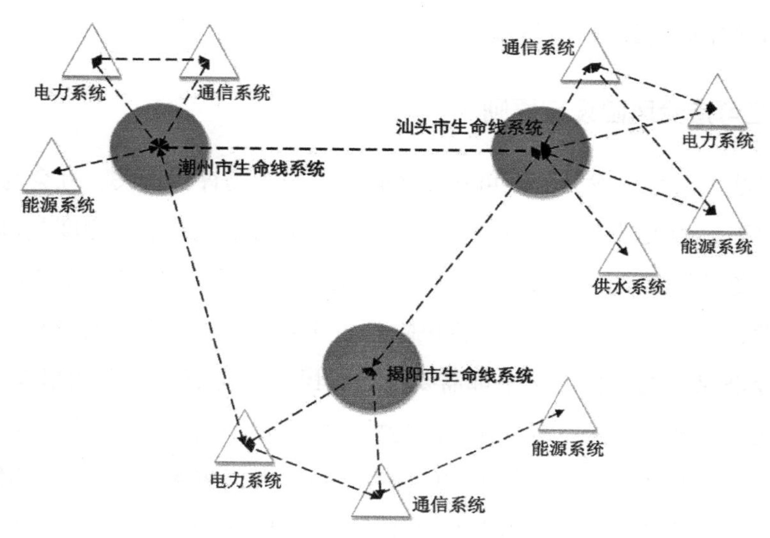

图 7-5 非工程性“节点—关系”图

（资料来源：依据参考文献[112]绘制）

7.2 城区可接受风险标准与防灾空间治理

综合防灾规划中可接受风险标准指在一定空间范围内个人、环境及社会可承受的全部单项灾害所累积的最低风险水平。滨海城市中心城区建成环境的高密度特性决定了其应对灾害风险的高敏感性，在人流与信息流密集分布的空间场景下，必须优先落实事中风险防控的最低目标与快速避难疏散方案，将人员伤亡和财产损失降到可接受范围内。因此，滨海城市中心城区层级的防灾空间治理必须要在设定可接受风险标准的基础上，依据空间结构韧性评价优化避难疏散体系，按照风险防控空间格局匹配减灾措施，对照防灾减灾设施台账进行空间布局。

7.2.1 城区防灾基准之可接受风险标准

传统综合防灾规划划定设防标准与防灾目标，大多依赖防灾减灾工程建设经验或国民经济社会发展规划要求，认为只要提高设防标准与目标，不断增建防灾设施或丰富减灾措施就可以实现城市灾害风险持续降低。而设防标准与防灾目标过高，不仅增大政府安全风险治理财政负担，而且导致盲目配置有限的防灾减灾资源，难以达到综合防灾“投入—产出”效率最优化。组建滨海城市多维度风险评估系统，就是为了精准定位合理可行的风险标准，并以此为城区防灾空间规划决策基准，根据其影响因素优化综合规划方案，合理确定防灾设施投资建设规模。

7.2.1.1 城区可接受风险设定原则

从研究方法可行性出发，城区可接受风险标准设定需评估居民、社会与经济三方面的综合风险水平，相关风险值可通过对相关灾害损失与影响的指标测度获得，然后按照表 7-7 的可接受风险原则制定滨海城市城区可接受风险标准 [113, 114]。而从灾害系统实际构成要素出发，滨海城市中心城区灾害风险环境脆弱性主要表现为人口在空间上高度集聚，社会与经济风险的可接受水平都需要依据居民生命与财产损失数据来衡量。因此，本书参照公众参与维度下居民综合安全感指数，将居民个人可接受风险标准作为表征城区可接受风险标准的基本度量，分析城区内各类风险源或灾害对居民生命财产安全的风险值，通过个人风险等值曲线的变化判断不同项目建设行为对居民安全感的空间影响，结合最低风险防控居民数、灾害综合发生率、灾害损失程度三项指标综合判断城区综合风险评估矩阵。

表 7-7 城区可接受风险标准设定原则

原则依据	标准设定
最低合理可接受原则 ALARP（As Low As Reasonably Practicable）	采用最低的成本将风险降至合理可接受的范围
最低合理可实现原则 ALARP（As Low As Reasonably Practicable）	采取所有合理可实现的方法使工业危险品泄漏或引发爆炸的影响最小
风险总体一致原则 GAMAB（Globalement Au Mons Aussi Bon）	尽量将城区各片区的风险等级在总体上保持相同
安全水准等效原则 MGS（Mindestens Gleiche Sicherheit）	允许现有风险指标计算存在偏差，但需要至少等效于相关防灾标准的最低水准，并需要用具体的案例进行佐证
可忍受上限原则 NMAU（Nicht Mehr Als Unvermeidbar）	在防灾设施和设备的操作过程中，任何人的风险不能超过可忍受的上限

续表

原则依据	标准设定
土地利用规划原则 LUP（Land Use Planning）	在实施防灾规划时应当避免重大危险源强加任何风险于周围的人和环境

资料来源：依据参考文献 [113,114] 绘制。

7.2.1.2 城区可接受风险标准设定

当前我国风险治理、城乡规划以及灾害学领域均没有对城市灾害系统中个人可接受风险标准进行明确规定，要研究重化工企业、危险品存储区、重污染单位、交通事故点、高危设施走廊 5 类滨海城市重大风险源对城区居民可容许风险的影响，可参照应急管理部（原国家安全生产监督管理总局）颁布的《危险化学品生产、储存装置个人可接受风险标准和社会可接受风险标准（试行）》，设定滨海城市城区风险源单位周边重要目标和敏感场所个人可接受风险标准（表 7-8），确保划定化工企业或重污染单位危险性产品生产、储存装置等重大风险源的外部防护距离时，其周边重点防护对象所承受的个人风险不应超过该可接受标准 [115]。

表 7-8 城区可接受风险标准

防护对象	个人可接受风险标准（概率值）	
	新建、改建、扩建装置（每年）≤	在役装置（每年）≤
Ⅲ类低密度人员场所：单个或少量暴露人员	1×10^{-5}	3×10^{-5}
Ⅱ类居住聚集高密度场所：居民区、宾馆、度假村等；公众聚集高密度场所：办公楼、商场、饭店、娱乐场所等	3×10^{-6}	1×10^{-5}
Ⅰ类高敏感场所：学校、医院、养老院、监狱等高敏感场所；军事禁区及管理区、文物保护单位等重要目标；高层住区、大型体育场、交通枢纽、商场、市场、办公娱乐区等特殊高密度场所	3×10^{-7}	3×10^{-6}

资料来源：依据《城市综合防灾规划标准》GB/T 51327—2018 绘制。

其中个人可接受风险标准中Ⅰ类防护对象为≥ 100 人 /hm^2 的高敏感场所；Ⅱ类防护对象为 30 人 /hm^2 ≤人口密度＜ 100 人 /hm^2 的居住类与公众聚集类高密度场所；Ⅲ类防护对象则以＜ 30 人 /hm^2 的低密度场所为主。依据该可接受风险标准划定城区风险评估矩阵（表 7-9），在个人风险等值线分析基础上，对照矩阵中可接受风险标准等级，识别城区防灾空间结构并划定其防灾空间分区，确定不同可接受风险标准下的最低风险防控目标，对灾害损失程度以及风险发生可能性进行评估。结合评估结果将中心城区应急疏散通道及各个街区避难场所优先标识在防灾地图上，确保灾时快速缓解高密度区域风险压力并及时疏散受灾人群。最后结合各单项灾种时空分解与定量化研究结果进行专项防灾设施布局[116]。

表 7-9　基于可接受风险标准的城区风险评估矩阵

灾害损失程度		可接受风险标准等级（综合风险发生率）				最低风险防控目标
人员伤亡	财产损失	Ⅰ级	Ⅱ级	Ⅲ级	Ⅳ级	（人/hm²）
可忽略的	可忽略的					[200，+∞)
轻微的	轻微的					[100，200)
主要的	局部的					[50，100)
个体死亡	区域性的					[30，50)
多人死亡	灾难性的					[1，30)

注：■ 高风险；■ 中高风险；■ 中风险；■ 低风险

本书应用定量风险评价软件 QRA，模拟滨海城区居民个人风险等级曲线分布情况。导入城区重大风险源 TM/ETM+ 影像数据、人口密度信息、气象条件信息、灾害损失与影响评估指标值后，输入个人可接受风险标准值进行模拟分析。以广州市城区某化工厂为例，具体操作方法为：首先在重大危险源辨识基础上，筛选定量风险评价所需危险源进行描述与标定，通过“区域人口信息”模块在地图上完成人员分布标定，通过对话框实现信息录入与修改，并将区域人口描述信息及位置标定信息存于人口区域数据表（图 7-6）。

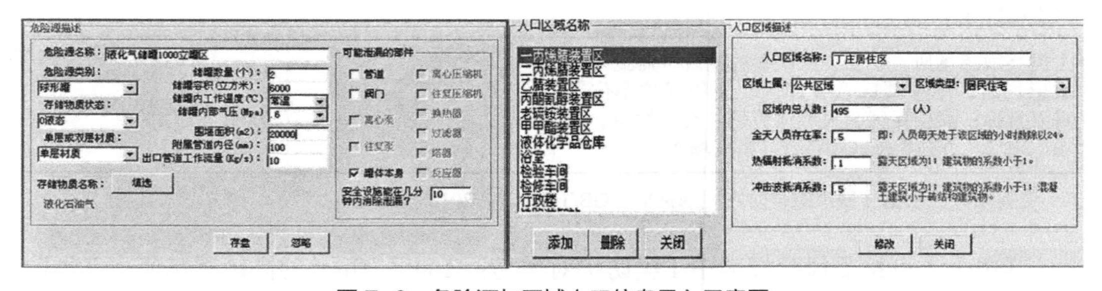

图 7-6　危险源与区域人口信息录入示意图

然后对评价范围内近五年的气象统计资料进行统计与分析。通过“气象条件信息”模块，将风频率玫瑰图中的风向、风频、平均风速和主要大气稳定度等气象条件信息存于气象条件信息数据表中（图 7-7）。

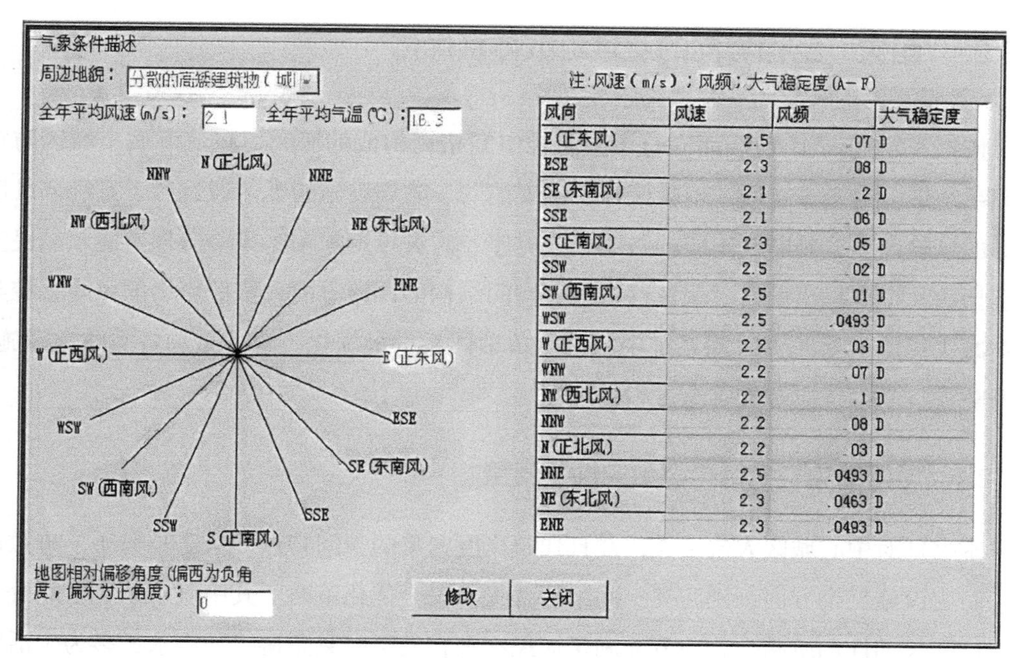

风向	风速	风频	大气稳定度
E(正东风)	2.5	.07	D
ESE	2.3	.08	D
SE(东南风)	2.1	.2	D
SSE	2.1	.06	D
S(正南风)	2.3	.05	D
SSW	2.5	.02	D
SW(西南风)	2.5	01	D
WSW	2.5	.0493	D
W(正西风)	2.2	.03	D
WNW	2.2	.07	D
NW(西北风)	2.2	.1	D
NNW	2.2	.08	D
N(正北风)	2.2	.03	D
NNE	2.5	.0493	D
NE(东北风)	2.3	.0463	D
ENE	2.3	.0493	D

图 7-7　气象条件信息录入示意图

完成对事故情景数据表、气象条件数据表等基础信息的录入后，在软件内嵌的个人风险计算模块中输入本书设定的个人可接受风险标准值，进行相应的事故发生频率与事故后果拟合运算，最终得到城区个人风险等值线空间分布图（图 7-8）。

图 7-8　个人风险等值线空间分布示意图

7.2.2 “耐灾”结构导向的避难疏散体系优化

依据 5.2.2 小节中观层面安全风险防控空间格局构成的研究，将滨海城市城区防灾空间系统细分为避难疏散、卫生医疗、治安消防、防灾设施四类。通过各子系统多维度指标的风险评估，判断其不同的防灾救灾时序、防灾投资需求、风险治理效能、居民安全感指数，据此提出城区“耐灾性”防灾空间结构的调整方向，依照得出的风险管控与防灾减灾措施，对防灾空间系统中的避难疏散体系进行优化，合理布局各类防灾设施，提升防灾空间系统应对灾害全过程的韧性。

7.2.2.1 城区防灾空间结构“耐灾性”调整

本书针对中心城区人流量大，并且建筑高度密集的空间特点，从避难场所、疏散通道、防灾设施三个方面识别防灾空间结构并提出安全优化策略。其中避难场所空间分为临时性和长期性场所两类，前者需满足居民在灾害发生时紧急避险的需求，多为生活区周边的绿地、广场、学校等开敞空间；后者为中长期避难收容所，多指在灾害恢复重建阶段，用于安置大量难民的室内外空间。疏散通道以城区道路网为主体，既是快速疏散受灾居民或输送救灾物资的线性空间，又是串联灾害发生点、避难场所、防灾设施的重要空间载体。防灾设施则专指控制风险扩散、抵御灾害损失、保障恢复重建的物质载体，按其发挥的功能效用可划分为防洪、消防、医疗卫生、社会治安、物资调配等多种空间类型。三类要素构成的城区防灾空间结构如图 7-9 所示，以城区道路网络为主体，各级避难场所与各类防灾设施都通过应急疏散道路相互关联，避难疏散空间的通达性直接影响防灾设施效用的发挥，可以通过强化城区疏散道路空间的防灾功能来提升城区整体防灾空间结构的韧性[117]。

具体到防灾空间结构的优化调整策略，可依据日本《都市计划防灾规划手册汇编》中的“耐灾性”城市结构设计方法，引导滨海城市城区防灾空间结构向“多中心”防灾的方向发展，既能够精准管控不同空间子系统的风险，又有利于多层级防灾空间规划的实施，优化后的防灾空间结构应该表现出多核心防灾网络以及点轴式防灾网络两种类型。具体优化策略为：① 多核心防灾网络依照中心城区街巷肌理特征以及人口建筑密度空间分布情况，首先将其空间划分为若干个独立的防灾单元，每个单元均设有核心防灾据点或集中避难场。然后确定单元内的快速疏散通道并尽量增大其路面宽度，以此形成基本安全轴。最后通过控制性详细规划对各类建设用地进行强制性安全分区，并将各地块的可接受风险标准、防灾减灾设施规模、避难疏散空间位置等指标明确标注在分图则中，结合政府治理维度的承灾能力指标评估结果确定高风险建筑或街区，提出相应的耐火能力或结构稳定性提升措施，进而形成多核心防灾空间网络（图 7-10）[118]。比如，在深圳市综合防灾规划中，提出了以带状防灾轴为主体，形成多中心组团式的防灾空间结构，各防灾组团依照防灾目标、功能定位、现状防灾能力评估配套核心防灾设施，各组团间以绿化走廊或三级以上公路作为防灾轴，有利于集中有限的风险治理资金进行防灾减灾设施资源的有效配置。② 点轴式防灾网络多运用在城区高密度建成环境下的防灾空间结构优化。在集约利用存量土地的同时，挖掘可用于防灾避难的非建设用地或立体空间，在城区主要交通走廊或连绵建成区中，间隔嵌入具有防灾功能的生态绿地或开敞空间点，形成点轴式防灾空间结构（图 7-11）[119]。比如，在宁波市中心城区应急避难场所专项规划中，通过安全风险空间肌理分析来挖掘存量用地，在各功能区间的绿道、绿廊或道路衔接处增设了大量防灾公园、避灾型绿地、景观型救灾驿站等生态过渡空间，既改善了城区环境品质，又可作为应急救灾时的避难疏散点。规划还将该点轴式防灾空间网络融入城区防灾分区中，有利于各分区独立施行风险管控措施，避免灾害链式效应的放大或扩散，强调精准配置防灾减灾设施与资源。

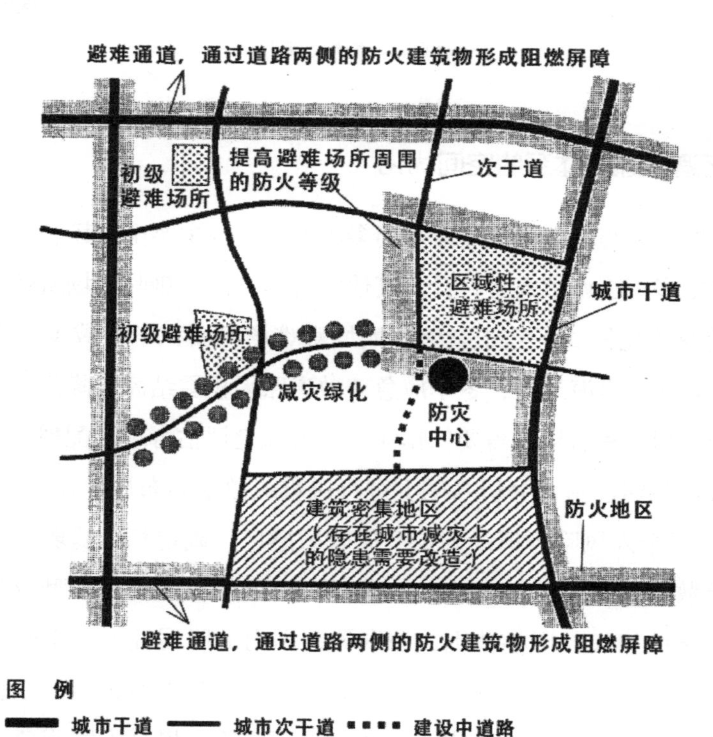

图 7-9　城区防灾空间结构示意图

（资料来源：参考文献 [117]）

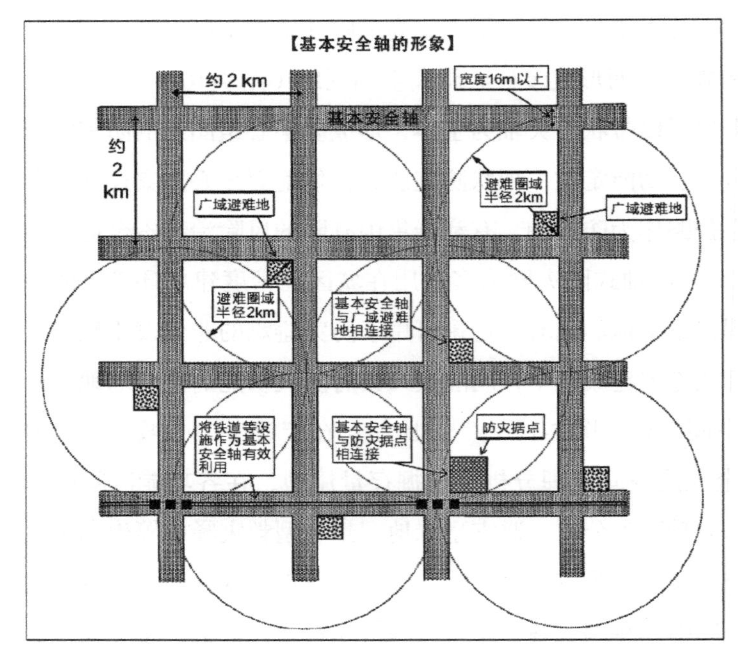

图 7–10　多核心防灾空间网络结构示意图

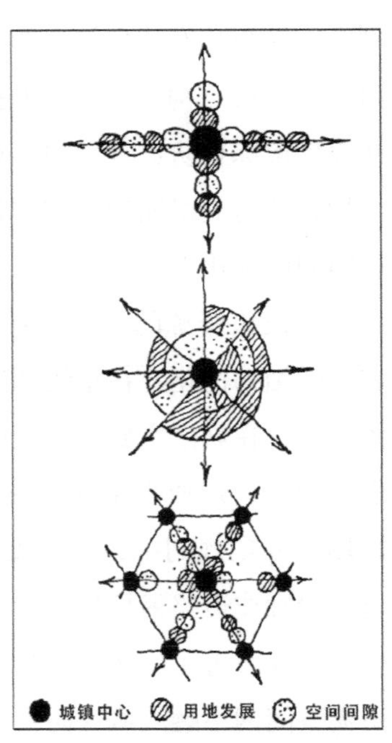

图 7–11　点轴式防灾空间网络结构示意图

（资料来源：参考文献 [118, 119]）

7.2.2.2　城区避难疏散体系的空间优化

我国滨海城市中心城区避难疏散空间多为地上式，主要由广场和公园等开敞空间构成，地下空间则多用于城市人防，针对其他灾害的室内避难收容场所较少。避难疏散空间在城区土地商业化模式下趋于紧缩，人均避难场所面积不断减少，难以满足居民需求。特别在北方寒冷沿海地区，冬季应急疏散道路因积雪结冰而降低效用，很多地面避难开敞空间难以御寒和启用，需要依据灾害综合风险评估合理调配现有应急避难疏散资源，在城区人口脆弱性指标分析基础上进行避难疏散空间布局优化。总体优化策略为：① 依据中心城区个人风险等值线划定高风险敏感区，确定相关脆弱性人群数量，制定优先满足其疏散避难的目标与路径；② 依据灾害属性风险评估模型及其指标体系，测度不同类型灾害的损失与影响范围，识别该范围内的脆弱性人口空间分布及其避难疏散需求；③ 划定不同空间组团中脆弱性人口的避难疏散领域范围，根据各空间领域内人口脆弱性特征进行避难场所优化或疏散路网调配等，提高灾害应急救援的快速反应能力。

本书以滨海城市海啸灾害风险评估与应对为例，说明城区避难疏散空间优化方法。

（1）对高风险敏感区进行海啸灾害风险评估，以海啸淹没深度为主要评判标准生成综合风险地图。统计近五年该灾害影响范围内相关脆弱性人群数量，通过 GIS10.0 导入综合风险地图，空间插值单元选择 10m×10m 网格和 50m×50m 网格两个量级，分别分析后叠加形成新空间单元边界，并以此作为海啸灾害风险评估底图，估算海啸淹没深度每升高 0.5m 时受灾空间范围变化，得出相应受灾空间单元内需要应急避难疏散的脆弱性人口数[120]。

（2）模拟不同淹没深度与流速等级下，风险自救人数以及可能遭受伤亡人数。选取不同淹没深度下累积受灾影响人数最多的空间单元，评估脆弱性人口对避难疏散场所的需求量，以及现状空间最大容纳人数，形成避难疏散场所“容量—需求”指数图（图 7-12）[121]。

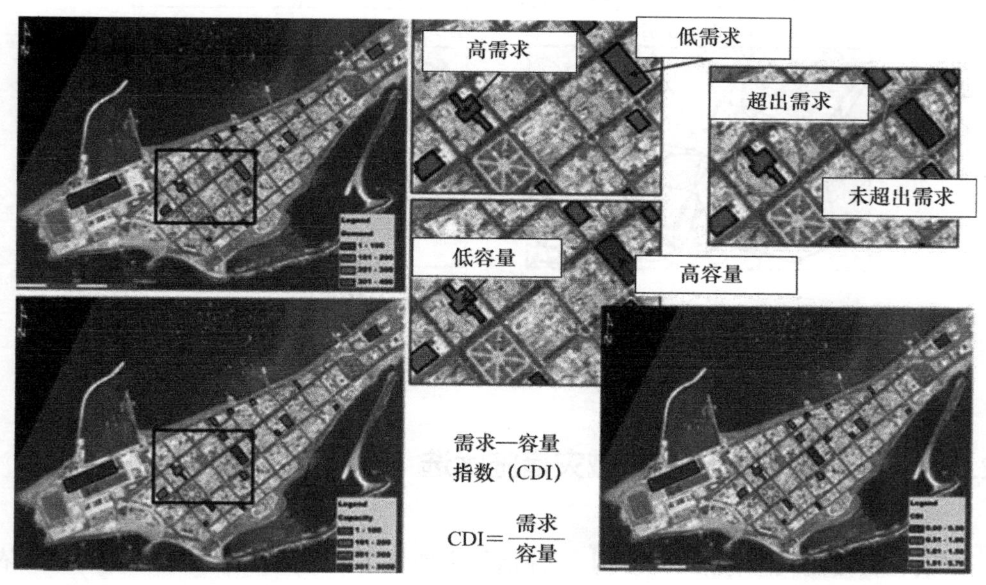

图 7-12　避难疏散场所“容量—需求”指数图

（资料来源：依据参考文献[121]绘制）

（3）根据现状主要疏散道路通行能力以及避难场所容纳人数，对标需求量提出避难疏散空间扩建、更新、改造方案。模拟脆弱性人群逃生路线和避难场所选择方式，确定各避难疏散空间位置及其服务范围，形成优化后的城区避难疏散领域空间分布图（图 7-13）[122]。明确各单元领域范围内避难疏散空间容量与位置，确保居民能够通过就近选择避难疏散场所实行自救，快速规避海啸灾害风险。

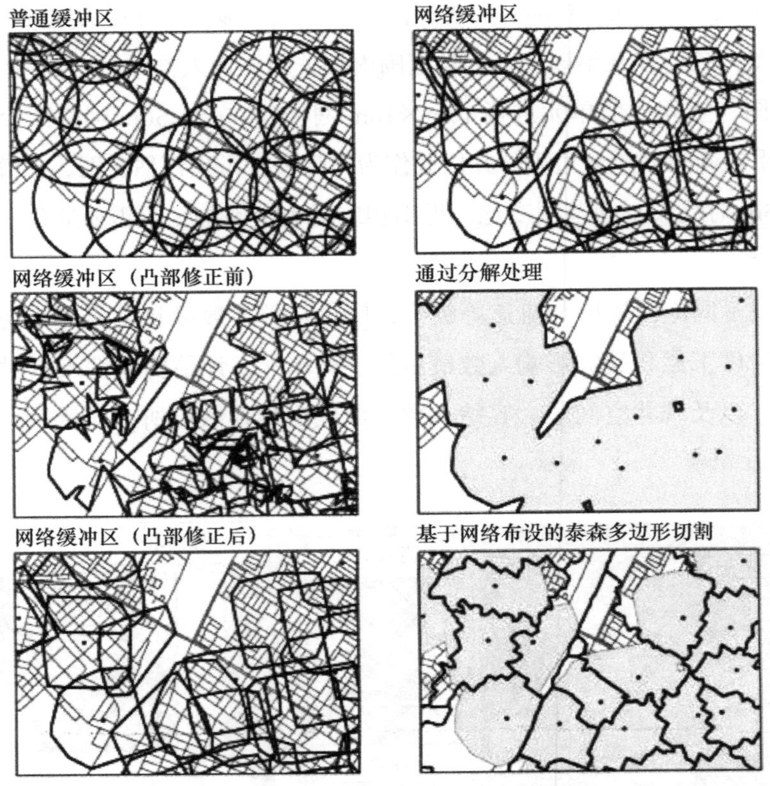

图 7-13　避难疏散领域空间分布图

（资料来源：参考文献[122]）

7.2.3　对标防灾空间分区的减灾措施优选

在城区可接受风险标准的基础上，评估每个地块单元风险源与主导灾害类型。依据风险源分级与灾害损失影响范围评估结果，对照城区可接受风险标准下的风险评估矩阵，综合评判城区高风险区、中高风险、中风险区、低风险区的安全风险阈值，划定相应防灾空间功能区边界。既可明确不同空间单元避难疏散优化方案的责权主体，又可通过对标防灾分区安全阈值匹配优先减灾措施。

7.2.3.1　依据安全风险阈值划定防灾空间功能分区

以城区安全风险评估与管控为目标，划分防灾空间功能分区首先要厘清中心城区综合防灾规划范围内相关行政管理部门的责权与事权范围，确保每个防灾空间单元都有明确的安全风险监管与组织应急救援的责任主体。然后进行单元用地防灾适宜性评价和生态空间安全评价，将可接受风险标准一致、用地地质条件同类同构、处于相同重大风险源影响范围内的空间单元划归为同一分区。最后参照城市总体规划对城区防灾减灾体系与道路交通系统规划布局，提出整体防灾空间结构与避难疏散空间优化方案，并据此对空间边界进行修正，明确主体防灾功能，进而形成中心城区综合防灾空间布局规划图（图 7-14）。

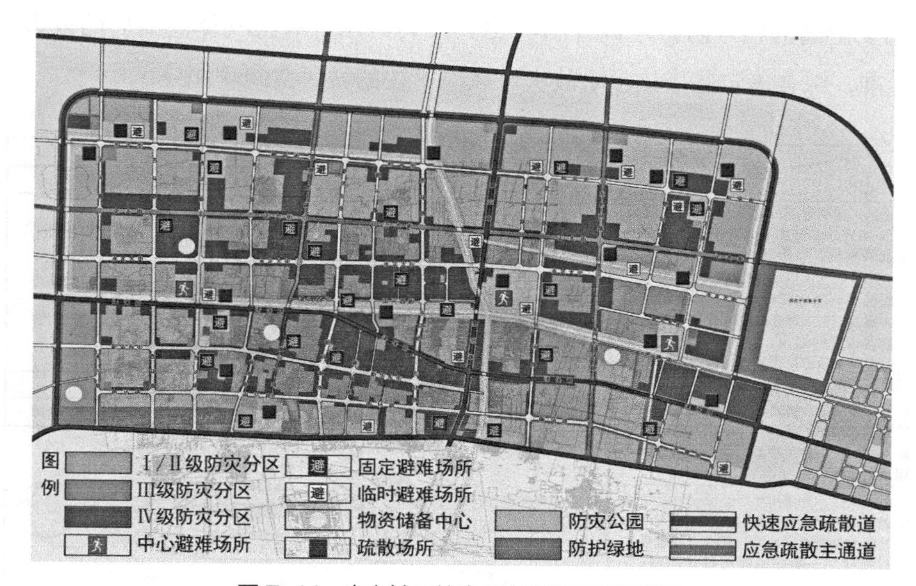

图 7-14　中心城区综合防灾空间布局规划图

划定防灾空间功能分区需要运用可接受风险标准、安全风险防控距离、灾害损失后果三种风险评估方法，总体上以相关法律法规或规范标准中确定的已有指标分级评判内容作为最低分区要求；以风险防控安全距离和灾害损失后果指标结果作为必要性分区条件；以可接受风险标准作为各分区安全风险阈值设定的基本依据。

（1）安全风险防控距离划定可以根据城区风险源类别判断灾害属性，然后对照查找相关法规或规范文件对其安全防护距离的规定，作为防灾空间分区的条件。如没有可供直接参考的文件，则需要研究者综合考虑该类型灾害所处的安全风险环境，比如人口建筑密度和地质地貌条件等要素，评估风险等级及其所需防灾减灾设施规模，以此拟定安全防护距离表并经专家打分修正。最后配套说明安全风险防控距离表的设定依据、灾害类型、适用条件以及限制因素，并提出定期评议与更新修订机制，为综合防灾规划提供更方便快捷的防灾空间功能分区方法。

（2）灾害损失后果的评估结果不能直接用于防灾空间分区，其作用为辅助修正可接受风险标准与风险防控安全距离。通过模拟受灾居民逃生与伤亡后果可准确划定个人风险等值线图，提高可接受风险标准精度；通过灾害链式效应模拟及其损失效应值评估可核定主次生灾害损失的空间影响阈值，提高安全风险防控距离表准度。比如，某滨海城市依据有毒气体源泄漏爆炸风险损失评估结果划定城区防灾空间分区时，首先依据该事故灾难情境下主次生灾害损失后果确定安全阈值，用于表征风险指标（毒负荷 TL 值）达到某阶段的阈值上限时将会导致一定程度的灾害损失后果（人口伤亡、财产损失等），然后以该安全阈值核定防护距离（图 7-15）[123]，并结合有毒气体泄漏后的危害影响范围分级标准，综合确定基于该项事故灾难风险管控的城区空间功能分区[124]。

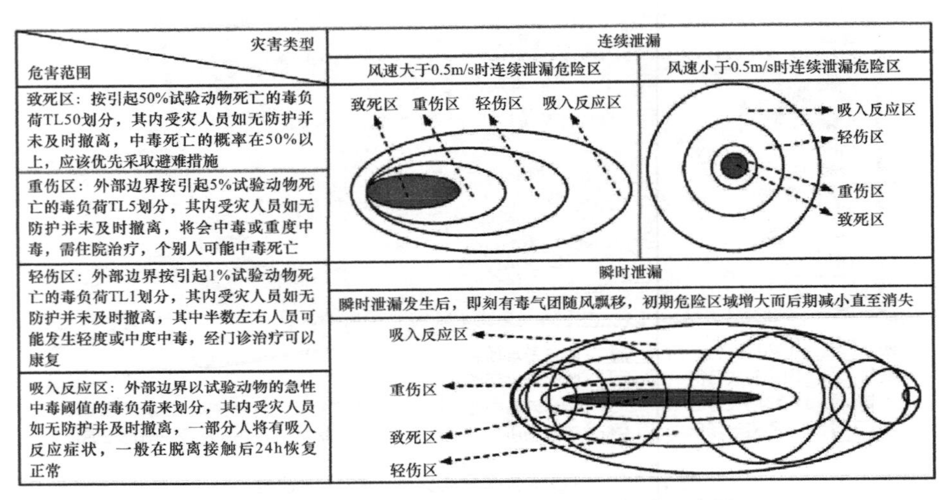

图 7-15　有毒气体泄漏危害范围的分级标准示意图

（资料来源：参考文献[123, 124]）

（3）依据可接受风险标准划定防灾空间分区的方法，主要以个人风险等值线空间分布数据为基本依据，将具有相同风险源并且处于同值个人风险范围内的用地单元划归为同一防灾分区。在前文城区风险评估矩阵中确定的可接受风险标准等级基础上，将所有防灾分区划为高、中高、中、低四类风险控制区，通过明确各区的最大可接受风险、功能组团构成及特点得出城区防灾空间功能分区参照表（表 7-10）[125]。

表 7-10　城区防灾空间功能分区参照表

防灾空间功能分区	最大可接受风险（概率值）	主要功能区类型	防灾空间特点
高风险控制区	3×10^{-6}	居住区、商业区、化工园区、交通枢纽区	人口建筑高度密集（≥ 200 人 /hm^2）
		文教区、市政设施集中区	人口高度密集（≥ 100 人 /hm^2）
		行政办公区、军事区、文物保护区	用地具有高敏感性

续表

防灾空间功能分区	最大可接受风险（概率值）	主要功能区类型	防灾空间特点
中高风险控制区	1×10^{-5}	一般工业区、危险品仓储区	人口密度较高（≥ 50 人 /hm²）
中风险控制区	3×10^{-4}	物流仓储区、公园广场等公共活动空间	人口密度一般（≥ 30 人 /hm²）
低风险控制区	$\geq 1\times10^{-4}$	沿海生态带、非建设用地	人口密度较低（＜ 30 人 /hm²）

资料来源：依据参考文献[125]绘制。

7.2.3.2　针对各防灾分区的减灾措施优选匹配策略

完成防灾功能分区后，需识别各分区现有防灾减灾措施，评估其能否达到综合防灾目标以及是否与整体综合防灾能力相匹配。依据各防灾空间分区风险机理特征，在防灾减灾资源有限投入的前提下，比较减灾措施优缺点，通过综合防灾效率评估挖掘潜在减灾措施，选择更适用的优先行动方案，并纳入综合防灾规划成果中。因此在制定城区减灾措施匹配策略时，需要考虑解决的核心问题有：现有减灾措施能实现防灾目标；应对各分区主导灾害的优先措施；实施减灾措施是否有益于城区综合防灾效率提升等。城区减灾措施优选匹配的具体实施策略如下。

（1）回顾综合防灾目标并评估可选减灾措施

将上述核心问题作为评估过程的一部分，综合分析各分区已有防灾减灾资源与风险防控能力后，识别并列出适于该防灾空间分区的减灾措施。综合考虑社会基础、技术支撑、行政法规以及物质环境等因素，制定可选择减灾措施的评判标准（表 7-11），将评判结果作为综合防灾规划团队权衡各减灾措施对实现防灾目标利弊的依据，挑选有利的减灾措施并进行排序，明确不同灾害情境下的减灾措施优选方案。

表 7-11　可选择减灾措施的评判标准

标准类别	评判要点	评判标准信息来源
社会基础	可接受风险标准	城区风险评估矩阵；人口脆弱性评估；安全距离表
	公众参与度	问卷调查；人口统计数据；社区风险地图；防灾规划编制
技术支撑	技术可行性	专家咨询；现有减灾资源评估；历史灾害统计与分析
	二次影响评价	专家咨询；环境影响评价；灾害链式效应分析

续表

标准类别	评判要点	评判标准信息来源
行政法规	组织管理效能	减灾机构与人员编制；减灾管理能力评估；年度减灾财政支出；应急管理规划
	法规标准依据	减灾指导性政策文件；国标或地方性标准；相关法规规定
物质环境	减灾经济投入	效益成本分析；专家咨询；经济影响评估；经济社会发展规划；国家或地方拨款统计
	减灾环境评价	专家咨询；政府访谈；土地利用规划与生态敏感区地图；环境影响性评价；各专项防灾规划

以洪涝灾害为例，围绕受洪水影响范围内建筑物潜在损失最小化的防灾目标，分析防灾空间分区内的所有相关减灾措施的利弊，以此制定减灾措施优选表（表7-12）。

表7-12 洪涝减灾措施优选表

标准类别	社会基础		技术支撑		行政法规		物质环境	
可选减灾措施	可接受风险标准	公众参与度	技术可行性	二次影响评价	组织管理效能	法规标准依据	减灾经济投入	减灾环境评价
下垫面海绵化改造	+	+	+	−	+	+	+	+
行洪河道整治	+	−	+	+	−	+	+	+
抗洪排涝站点增建	+	−	+	−	+	−	+	+
建筑结构改造维护	+	+	+	+	−	+	+	+
雨水花园建设	−	+	+	−	+	+	+	+
排水管网清淤	+	+	+	+	−	−	+	+
洪涝灾害预警系统	+	−	+	−	+	−	−	+
应急救援物资储备	+	−	−	−	+	+	+	−
减灾知识宣传教育	+	+	−	−	+	−	−	−

“+”号表示产生有利影响，“−”号则表示产生负面影响。

（2）优化选择的减灾措施

在得到各防灾功能分区的优先减灾措施清单后，还需要进一步论证实施时间、地点和方式。本书提倡采用综合防灾规划团队投票法对减灾措施进行排序，团队成员对优先减灾措施清单投票，每个成员拥有的投票数为减灾措施数量的一半。以洪涝灾害减灾措施投票排序表（表 7-13）为例，假设综合防灾规划团队成员为 5 人，优先减灾措施为 5 项，则团队中每个成员用于选择支持的减灾措施票数为 3 票，由此可得总投票数为 15 个，最后统计投票结果并将得票数最多的减灾措施列为第一优先级，以此类推完成所有减灾措施排序，为防灾空间规划决策提供直接依据。另外，当综合防灾规划团队成员较多且具有大量可选择减灾措施时，也可选择数值排序法。每个规划团队成员都需独立评估减灾措施优选表，并对所有减灾措施进行排序，然后进行排序求和并计算其平均值，数值最低的减灾措施为第一优先级，数值大则优先程度低。以洪涝灾害减灾措施数值排序表（表 7-14）为例，假设综合防灾规划团队成员为 15 人，分别对 5 项减灾措施进行排序，将排序结果求和后除以 15 取平均值，其中雨水花园建设这项减灾措施得到 7 个“1”、5 个“2”、3 个“3”，求和后取平均值为 1.73，低于其他对比项，因此应成为优先级最高的减灾措施，并在综合防灾规划成果中明确各优先减灾措施的实施技术标准、评估数据来源以及责权事权主体部门等。

表 7-13　洪涝灾害减灾措施投票排序表

减灾措施	投票数量	优先顺序
下垫面海绵化改造	3	3
行洪河道整治	2	4
建筑结构改造维护	4	2
雨水花园建设	5	1
排水管网清淤	1	5

表 7-14　洪涝灾害减灾措施数值排序表

减灾措施	排序情况	排序求和	排序均值	优先顺序
下垫面海绵化改造	3，3，1，2，5，4，2，1，1，4，2，2，3，1，1	35	2.33	3
行洪河道整治	1，4，2，1，1，3，4，5，5，2，4，2，2，3，1	40	2.67	4
建筑结构改造维护	1，2，5，1，1，2，3，3，1，4，1，1，1，1，2	29	1.94	2
雨水花园建设	2，1，3，2，2，1，1，1，1，2，3，1，2，1，1	26	1.73	1
排水管网清淤	4，3，2，2，5，1，1，4，3，5，5，3，2，5，4	49	3.27	5

7.2.4 PADHI 防灾设施选址与规划决策

前文在城区可接受风险标准的基础上，对照城区安全风险机理特征提出防灾空间结构调整策略，通过优化避难疏散空间体系来发挥其规避风险与及时止损的有效性，然后依据风险源分级以及灾害损失影响范围评估结果，划定不同主导灾害类型的防灾空间功能分区，并制定相适应的减灾措施匹配策略。而防灾减灾设施作为以上风险治理措施的实施物质载体，既是综合防灾效率提升中防灾基建与管理投入的主体，又是空间规划决策的重要对象。因此，需进一步探寻城市防灾设施选址及其空间布局决策机制，利于在城市综合防灾规划中合理定位城区各防灾分区的风险敏感度，匹配防灾设施数量与规模，准确核定防灾设施空间位置，避免防灾减灾资源的浪费。本书借鉴英国安全卫生管理局开发的土地利用安全规划 PADHI（Planning Advice for Developments near Hazardous Installations）方法，在滨海城市自然灾害多发区、生态环境敏感区、化工园区、危险品储存场所、油气管道枢纽、道路交通枢纽、高密度人口建筑聚集点等重大风险源所在的空间内，研究相应防灾减灾设施的选址策略与规划决策机制[126]。

7.2.4.1 防灾设施选址条件与技术流程

PADHI 法主要依据规划对象类型和规模划定风险敏感等级，对照土地利用规划确定研究对象所处风险敏感区，评估最低敏感性影响空间并作为最优选址位置，最后按照 PADHI 评估矩阵进行规划决策[127]。由于该方法仅从土地利用规划角度考虑，而滨海城市安全风险环境涉及多维度风险评估要素，如果全部用于风险敏感度等级划定，不但数据量庞大而且评估效率低。另外城区经济环境具有较高活跃度，评估结果输出将滞后于风险环境变化而缺乏时效性。因此，需针对城区不同防灾空间功能分区主导型灾害类型与可接受风险标准，调查分析防灾设施相关规划成果、防护对象以及地理空间信息，围绕防灾空间范围内的安全风险机理特征与现状防灾减灾条件，进一步划定 PADHI 法适用条件。

（1）该方法主要用于滨海城市自然灾害与生产事故灾难防灾设施选址决策，涉及自然灾害与生态环境敏感区、危化品生产存储与运输区、油气管道枢纽等重大风险源所在防灾空间。而社会安全与公共卫生事件防灾设施选址则主要依据公安、卫生等主管部门制定的技术标准，该研究方法仅提供技术辅助性参考。

（2）可供防灾设施选址的空间，应至少部分位于风险源影响距离内。本书将风险源的空间影响区域（CD）划分为三个层级，分别为核心影响区域（IZ）、中部影响区域

（MZ）、辐射影响区域（OZ），其中辐射影响区域（OZ）边界到风险源点的距离则为该风险源的有效影响距离。

（3）实施防灾设施选址决策的空间特性应具备以下情况之一：① 居住住宅区，② 商业用地面积达 $1500m^2$ 以上，③ 办公场所占地面积达 $3500m^2$ 以上，④ 危化品企业占地面积达 $750m^2$ 以上，⑤ 重要道路交通枢纽，⑥ 单次最大自然灾害经济损失 100 万元以上或人员伤亡 50 人以上，⑦ 法定规划强制实施重点风险管控的区域。

由此得出滨海城市中心城区防灾设施选址 PADHI 技术流程（图 7-16），首先判断防灾设施选址适用条件，重点包括风险源类型、安全风险环境、可接受风险标准三个方面，以此确定防灾规划空间范围；然后对规划范围内的防灾对象进行风险评估并确定敏感度等级；最后确定防灾设施合理空间位置，并运用 PADHI 矩阵进行防灾规划决策。其中防灾对象的敏感度等级取决于其用地功能类型与空间规模，其敏感性评估方法以 6.3.1 小节影响维度下安全风险治理效能评估指标体系为基础，敏感度等级依据 5.3.3 小节指标评判分级标准划定。当某防灾对象敏感度等级较高但空间规模较小时，其敏感度要降低一个等级；当空间规模较大或用地功能特殊会增加居民风险时，比如大剧院、体育场等特殊集会用地，其敏感度等级也要适当增加。

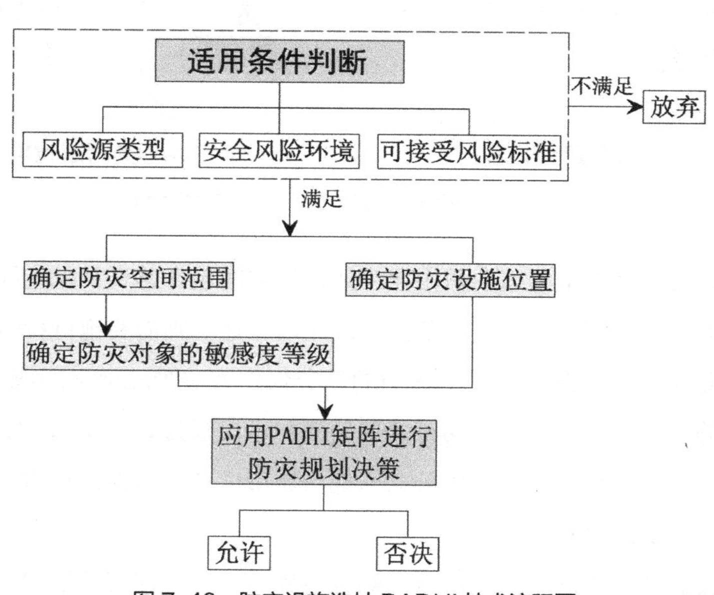

图 7-16　防灾设施选址 PADHI 技术流程图

7.2.4.2　防灾设施位置确定与规划决策

由 PADHI 技术流程及防灾设施选址条件可知，确定防灾设施位置有赖于对风险源点空间属性及其敏感度等级的深入研究。特别是当防灾设施选址横跨单一风险源点的若干个空间影响分区或处于多个风险源的共同影响范围时，确定防灾设施位置则需依据风险源规模及其用地性质制定不同的规划决策准则。

（1）当防灾规划对象跨越多个风险分区时，需要计算防灾设施选址参考空间在风险源点各级影响分区内的面积。计算过程由内向外，即先计算防灾设施选址空间面积位于核心影响区域（IZ）的比例，然后依次计算其在中部影响区域（MZ）与辐射影响区域（OZ）中的比例，当某一区域的面积超过防灾设施选址参考空间的 10%，则将防灾设施的位置确定在该分区内。如图 7-17 所示，防灾设施可选址空间横跨某重大风险源的中部影响区域边界，分别处于 MZ 和 OZ 影响区域内，Ⅰ类跨越中 MZ 区域的面积占比大于 10%，而Ⅱ类跨越中 MZ 区域的面积占比仅为 5%，OZ 区域则高达 95%，因此依据该准则Ⅰ类跨越下的防灾设施布置在 MZ 区域中，Ⅱ类跨越情境下的防灾设施则布置在 OZ 区域。当防灾设施选址空间不完全处于风险源的空间影响区域（CD）内，以其在 OZ 区域的面积占比作为临界值，超过 30% 则将防灾设施布置在该区域内。

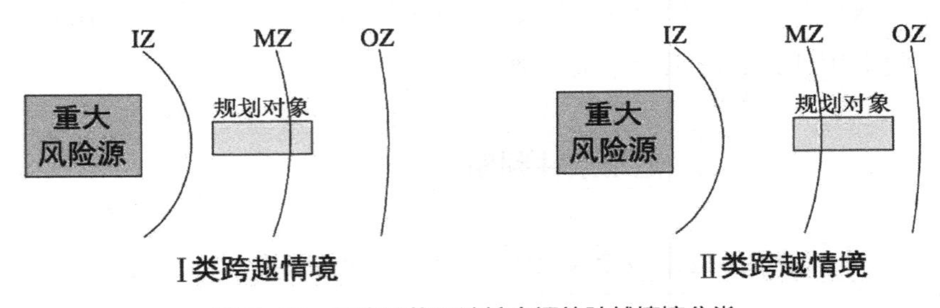

图 7-17　防灾设施可选址空间的跨越情境分类

（2）计算防灾设施选址空间面积占比，如选址空间包含避难开敞空间或绿地景观系统用地，或与航道、道路交通等应急疏散系统用地相连，则需要施行特殊计算方式。如果防灾设施选址空间在风险源点影响区内的部分仅作为避难疏散空间或景观系统用地，则无论防灾设施性质与规模大小，均将该部分面积占比视为 0。如图 7-18 所示，防灾设施选址空间位于 MZ 区域内的部分为公共绿地与城市广场，尽管面积占比高达 72%，仍将防灾设施布置在 IZ 区域中。

如果防灾设施选址空间在风险源点影响区边界内的部分拥有其他用途用地，则仅计算该影响区域内其他用途用地的百分比，然后再对比相邻区域内的用地占比，值高者则为防灾设施的布置区域。如图 7-19 所示，防灾设施选址空间在 MZ 区域内的避难疏散与绿地景观系统用地虽为 42%，但其他用途用地占比为 30%，依然大于 IZ 区域内的 28%，则将防灾设施布置在 MZ 区域中。

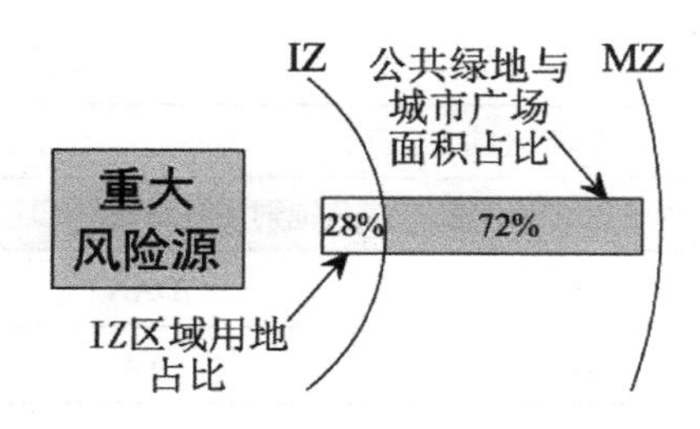

图 7-18　避难疏散空间与景观系统用地影响下的防灾设施选址

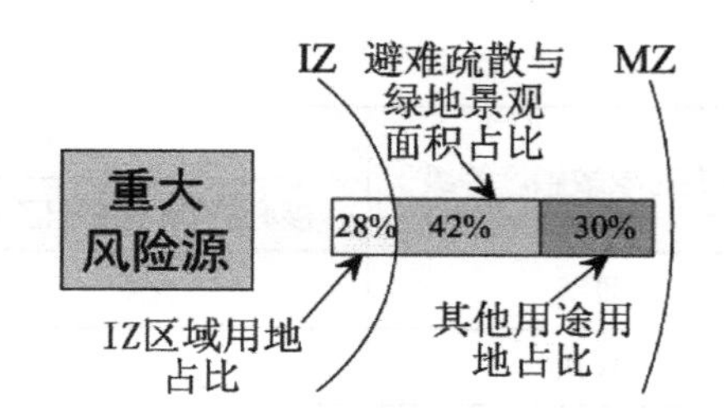

图 7-19　其他用途用地影响下的防灾设施选址

（3）当防灾设施选址空间在多个风险源的空间影响区域（CD），需逐个核定该防灾设施选址空间在每个风险源中影响分区内的面积占比，依据所在分区的严重程度（IZ > MZ > OZ）进行选址。如图 7-20 某拟建的防灾设施选址空间周围存在Ⅰ、Ⅱ、Ⅲ三个重大风险源，对比所处三个风险源影响分区严重程度，将防灾设施布置在重大风险源Ⅱ的 IZ 区域内。

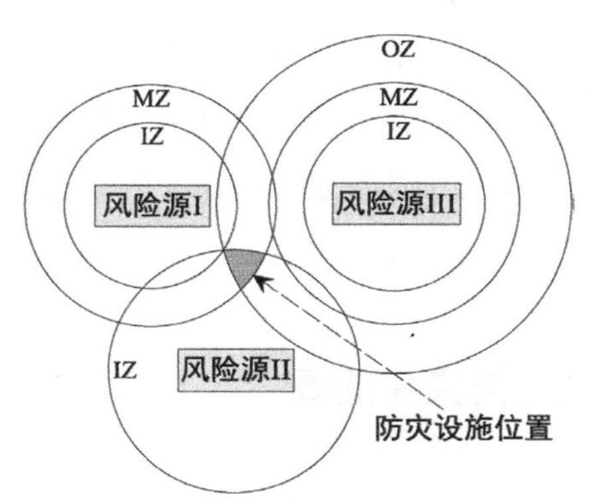

图 7-20　多风险源影响下的防灾设施选址

确定中心城区各防灾空间分区内防灾对象敏感度等级以及防灾设施位置后，防灾规划团队需用表 7-15 的 PADHI 决策矩阵校正防灾设施选址的合理性，并将研究结论纳入综合防灾规划成果中，决策建议包含"AA 否决"和"DAA 不否决"。确定防灾设施选址后，抽取其所防护对象的风险敏感度等级，以及所处风险源空间影响区域，对照 PADHI 决策矩阵进行校正，如果决策建议为"否决"时，则需重新确定该防灾设施位置。

表 7-15　PADHI 规划决策矩阵

防灾对象敏感度等级	风险源的空间影响区域（CD）		
	核心影响区域（IZ）	中部影响区域（MZ）	辐射影响区域（OZ）
Ⅰ级	DAA	DAA	DAA
Ⅱ级	AA	DAA	DAA

续表

防灾对象敏感度等级	风险源的空间影响区域（CD）		
	核心影响区域（IZ）	中部影响区域（MZ）	辐射影响区域（OZ）
Ⅲ级	AA	AA	DAA
Ⅳ级	AA	AA	AA

资料来源：依据参考文献[127]绘制。

7.3 社区居民安全风险防范措施可视化治理

社区层级居民安全风险防范行动方案既要考虑居民文化程度差异，又要将风险评估与综合防灾规划融入日常行为认知中，这需要寻找最直观且操作性强的防灾空间规划方法。依据公众参与下的居民综合安全感指数评价结果划定防灾生活圈，补齐社区“风险源”登记制度，绘制“社区风险地图”并设计社区居民综合防灾体验馆。将综合防灾规划中灾害风险评估结果与风险管控措施展示给居民，既调动多元主体的积极性，又帮助居民明晰风险信息，准确掌握风险自救的方法。

7.3.1 社区设施适宜性之防灾生活圈

滨海城市居民安全感指数评价法主要从综合防灾规划的宏观与中观视角对居民所处灾害孕育环境、安全防控保障措施、历史灾害损失三类核心指标进行综合风险评估。而微观视角的社区与建筑则是居民能直接感知风险并应对的空间主体，依靠多维度风险评估系统仅能定量评估风险管控水平与防灾能力，无法得到居民风险防范的具体措施，需在居民安全感指数评价的基础上进一步调研社区风险环境，评估防灾服务设施适宜性，为防灾生活圈与风险防范措施划定提供依据。

7.3.1.1 滨海城市社区防灾设施适宜性评估

不同于城区层级依照风险源影响空间范围确定防灾设施选址，社区层级防灾设施多为应急避难场所以及消防、洪涝防灾设备，其选址位置应依照社区内居民空间分布密度和疏散行为路径确定。但随着滨海城市居民生活水平不断提升，社区防灾服务设施不断完备并趋于多元化，从安全风险治理视角看，滨海城市灾害风险对社区层级的影响不仅表现在自然灾害与生产事故灾难风险，还包含公共卫生与社会安全事件的相关防灾设施，比如社区医疗救护站、社区治安管理服务站、地下人防工程、社区设备检修服务站、社区灾害警报系统等。因此，在综合防灾规划中需要评估社区各类防灾设施的适宜性，评判其空间位置是否合理、能否发挥防灾减灾效用，以及能否被居民快速识别与合理使用等，探明不适宜防灾设施的问题并寻找最佳解决方案，进而提高社区综合防灾效率。

本书在滨海城市灾害属性维度与公众参与维度风险评估指标体系的基础上，探究社区防灾设施在社区居民与空间系统中的适用性，将“社区居民—风险源点—防灾设施—防灾对象”之间的空间关系转换为实质性综合防灾规划指标，避免调研资料转档与风险重复评估。具体技术流程如图 7-21 所示，依据社区防灾目标判定设施适宜性标准，提出接近性、有效性、安全性三类指标层，然后细化评估变量并作出相应解释。其中，接近性表征社区内防灾设施与外部防灾据点或道路系统的关系，将社区内防灾设施配置在接近高等级防灾系统辐射空间范围内，包含公共设施关联度与道路可达性两类。有效性表征社区居民的防灾设施使用效率，包括防灾设施开放空间比、可容纳避难人数、日常服务人口数。安全性表征防灾设施的结构易损性，避免因火灾、水淹或地质影响而损毁。每项指标依据距离与等级不同，赋予相应分值与权重后形成表 7-16，各社区可依照该表测度防灾设施的各项指标并得到加权值，总分越高代表该防灾设施的适用性越强[128]。比如台湾省南投市依据该方法对社区内主要的避难疏散场所进行了适宜性评价（图 7-22），识别了现状存在危险的防灾设施并对应急疏散道路进行了优化[129]。

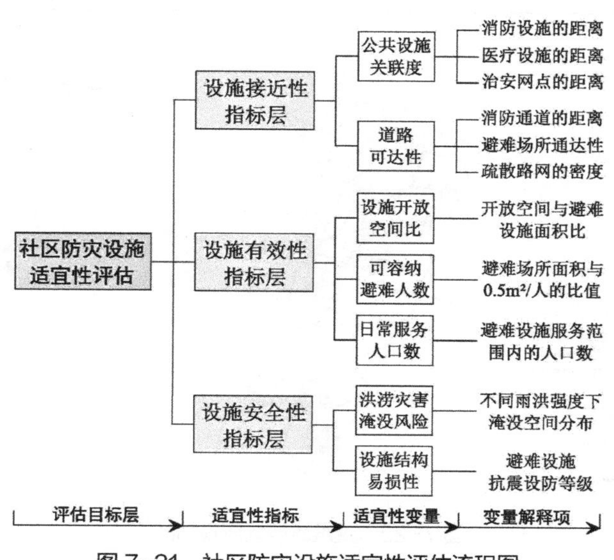

图 7-21　社区防灾设施适宜性评估流程图

表 7-16　社区防灾设施适宜性评估指标分类表

Ⅰ级指标	Ⅱ级指标	解释变量	评判分级	得分
设施接近性	公共设施关联度	与消防设施的距离； 与医疗设施的距离； 与治安网点的距离	[0km，1km] (1km，1.5km] (1.5km，2km] (2km，3km] 3km 以上	100 75 50 25 0
	道路可达性	消防通道的距离； 避难场所通达性	[0km，0.1km] (0.1km，0.25km] (0.25km，0.5km] (0.5km，0.75km] 0.75km 以上	100 75 50 25 0
		周边疏散路网密度	$1.5km/km^2$ 及以上	100
			($1km/km^2$，$1.5km/km^2$)	50
			[$0km/km^2$，$1km/km^2$]	0
设施有效性	设施开放空间比	开放空间与避难设施面积比	(80%，100%]	100
			(40%，80%]	50
			(0%，40%]	0
	可容纳避难人数	避难场所面积与 $0.5m^2$/ 人的比值	1000 人以上 (750 人，1000 人] (500 人，750 人] (250 人，500 人] 250 人以下	100 75 50 25 0
	日常服务人数	避难设施服务范围内的 人口数	1000 人以上 (500 人，1000 人] 500 人以下	100 50 0
设施安全性	洪涝灾害淹没风险	不同雨洪强度下的淹没 空间分布	未淹没 淹没	100 0
	设施结构易损性	避难设施抗震设防等级	Ⅶ度及以上 Ⅶ度以下	100 0

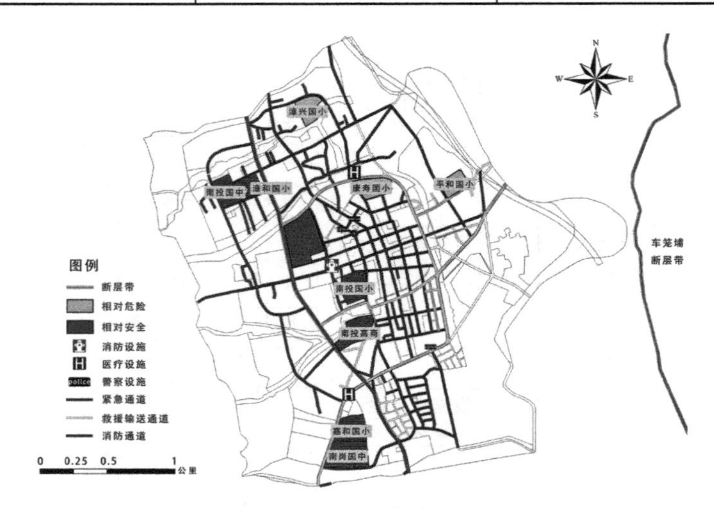

图 7-22　避难疏散场所规划图

（资料来源：参考文献 [129]）

7.3.1.2　滨海城市社区防灾生活圈划定

构建防灾生活圈需将综合防灾规划中风险防范措施融入居民生活中。日本都市计划学会将防灾生活圈划分为近邻生活圈、文化生活圈、防灾生活圈三个层级（图 7-23），其中近邻生活圈是灾害发生时居民最短步行距离能到达最近避难据点的服务范围；文化生活圈主要指居民日常防灾教育宣传及相关设施；防灾生活圈为应急救援阶段提供救灾物资调配、收容受灾居民的空间范围，构建方法以城市空间结构为本底，延烧遮断带为骨架，配合避难设施、防灾据点以及防救灾交通机动系统形成城市整体防灾生活圈网络。

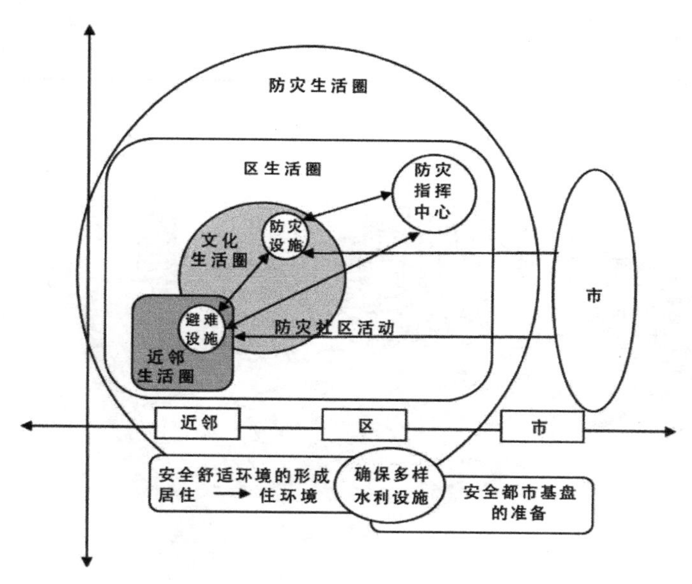

图 7-23　日本防灾生活圈的空间层级划分

（资料来源：参考文献 [130]）

滨海城市社区层级防灾生活圈构建无需考虑文化防灾与灾害管理等复杂因素，仅需围绕邻里生活圈构建基本防灾微系统 [130]。表 7-17 对比分析了日本、美国、中国台湾社区层级空间规模与防灾要素划定标准，三者均以小学作为社区防灾生活圈的中心，规模半径从 250～800m 不等，因此滨海城市社区防灾生活圈划定也应以社区内部或紧邻社区的中小学校为中心。参考我国《城市居住区规划设计标准》GB 50180—2018，将其服务半径确定为 200～500m，即包含五分钟生活圈居住区以及居住街坊两类，可将其内部的消防抗涝点、医疗救护站、治安管理站等列为防灾据点，综合利用社区内的水系、绿地、道路系统等要素，合理配置消防疏散通道、紧急避难场所以及灾害警报与应急指挥据点，构建社区防灾生活圈（图 7-24）。如果现状社区内或邻近 200m 半径范围内没有中小学校时，可选择居民活动中心、卫生图书室等其他避难场所划定为防灾生活圈的中心。

表 7-17　社区层级防灾规模划定的参考标准

参考类别	中国台湾	美国	日本
	防灾生活圈	社区级防灾	邻里防灾单元
空间规模	以小学为中心建立城市防灾生活圈基础单元，半径为 500～800m	以社区实际空间边界为基准划定防灾圈，不设定防灾中心	以小学为中心建立邻里基础防灾单元，半径为 250～500m，服务人口 0.8 万～1.2 万人
防灾要素	中小学、邻里公园、诊所或卫生室、派出所等	小学、社区公共绿地、社区公共服务设施	小学、街区公园、有淡水供应的休憩地、街旁绿化、社区公共服务设施等

资料来源：依据参考文献 [128, 130] 改绘。

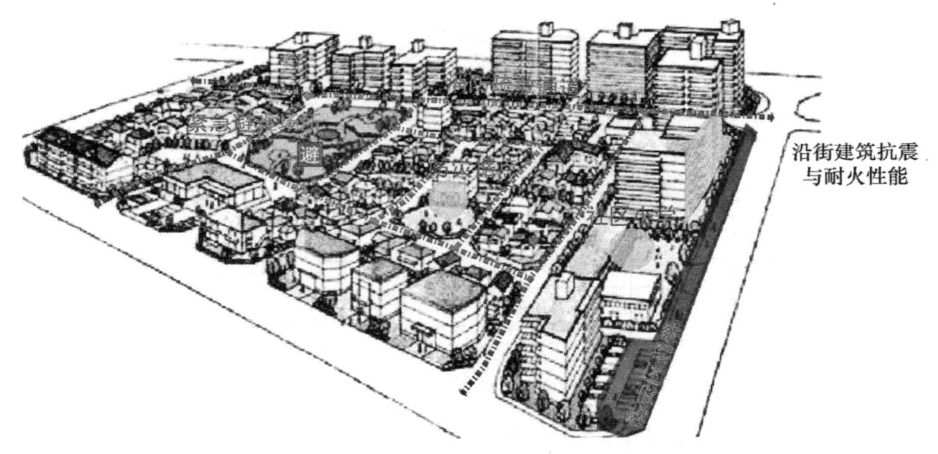

图 7-24　滨海城市社区防灾生活圈构建意向图

（1）社区防灾生活圈中设施配置与建设强度的划定

防灾设施配置主要指对社区现有服务设施进行防灾性能优化与配建，将社区内主要公共服务设施纳入社区综合防灾系统。表 7-18 在我国《城市居住区规划设计标准》的基础上，对滨海城市社区防灾设施配置标准进行防灾化整合，要求社区内教育文化、医疗救护等服务类设施满足居民日常生活需求，也能被纳入社区防灾空间规划中并发挥防灾据点效用，可用于受灾居民临时抢救安置、救援物资调配供给、临时防灾指挥等应急管理工作（图 7-25）[131]。

表 7–18　社区防灾生活圈中设施配置与建设强度表

社区防灾生活圈指标	《城市居住区规划设计标准》	社区防灾社区配置标准整合
建设强度	防火间距要求：高层民用建筑不应小于 9m；裙房与其他民用建筑不应小于 7m	各类建筑间的最小防火间距为 7m；高层建筑间为 14m
	Ⅰ、Ⅱ、Ⅲ、Ⅳ建筑气候分区，住宅用地容积率不大于：低层 1.2；多层Ⅰ类 1.6；多层Ⅱ类 2.1；高层Ⅰ类 2.8；高层Ⅱ类 3.1	救灾主干道两侧建筑倒塌后的危险宽度可按照建筑高度的 2/3 计算，其他情况按 1/2 至 2/3 计算
设施配置	五分钟生活圈居住区：社区服务站、文化活动站、小型运动与室外综合健身场地、幼儿园、托老所、社区商业网点、再生资源回收点、垃圾收集站、公厕；居住街坊：物业服务中心、便利店与快递点、老人儿童活动场地、垃圾收集点、停车场库	五分钟生活居住圈配置二级普通消防站、治安管理点、卫生室、临时应急指挥所，服务范围不大于 4km^2；居住街坊配置临时避难所、消防站点，医疗设施在应急救援期不小于 7.5m^2/ 人

资料来源：参照《城市居住区规划设计标准》GB 50180—2018 绘制。

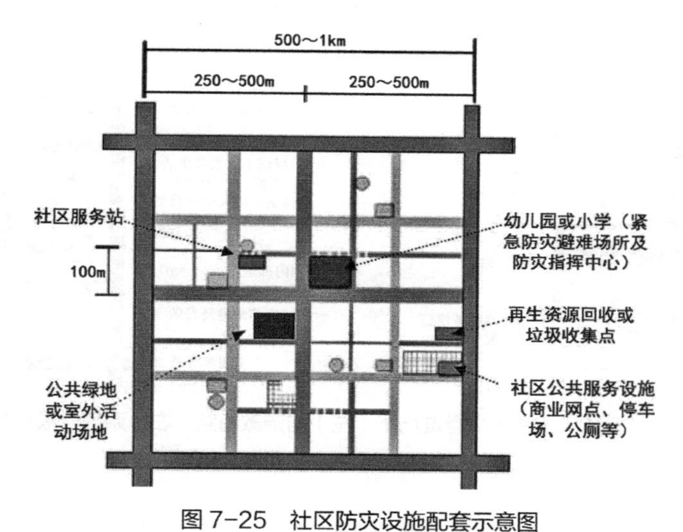

图 7–25　社区防灾设施配套示意图

（资料来源：依据参考文献 [131] 改绘）

在社区防灾生活圈建设强度方面，依不同社区建筑结构与组织形式、居民与建筑空间分布情况，判断安全隐患，以风险防范与管控为目标提出建设强度控制方案。比如，一些高密度老旧社区存在火灾隐患，应严格控制其建筑空间密度，保证消防通道畅通；而新建高层社区虽建筑密度低，建筑结构与材料抗灾性较强，但灾害发生时竖向疏散难度较大，应严格控制容积率，保证应急避难场所容量。

（2）社区防灾生活圈划定避难疏散系统

综合参照《城市居住区规划设计标准》GB 50180—2018、《防灾避难场所设计规范》GB 51143—2015、《城市综合防灾规划标准》GB/T 51327—2018 中社区防灾减灾规划设计内容，对滨海城市社区层级开敞空间与道路系统建设标准进行分级划定（表 7-19），二者在社区防灾生活圈中的划定方式如图 7-26 所示。

表 7-19　社区防灾生活圈中避难疏散系统分级划定表

社区防灾生活圈指标	《城市居住区规划设计标准》	社区防灾社区配置标准整合
开敞空间	五分钟生活圈居住区：人均公共绿地不小于 $1m^2$/ 人、公园最小规模 $0.4hm^2$；居住街坊：人均公共绿地新区不低于 $0.5m^2$/ 人，旧区不低于 $0.35m^2$/ 人；二者室外活动场地规模在 150～$750m^2$ 之间	固定避难场所面积 0.2～$1.0hm^2$，人均 $2m^2$；临时避难场所人均 $1m^2$；紧急避难场所人均 $0.5m^2$；建筑防火间距 7～14m
道路系统	五分钟生活圈居住区：道路边缘至建筑物、构筑物不小于 1.5m，路网密度不应小于 $8km/km^2$，红线宽度宜为 8～20m；居住街坊：路面宽度不小于 4.0m，其他附属道路红线宽度不宜小于 2.5m	应急疏散主干道不小于 15m，疏散道路网密度不应小于 $4km/km^2$，尽端式道路回车场地大于 12m×12m，疏散次通道宽度宜在 3～8m

资料来源：参照《城市居住区规划设计标准》GB 50180—2018 绘制。

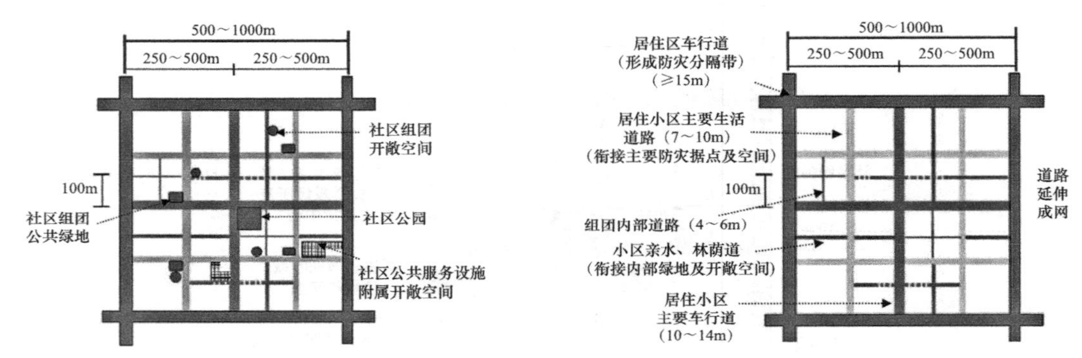

图 7-26　社区防灾生活圈中避难场所（左）与疏散道路（右）系统分级示意图

（资料来源：依据参考文献 [131] 改绘）

其中，社区防灾生活圈以开敞空间作为居民应急避难主要场所，其划定内容主要有社区健身广场、街边游园、公园绿地等居民日常休闲活动的开敞空间。另外社区内的购物广场、停车场、地下人防等室内外空间也可划定为辅助性临时避难场所，可在平时配置一定数量的应急救援设备。而大型体育场、露天广场、学校运动场等室外开敞空间则可划定为固定避难场所，在保证周围建筑物抗震防火性能的同时，相应配置较完备的电力通信、医疗救护、供水取暖等应急保障设施。

社区层级应急疏散道路可分为三级，其中快速救灾主干道宽 15m 以上，确保救援物资与救护人员输送车辆能够顺利到达应急避难场所或防灾据点，并保证与社区外围道路网络连接的通达性；消防疏散主通道宽度为 7～14m，用于保障消防车辆或大型救灾设备的顺利通行与工作；一般性应急疏散通道则为 4～7m，应确保消防车通行以及居民快速到达临时避难所。

7.3.2　风险源登记导向的社区风险地图

风险治理在社区综合防灾规划中不仅表现在防灾空间层面依据防灾设施适宜性评估划定社区防灾生活圈，完善灾时应急避难疏散体系，还需要借助风险治理帮助居民建立常态化社区风险源识别、防范、管控系统，将防灾空间中各类风险源信息及防灾减灾措施登记造册，并以社区风险地图形式可视化，既利于居民动态识别社区风险隐患，了解风险规避方案，又能控制灾害风险，降低损失影响。

7.3.2.1　滨海城市社区安全风险源登记

依据滨海城市灾害属性风险评估要素构成，社区安全风险源登记主要指自然灾害、生产事故灾难、社会安全事件等信息，包含社区自然灾害、公共场所、公共设施风险源三类。其中自然灾害发生及其风险隐患不可控，只能依赖预警规避或减低损失，其风险源的登记主要通过历史灾害数据推算，将脆弱性强且易放大灾害影响的对象列为风险源并登记；公共场所风险源主要指社区超市商场、公园广场等公共空间的安全隐患，比如消防设备陈旧、疏散通道堵塞等；公共设施风险源则指以生命线系统工程为主的社区地上与地下市政管线系统存在的安全隐患。

风险源登记具体操作方法为：首先依据社区防灾生活圈内防灾能力与灾害风险评估结果，归纳统计相关风险源基础信息；然后建立社区风险源登记表，对风险源编码并标明其风险类别、灾害发生概率、风险预警措施等信息（表 7-20）；最后对照前文基于可接受风险标准划定的城区风险评估矩阵，确定社区风险源治理优先级，为社区风险地图绘制、应急预案编制、综合防灾空间规划方案制定提供支撑。

表 7-20　滨海城市社区安全风险源登记表（节选）

风险源代码	风险大类	风险小类	主要灾害影响	发生概率	后果损失	风险评级	风险防控措施	预警措施
A0101	消防隐患	家庭起火	燃气或电暖气使用不当引发火灾	低	高	中	安装家用火灾报警系统	无
A0102	消防隐患	消防通道	堆放杂物，堵塞通道，延误救援	中	高	高	拓宽消防车道宽度或清理杂物	有
A0103	消防隐患	耐火建筑	违章建筑或夹层耐火等级低，挤占防火间距	高	中	高	拆除违章建筑，保障防火间距要求	无
A0104	消防隐患	线网质量	私拉电线或灯箱设施损坏而起火	中	高	高	增配消防设施，成立消防巡查队	无

续表

风险源代码	风险大类	风险小类	主要灾害影响	发生概率	后果损失	风险评级	风险防控措施	预警措施
A0201	洪涝灾害	洪水	社区底层空间淹没，居民难疏散	低	高	中	配备防洪沙袋、救生船等设备	有
A0202	洪涝灾害	涝水	雨水阻停社区内或街道雨水倒灌	高	中	高	配备强排抽水机，定期管网清淤	无
B0101	公共场所	爆炸	煤气罐或燃气管爆炸	低	低	低	加强安全检查，降低煤气罐使用率	无
B0102	公共场所	踩踏	群死群伤，空巢老人疏散困难等	低	低	低	公共活动期间加装人流预警系统	无
B0103	公共场所	高空坠物	广告牌或空调支架锈蚀、松动后砸伤行人	中	中	中	定期提醒居民检查空调外机，实行广告牌巡查	无
B0201	环境卫生	垃圾处理	垃圾长期堆放污染土壤滋生疾病	低	中	中	及时清理垃圾，增设垃圾收集箱	有
C0101	居家生活	煤气中毒	危机居民生命	高	高	高	安装家用一氧化碳报警器	无
D0201	社区治安	盗抢骗	引发社区恐慌与不安定因素	中	高	高	强化保安巡查制度，完善门禁与社区监控系统	无

7.3.2.2 滨海城市社区风险地图绘制

社区风险地图是在防灾空间规划中，用于展现综合风险及安全场所空间布局的数字化地图，将主要风险源信息、灾害风险评估结果等规划成果展示给居民，用图像标识风险、灾害等信息，通过灾害风险视觉化，提高公众安全意识，有效实施防灾避险，减轻灾害损失。绘制内容主要包含：土地利用或建筑地理信息；可能造成潜在危害的要素或地点；规划防灾减灾资源的位置；居民应对灾害风险措施等。如图 7-27 所示，防灾规划部门与某滨海城市社区居委会合作，共同完成社区风险地图。依据该社区所在辖区内的防灾空间功能分区，设置 12 个安全风险治理示范点，负责所在片区内风险源日常监控与评估。每个示范点由 2～4 个社区组成，每个社区风险地图上包含风险源脆弱性等级、安全隐患要素及地点、避难逃生路线等信息，确保居民明晰周边安全风险，及时进行风险自救。

此外，其绘制过程还可通过问卷调查、防灾知识讲座等多种活动形式，充分调动居民参与社区风险治理与综合防灾规划积极性。比如，邀请居民对所在社区风险防控方案与防灾减灾措施投票（图 7-28），组织居民制作社区风险地图模型（图 7-29），定期组织社区居民应急避难演习等。通过开展多种活动，帮助居民了解社区灾害风险，鼓励居民针对本社区可能存在的灾害风险，主动采取一些预防性措施来避免其发生，并做好合理应灾与减灾的行动准备。

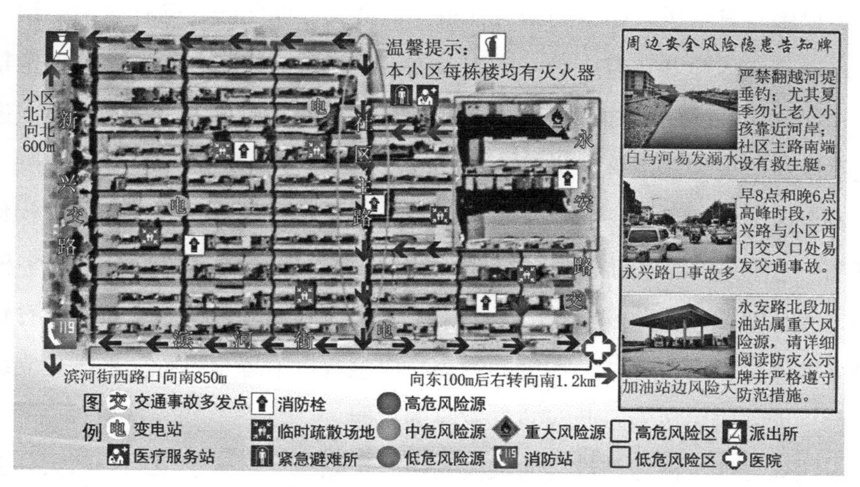

图 7-27　社区风险地图示意图

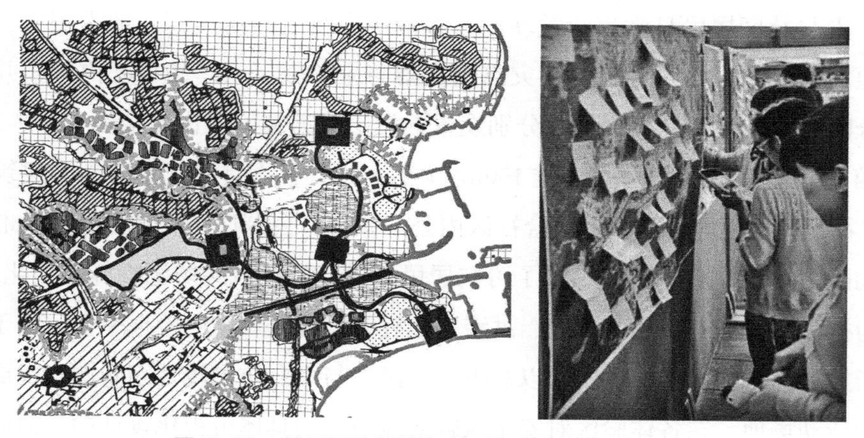

图 7-28　社区风险防控方案及其防灾减灾措施投票

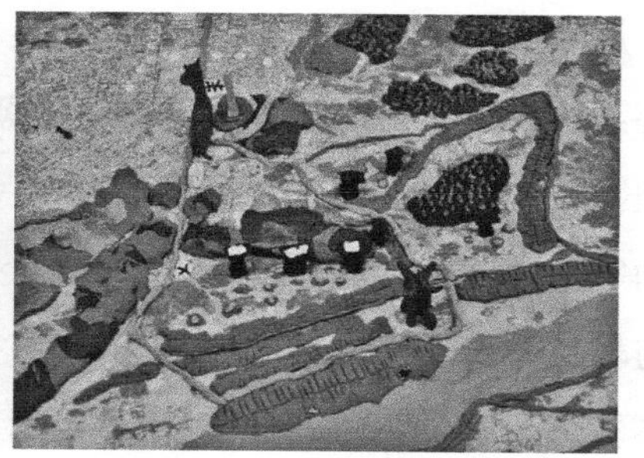

图 7-29　组织居民参加社区风险地图模型制作

7.3.3 对标全景可视化的防灾体验馆设计

社区居民虽然可通过防灾生活圈以及风险地图直观认知身边的安全风险环境，并了解防灾减灾设施与日常风险防范的相关知识，但涉及操作实践，除社区消防演习外，所有居民均难以真实体验并具有应对不同类型灾害的经验。建立各类灾害损失全景式仿真模拟平台，促使居民将所学知识用到多维度灾害演练中，通过灾害情景体验、逃生训练等智慧化手段让居民切实掌握防灾避险的实战技巧。

基于安全风险认知诉求，近年来我国很多城市将其作为风险治理能力现代化发展的创新型项目，积极建设城市居民公共安全教育基地、安全城市智慧系统等多种实践平台。比如，北京朝阳区公共安全馆、上海崇明安全体验馆、包头防灾减灾教育馆等，都期望围绕灾害风险识别、评估、预警、管控与应急救援治理全过程，系统建立综合防灾可视化平台，增强居民风险自救与防灾避险的技能。

本书由此倡导在滨海城市综合防灾规划中，规划设计社区层级综合防灾体验馆，将社区主导型灾害模拟与仿真体验融入居民日常生活。依据滨海城市灾害属性维度各项安全风险要素与社区居民日常生活关联度，将消防安全、洪涝灾害、地震减灾、环境保护、交通安全五个方面作为社区防灾空间规划与应急救援管理的核心内容，并在社区居民综合防灾体验馆的平面规划中分别设置五类主题灾害可视化体验区（图 7-30）。规划体验馆的整体占地面积不宜超过 150m^2，可分为上下两层进行布展，总建筑面积以 300m^2 左右为宜。用地选址上可结合社区内公共绿地、公园广场、物业管理中心等公共服务空间配建。空间功能方面，除了可向居民提供全景式风险防范措施可视化体验外，还可作为社区防灾据点，建立火灾、洪涝、地震等灾害风险监测警报平台，用于灾时应急救援指挥管理、临时避难场所，以及组织居民参与综合防灾规划问卷调查、成果编制等阶段的活动场地。在各体验区对安全风险防范措施的具体可视化设计中，消防安全体验区主要通过 VR 技术对火灾产生、蔓延与致灾进行虚拟现实，为居民提供电子灭火体验，进行烟雾逃生、结绳训练等防灾演练；洪涝灾害体验区主要展示社区雨排水设施与风险预警系统，模拟由海啸等引起的洪灾紧急撤退路径，由强降雨引起的内涝强排与紧急避灾预案；地震减灾体验区主要引导居民进行家庭隐患排查，模拟电梯坠落、地面塌陷与晃动等地震灾害体验；环境保护体验区主要进行垃圾分类、雾霾防治等日常防范措施宣传与教育；交通安全体验区则强调通过虚拟自行车、电动车的车祸碰撞强度模拟等让居民体验交通安全事故的危害性，普及社区避难疏散安全标识知识，还可在体验馆空间面积允许的情况下设计地铁逃生体验等；建立社区综合防灾留言系统，要求居民参观完毕后，针对社区安全风险管控与防灾空间规划设计提出建议或意见。

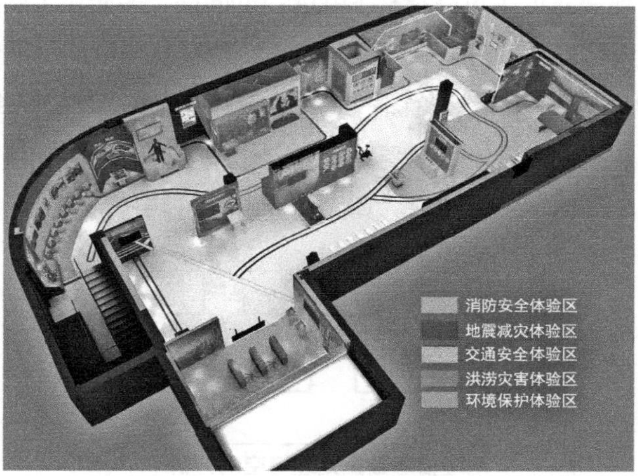

图 7-30　社区综合防灾体验馆平面布局图

7.4　建筑物敏感度评价及防灾细部治理

建筑层级主要针对其内外部空间进行防灾能力提升，对建筑物外部空间环境与易损性进行敏感度识别，将灾时人员安全疏散路径与城市外部避难场所和应急疏散道路相衔接，建立对高密度区域超高层建筑以及结构易损性建筑的动态风险监控与评估系统，及时对高危建筑进行修缮与维护。建筑物内部空间防灾能力的提升，则重点通过对公共建筑与居住建筑内部的风险隐患进行治理。

7.4.1　建筑物外部敏感度之易损性整治

建筑物外部空间环境主要指能影响或发挥防灾减灾效用的风险环境要素，既包括建筑物周边地形地貌、河流水系、绿地景观等自然空间环境，又涵盖道路交通、广场公园、城市绿带绿道等公共空间环境。从综合防灾规划视角看，这些要素都可在风险评估的基础上改造成防灾减灾资源，并与建筑物构成完整的防灾空间体系。因此，建筑物外部空间环境安全评价以场地敏感度评价为主，其内容涉及建筑外部自然灾害风险环境评价、建筑周边人工环境评价、地质地貌安全环境评价三个方面。当前学界涉及该内容的综合安全环境评价方法主要有 AHP 层次分析和 GIS 叠加分析，本书据此提出建筑物外部空间环境敏感度评价技术路线（图 7-31）。首先基于场地 TM/ETM＋影像数据进行地表热岛温度、土地暴露度等风险指标 ERDAS Imagine（多光谱）图形解译，作为 GIS 分析底图；然后导入地形图、防灾专项规划、地质勘察与环境评价报告等相关数据进行 GIS 空间分析，形成单因子环境评价图；最后基于城区减灾措施优先级确定各因子影响权重，叠加分析后参照城区风险可接受标准划定外部空间敏感度等级，以此作为建筑外部空间各项安全风险环境评价的依据。具体评价内容如下。

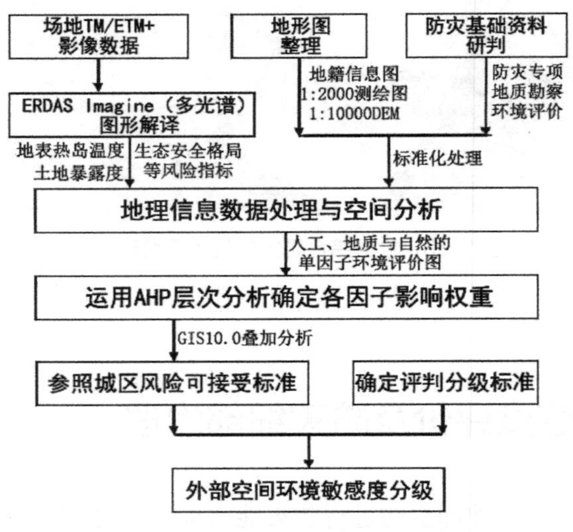

图 7-31　建筑外部环境敏感度评价技术路线

（1）自然灾害风险环境安全评价：主要指建筑物因受自然环境影响所易引发灾害风险的敏感性评价。比如选址是否避开城区不利风向，并能有效阻止火灾、空气污染等蔓延传播；外部空间是否存在低洼区，是否具备洪涝灾害抵御能力；周边是否有足够的应急避难场所等。

（2）建筑周边人工环境评价：主要指建筑物周边是否存在有关易燃易爆与化工危险品的存储、生产、运输空间，以及高压输电线路以及油气输送管道等易引发事故灾难的风险源，评价其影响范围并判断建筑物选址的敏感度。

（3）地质地貌安全环境评价：主要指依据区域国土空间韧性治理方法对建筑物及其周边用地的防灾适宜性进行评价。比如地基承载力是否适应建筑密度与开发建设强度，有无地面沉降现象；建筑物周边是否存在地震断裂带、泥石流滑坡等地质灾害危险区；特别是高层建筑及其应急避难场所不能建设在湿陷性黄土、溶塌陷土质等松软地基上，防止因地基变形受损并引发多种次生灾害。

承接以上建筑物外部敏感度评价内容，本书选取对建筑物结构强度要求最高且与居民日常生活关联最紧密的震灾为核心评估对象，即将地震易损评估方法作为滨海城市综合防灾规划中建筑物整体敏感度识别的依据。具体评估方法如下。

（1）依据前文城区防灾空间单元，抽取建筑密度较高者为易损性评估对象。调研并进行外部空间环境安全评价确定重点易损性评估建筑，搜集并分析其建筑结构施工图资料，提取可作为震害易损性评估指标的建筑结构设计参数，比如各层混凝土强度和钢筋强度等级、结构平面布置尺寸、梁柱截面尺寸等[132]。

（2）详细排查重要易损建筑，采用建筑物典型分析法①对其进行易损性评估。参照《建筑工程抗震设防分类标准》GB 50223—2008 建立建筑结构的力学计算模型，用于测度建筑物关键部位结构的抗震物理性能，依据其施工图中对核心梁、柱与剪力墙肢的设计划分基本分析单元，通过“杆系模型”重点分析不同震级强度影响下的结构振动位移，初步测度层间位移角。

（3）对照评估结果，通过历史受灾建筑损失结果推断重点与普通易损性建筑分布。滨海城市建筑结构多由框架和框架剪力墙构成，计算建筑结构不同震级强度变形能力，预测整体易损性水平并判断结构薄弱层位置。对于不同震害强度下的建筑结构破坏程度与层间位移角之间的关系，可参照表 7-21 判定。

表 7-21 不同震害强度下的建筑结构破坏程度与层间位移角关系表

震害强度	基本完好	轻微破坏	中等破坏	严重破坏	损毁
框架结构	$\theta \leqslant 1/400$	$1/400 \leqslant \theta \leqslant 1/250$	$1/250 \leqslant \theta \leqslant 1/125$	$1/125 \leqslant \theta \leqslant 1/50$	$\theta \geqslant 1/50$
框架剪力墙结构	$\theta \leqslant 1/500$	$1/500 \leqslant \theta \leqslant 1/300$	$1/300 \leqslant \theta \leqslant 1/150$	$1/150 \leqslant \theta \leqslant 1/100$	$\theta \geqslant 1/100$

资料来源：依据《建筑工程抗震设防分类标准》GB 50223—2008 绘制。

依据该方法评估所有建筑易损性后，依据震源强度、受损风险与损坏强度进行建筑质量分级，既可系统创建不同建筑结构下易损性建筑物信息表 7-22，又可据此准确核定不同质量等级建筑物分布情况（图 7-32），为综合防灾规划确定重点整治建筑、划定高风险区域、制定建筑结构加固与改造方案提供依据[133]。

① 建筑物典型分析方法主要依据建筑力学模型对不同建筑物结构特征下的抗灾性能进行分析。而确定滨海城市防灾规划所涉及的建筑结构类型，则需依据《城市抗震防灾规划标准》GB 50413—2007、《建筑工程抗震设防分类标准》GB 50223—2008 要求，以及建筑物抗震设防的重要性进行分类。各类建筑易损性评估所用的建筑力学模型主要指通过计算建筑物结构的层间位移角来判定其震灾承受能力。另外还需要通过测算不同地震序列下累积破坏效应对建筑物的影响值，对层间位移角进行辅助修正。

表 7-22　我国某滨海城市特定区域范围内易损性建筑物信息统计表

结构类型	栋数	烈度	震害				
			基本完好	轻微破坏	中等破坏	严重破坏	损毁
砖混	5681	6	3288	1935	441	17	0
		7	10	2962	2362	339	8
		8	0	42	3907	1502	230
		9	0	0	31	2085	3565
框架	1930	6	1885	45	0	0	0
		7	32	1608	290	0	0
		8	0	277	1138	501	14
		9	0	28	379	1472	51
钢混高层	18	6	16	2	0	0	0
		7	10	5	3	0	0
		8	0	13	2	2	1
		9	0	0	0	4	14
钢排架（单层厂房）	275	6	118	157	0	0	0
		7	40	198	19	18	0
		8	0	0	181	57	37
		9	0	0	0	93	182
木结构	33	6	20	13	0	0	0
		7	0	30	3	0	0
		8	0	24	9	0	0
		9	0	11	22	0	0
老旧砖混（民居）	3185	6	127	1193	1046	226	593
		7	0	65	995	1208	917
		8	0	28	104	1138	1915
		9	0	0	27	50	3108
其他	504	6	155	288	34	27	0
		7	19	372	74	16	23
		8	0	102	331	45	26
		9	0	0	128	258	118

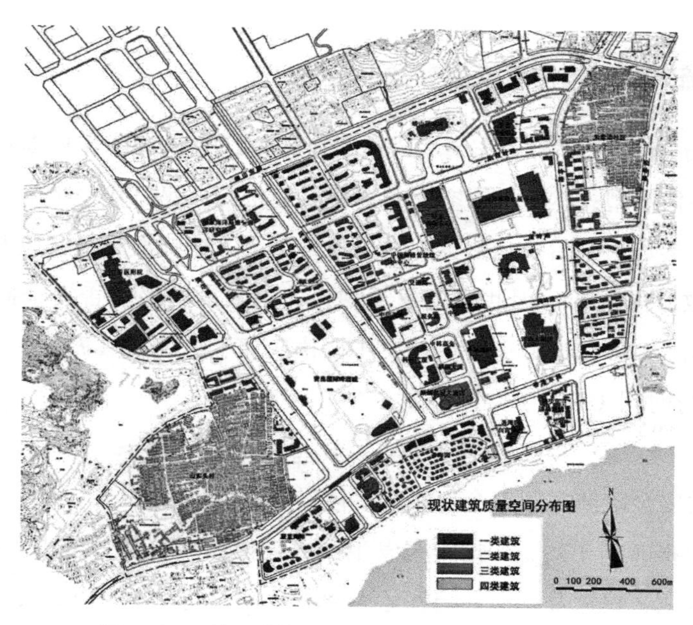

图 7-32 基于建筑易损性评估的建筑质量分布图

7.4.2 灾时仿真模拟导向的安全疏散路径

提升建筑层级综合防灾能力，不仅指评估外部空间环境敏感度以及结构易损性，为优化其周边防灾减灾设施布局、维护建筑结构韧性、完善应急避难空间分布提供理性支撑，还需以人身安全诉求为中心，探究内部人员灾时避险行为规律，通过设计与优化安全疏散路径，引导居民由内部空间安全快速疏散至外部避难场所，提升居民快速反应能力。因此，借助智慧化分析技术仿真模拟建筑内部灾害蔓延趋势及受灾人群疏散行为，依据模拟结果设计安全疏散路径。目前国内外受灾人员疏散模拟软件多达 20 多种，研究对象主要针对火灾、洪灾、地震三类灾害，且没有统一评判标准。本书选取国内应用实践较多且仿真操作流程较成熟的 Pathfinder 软件进一步探究滨海城市建筑物灾时安全疏散路径的规划设计策略。

该软件由美国国家标准技术研究所（NTST）下的 Thunderhead Engineering 公司开发，主要基于流体力学对火灾情景烟气蔓延与人员疏散进行仿真模拟。通过研究空间三维三角网络分解优化运算速度，满足大型复杂建筑对人员疏散的评估分析。该软件对相关参数考虑较全面，可自定义，能够准确模拟建筑内部各楼层指定位置人员疏散过程及逃生路径，充分考虑居民识别建筑物快速疏散路径可视化需求，生成疏散模拟动画，灾害影响及疏散模拟数据用表格或曲线形式统计。

7.4.2.1 安全疏散时间与仿真模拟参数设定

使用 Pathfinder 软件进行火灾情境人员安全疏散仿真模拟，需根据目标建筑平面与结构建立物理评估模型；然后作为空间布局背景，依照居民可接受风险标准，设定模拟分析人员数量等参数；最后执行测算并得出各灾害下人群疏散路径，以及建筑内部各空间位置安全疏散所需时间。因此决定建筑物火灾情景下居民能否安全撤离的核心指标为安全疏散时间（$RSET$），以 s 为单位，主要由灾害警报时间（T_{alarm}）、疏散反应时间（T_{pre}）、疏散进行时间（T_{move}）共同决定：

$$RSET = T_{alarm} + T_{pre} + T_{move} \tag{7-6}$$

式中，有关安全疏散时间三个变量的具体设定内容如下。

（1）灾害警报时间（T_{alarm}）指灾害发生到火灾探测报警装置发出警报信号的时间，或者人员通过味觉、嗅觉及视觉系统察觉火灾征兆的时间。本书以火灾探测报警时间为基准参数，其与火灾探测系统的类型、探测器的性能、探测器的安装（高度和间距等）、火源类型及大小等因素有关。滨海城市大部分建筑都设置了火灾自动报警系统和感烟火灾探测器，其火灾探测报警时间确定为 60s。

（2）疏散反应时间（T_{pre}）指从火灾报警信号发出后到人员疏散运动开始之前的时间间隔[134]。该时间受许多因素影响，如人员获得火灾信号时正在进行的活动、人员清醒状态等。本书在英国 BSI 标准的基础上（表 7-23）[135]，假定灾时人员能迅速识别疏散出口位置并能及时按照安全出口标识撤离，将人员疏散反应时间设定为 60s，这样从火灾警报发出到人员行动开始的时间为 120s。

表 7-23 不同类型建筑启动火灾报警系统时的人员疏散反应时间

建筑物类型	建筑物内部防灾特性	疏散反应时间（min）		
办公楼、商业建筑、厂房、学校	建筑内人员处于清醒状态，熟悉建筑物内报警系统和疏散措施	＜ 1	3	＞ 4
商店、展览馆、博物馆、休闲中心等	建筑内人员处于清醒状态，不熟悉建筑物内报警系统和疏散措施	＜ 2	3	＞ 6
住宅或寄宿学校	建筑内人员可能处于睡眠状态，熟悉建筑物内报警系统和疏散措施	＜ 2	4	＞ 5
旅馆或公寓	建筑内的人员可能处于睡眠状态，不熟悉建筑物内的报警系统和疏散通道	＜ 2	4	＞ 6
医院、疗养院及其他社会公共服务设施	有相当数量的人员需要帮助	＜ 3	5	＞ 6

资料来源：依据参考文献[135]绘制。

（3）疏散进行时间（T_{move}）指由到达出口行走时间和通过楼梯、出口或其他相对安全地点排队时间组成。两个时间中较长者决定该空间人员疏散时间，其与疏散距离、疏散出口宽度、疏散人数相关，需考虑疏散人员数量、疏散路径等因素。此外，要得到建筑物灾时人员安全疏散有效路径，还需对建筑空间环境中人员信息等参数进行合理设定。所选灾害模拟场景以火灾及烟尘的流体力学演化为分析背景，有关建筑物人员数量、年龄构成比例等参数的设置方法如下。

① 人员空间数量参数。各区域人员数量取决于该区域面积、功能等因素。本书以 3000m^2 以上商场类公共建筑为仿真模拟对象，参照《建筑设计防火规范》GB 50016—2014（2018 年版）第 5.5.21 条规定，疏散人数按每层营业厅建筑面积乘人员密度计算。如按三层建筑面积均为 3000m^2 测算，前两层人员密度应为 0.43 人 /m^2，模拟人口数量均为 1290 人；第三层则为 0.39 人 /m^2，模拟人口数量为 1170 人。

② 人员构成与移动速度参数。将三层建筑面积均为 3000m^2 的建筑中年龄与性别参数比例设定为，成年男性：成年女性：老人：儿童＝5：5：4：6。其中成年男性的移动速度设定为 1.35m/s、成年女性为 1.15m/s、小孩为 0.9m/s、老人为 0.8m/s。

7.4.2.2　安全疏散运动模拟与路径设计

将以上有关建筑物空间平面布置图、出入口位置、安全疏散时间参数、建筑空间环境中的人员信息等参数设置完成后，导入 Pathfinder 软件得到建筑物内部空间安全疏散模型（图 7-33）。针对不同灾害发生地点与场景模拟人员疏散运动情况，模拟执行完毕后即可得到所有人员安全疏散出去所需时间，及各楼层人员在疏散模拟中的典型时刻截图，通过各个典型时刻人流演变情况来识别最佳安全疏散路径 [136]。

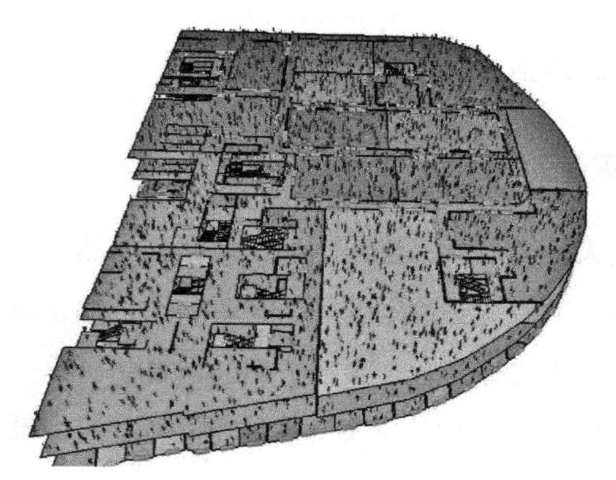

图 7-33　建筑物内部空间安全疏散模型

（资料来源：依据参考文献 [136] 绘制）

以一层人员安全疏散仿真模拟为例，疏散过程如图 7-34 所示，假设 A 处为起火点，灾害发生后浓烟首先在 A 点附近集聚，随着火势向水平方向快速蔓延，人员主动从背离火势蔓延方向撤离。疏散行为启动后人员多选择就近安全出口进行避险，人流主要向楼梯口迅速集聚，且一层人员在 100s 内完成撤离，之后 260s 内二层与三层人员也依次到达并通过一层安全出口撤离，直到 380s 后完成楼内所有人员安全疏散。最后依据人员运动全过程确定安全疏散路径。

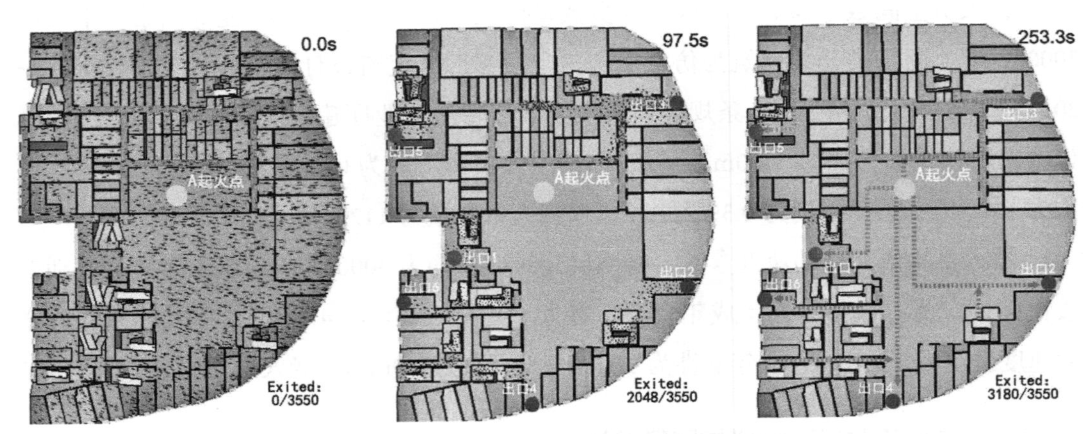

图 7-34 一层人员安全疏散过程仿真模拟图

（资料来源：依据参考文献 [136] 绘制）

7.4.3 对标功能差异性的内部防灾能力提升

滨海城市不同使用功能建筑的结构与形态各具特色，其内部空间的安全风险隐患与防灾设施配置也存在一定的差异性。本节将滨海城市常见的建筑功能划分为公共与居住两大类，分别论证其风险治理与防灾能力提升方案。

7.4.3.1 公共建筑防灾能力提升之“安全岛”配置

公共建筑的特点是人口流动性强且短时大量聚集，虽然可运用建筑物灾时人员疏散行为仿真模拟及逃生时间测算等方法划定安全疏散路径，为建筑物防灾空间规划与应急避难疏散系统设计提供技术支撑和数理参考，但其只适用于单一灾害情境，并且需预先设定灾害警报时间、疏散反应时间以及人员数量等信息参数，没有考虑多灾害并发、安全门意外锁闭、踩踏事故突发等不可控因素。因此，需在灾时安全疏散路径仿真模拟基础上，探索建立常态化公共建筑内部空间防灾能力提升策略。本书借鉴道路交通安全与地质学领域“安全岛”（道路的过渡安全区或地质的相对稳定带）概念与实施策略，提出在公共建筑空间内配建长期紧急避难所，随时为人员提供应对多灾害侵袭的安全避险空间，即建筑安全岛。

当前城乡规划学与建筑学对安全岛研究较少，主要针对城市地下空间、道路交通规划，鲜有建筑空间层面的研究成果。参照我国建筑防火设计规划中避难层（间）的概念推演建筑安全岛内涵，使建筑物受灾人群快速有效地隔离灾害侵袭。其空间形式既可以是具备临时生存物质条件的封闭式应急避灾房间，又可表现为串联室内疏散通道的安全逃生空间（图 7-35）。其主要目的是整治建筑内部避难疏散空间，为灾时难以快速逃离灾害现场的受灾人员提供就近避灾及自救互救的安全场所，确保自身生命安全的同时，也可为外部应急力量争取救援时间[137]。

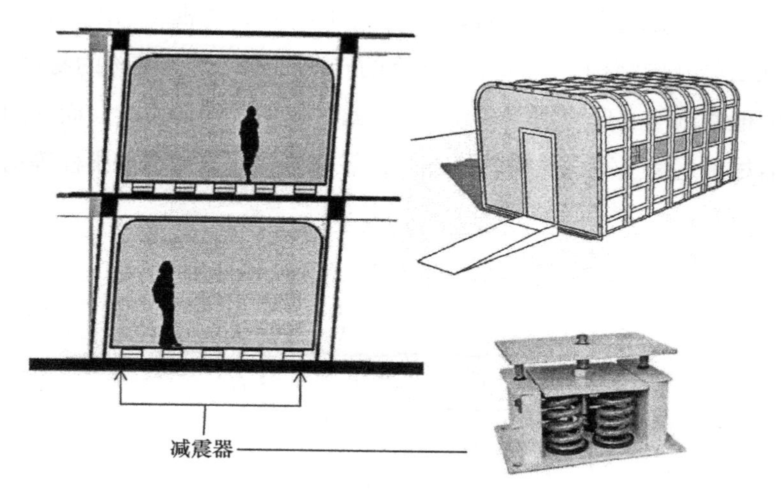

图 7-35 建筑安全岛的空间形式示意图

（资料来源：参考文献[137]）

（1）划定建筑安全岛面积需参照公共建筑物常年平均人流密度、人员分布密度等信息，依据《建筑设计防火规范》GB 50016—2014（2018 年版）5.5.19 所规定的公共商业建筑换算系数计算各层所需疏散人数。人均所需面积以成年男子为标准，其正常行进状态下身体与步幅平均宽度分别为 0.5m 和 1.0m，叠加计算后最低人均避难面积 0.5m²/ 人。以公共建筑内部各层防火分区为单位，依据消防设计图确定各防火分区面积折算系数及疏散人员换算系数，最后计算各层所需安全岛面积：

$$S_S = N \times R_{\min} (\times K) \times a \times A_{\min} \tag{7-7}$$

式中，S_S 为所需安全岛面积；N 为所需疏散人数；$R_{\min}$ 最低疏散人员折算系数；K 为面积折算系数，即一定防火分区内要求防火保护的面积比例；a 为疏散人员换算系数；A_{min} 为最低 0.5m²/ 人标准。

（2）建筑安全岛位置的划定需综合考虑不同公共建筑的结构特征及内部疏散环境。考虑建筑设计防火规范对建筑灭火救援场地的要求，公共建筑各防火分区都应设安全岛，其位置应尽量接近消防车与消防云梯的停靠场地，并在各层建筑空间中处于同一平面或垂直状态，便于各楼层安全岛互联互救，且利于消防云梯发挥最大逃生辅助效用（图 7-36）[138]。考虑公共建筑的结构特征，应依据不同建筑结构的抗震性能及易损性选取经济合理的位置（图 7-37）。其中砖混结构应远离隔墙，选择开间较小且墙体不易断裂的空间，以避免灾时发生粉碎性坍塌；框架结构应尽量靠近梁柱等构件并对梁柱节点进行物理性加固，远离大开间或大跨度的承重薄弱位置，以避免灾时发生剧烈形变；筒体结构应紧邻筒体支撑位置或直接使用其墙体，特别在管道井附近作为楼梯间或电梯厅疏散前室位置，金属管道附着可加固附近承重墙体韧性；底框结构则较特殊，主要以混凝土框架为底层轻基础结构，上部多为较重的砖混结构，建筑结构的易损性差异较大，受灾表现以底框垮塌与变形为主，多数底框建筑结构中梁截面较大，而柱的抗灾韧性较弱，安全岛需尽量远离上下部结构转换部分，靠近楼梯间剪力墙或梁柱等构件设置[139]。

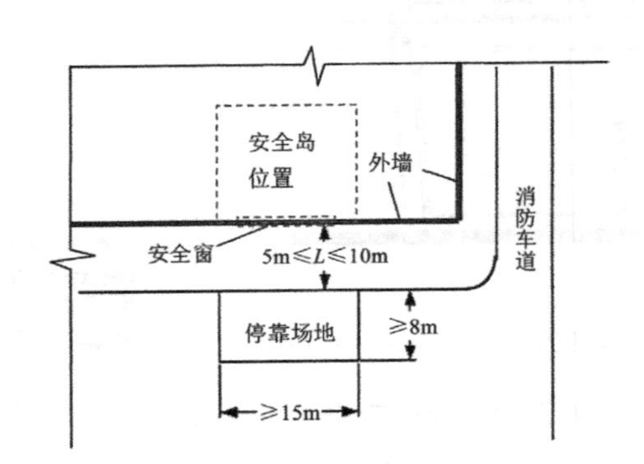

图 7-36　建筑安全岛的位置示意图

（资料来源：依据参考文献[138]绘制）

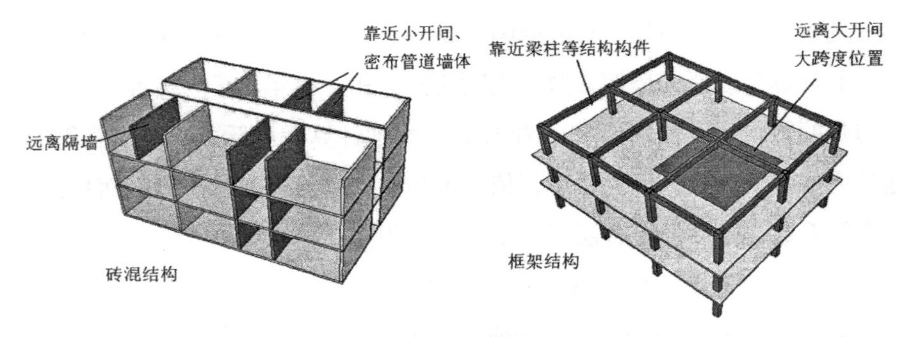

图 7-37　不同建筑结构中的安全岛位置示意图

（资料来源：依据参考文献[139]绘制）

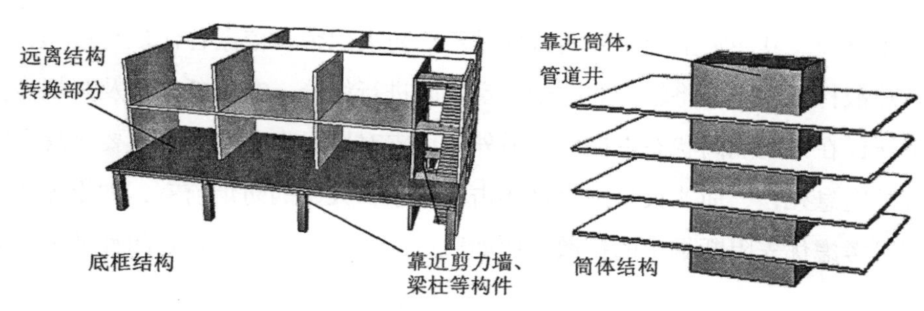

图 7-37　不同建筑结构中的安全岛位置示意图（续）
（资料来源：依据参考文献 [139] 绘制）

7.4.3.2　居住建筑防灾能力提升之交通空间整治

居住建筑防灾能力提升策略研究是建筑层面综合防灾能力设计的重要内容，而该类建筑内部的公共交通空间则是确保居民灾时有效避难，并及时疏散至室外安全场地的重要载体。依据《城市居住区规划设计标准》GB 50180—2018 与《建筑设计防火规范》GB 50016—2014，将居住建筑公共交通空间划分为垂直交通、水平交通、配套设施三类，其中水平交通空间主要指每层住宅的防烟前室及其联系走廊；垂直交通空间指串联各层住宅的电梯与楼梯；配套设施则指提供居民生活保障的各类管道管井。本书基于建筑内部水平与垂直交通空间形式分别提出相应的防灾能力提升策略。

（1）水平交通空间防灾能力提升主要为防烟前室安全隐患排查与整治，通过改造疏散楼梯出入口、增设应急消防电梯等多种风险治理方法提高防烟前室疏散逃生效用。针对当前我国滨海城市居住建筑防烟前室类型采用不同的整治办法，其中表现最突出的为“多合一”防烟前室空间。很多居住建筑为发挥最大经济效益，公共交通空间采用紧凑型布局，压缩公摊面积并将防烟楼梯、消防电梯与普通电梯出入空间合并布置在较小的前室内（图 7-38），进而诱发较大的安全风险隐患。一旦火灾及烟气进入前室将封堵所有安全疏散通道，外部消防人员救援路线与内部居民应急疏散路线重叠而加剧灾害损失。该情境下防灾能力提升一方面需采用高防火性能材料装修防烟前室并增加消防设备，在每户门前加装烟火探测器与自动灭火装置，另一方面明确对灾时居民应急疏散与消防电梯的分工管理 [140]。

当多合一前室将住户门前走廊、电梯前厅、剪刀梯等空间进行合并后则会形成扩大型的防烟前室，其空间扩大也会诱发较大的安全风险隐患。比如，同一层所有住户的出入口全部面向前室，导致灾害直接在前室与室内空间之间传导，消防电梯、楼梯以及走廊均无法形成相对封闭的防烟空间，火灾及其烟尘可以迅速扩散到整个前室并封堵居民所有的逃生路径。其防灾措施主要通过加设乙级防火门帘，依据各住户与楼梯、电梯的关系以及疏散行为路径，将较大的防烟前室空间进行细分，在阻断火灾及其烟尘扩散的同时保证居民在人灾隔离状态下撤离。另外，火灾对居民生命的威胁主要表现在因烟尘吸入导致的窒息死亡，而非火焰的直接袭击，对于扩大型的防烟前室，如果无法及时疏散居民则可考虑优先阻断烟尘的扩散，比如通过乙级防火门帘划定封闭性的灾时防烟专用前室[141]。

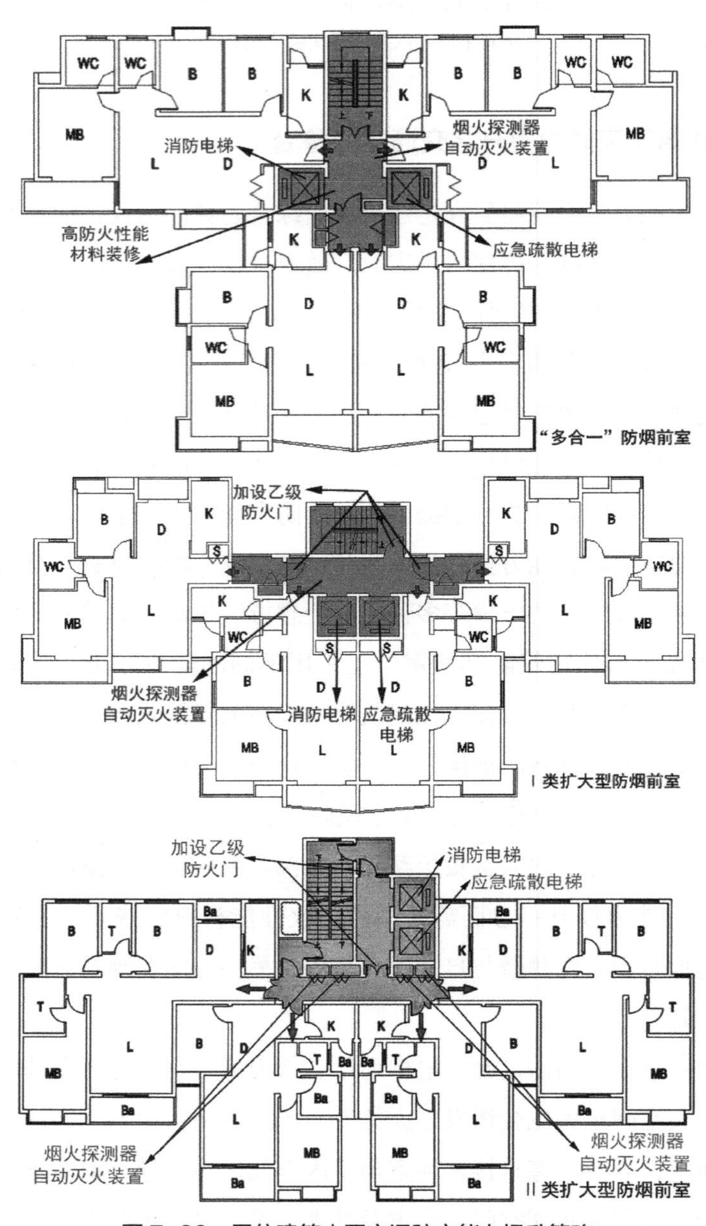

图 7-38　居住建筑水平交通防灾能力提升策略

（2）垂直交通空间防灾能力提升主要指在疏通楼梯杂物并保障其发挥灾时疏散功能的同时，发挥电梯运送人员时间短且不受居民年龄与健康状况影响的优势，并在居住建筑内增设应急疏散电梯。对垂直方向的楼梯与电梯表面加装高耐火性能防火材料，整合居民日常出行线路与灾时安全疏散线路，将其与各楼层防烟前室串联成安全区，保障居民灾时进入该区域后，可及时依靠应急疏散电梯与楼梯进行避险。另外，为避免灾时外部消防人员的救援路线与内部居民应急疏散路线的冲突，需要分别设置灾时消防专用电梯与应急疏散电梯停靠程序。比如，当火灾发生时，应急疏散电梯能够自动识别着火点所在的层数并启动火灾层不停靠指令，以保障居民安全疏散；而消防专用电梯则在灾时仅默认输送到火灾层及其上下两层空间，在提升灭火效率的同时提高居民的避险疏散速度。

7.5　防灾救灾联动应急管理响应方案

基于前文对滨海城市组织管理危机构成要素的分析，以及政府安全风险治理效能的评价，从公共安全的视角进一步探讨多部门与多风险并存情境下，应急救援管理在城市综合防灾规划中的响应方案。建立紧急状态下灾害救援处置与防灾常态下安全风险治理的协调机制，明确防灾减灾相关职能部门在不同灾害风险治理阶段的责权事权以及协作关系。本节运用风险管理学的 RBS/M 风险监管方法，从多风险动态管控与多部门联动救灾两方面，提出系统、实用、有效的防灾救灾联动应急管理响应方案。

7.5.1　RBS/M 分级的多风险动态管控响应

RBS/M（Risk Based Supervision/Management）风险监管方法源于安全生产领域，主要基于风险管理理论对生产对象或生产线施行分级、分类风险监管的办法，强调依据定量风险评估进行风险定性分级，并将风险等级与风险监管措施进行匹配。其方法精髓体现在风险辨识的全面性、风险评估的动态化、风险评价的定量化，以及风险管控措施分类与风险评价分级的对应性等，适用于研究滨海城市多灾害风险动态管控下应急管理预案的制定。

首先需要对滨海城市灾害风险系统中各主要灾害类型进行风险动态的定量化描述。即通过安全风险敏感性函数测度多风险下的综合安全度，以此作为安全风险分级，以及匹配相应灾害影响下应急管理措施的依据，测度函数为[142]：

$$S_n = F(R) = 1 - R(P, L, S) \qquad n = 1, 2, 3\cdots \tag{7-8}$$

式中，S_n 为一定情境下可能发生某类型灾害的风险敏感性；n 为灾害类型数；F 表示不同灾害风险的评估情境，比如领域维度、影响维度、时间维度等；P 为灾害发生的概率；L 为因灾害导致的后果损失；R 为应急管理对象的综合风险值。

然后依照各类灾害的风险敏感性测度结果进行三维风险矩阵分级（图 7-39）。即建立灾害发生概率 P（等级标注为Ⅰ、Ⅱ、Ⅲ、Ⅳ）、灾害损失后果 L（等级标注为 a、b、c、d）、灾害风险敏感性 S（等级标注为 1、2、3、4）的三维评价坐标系，三者组合形成综合风险分级评价表 7-24。

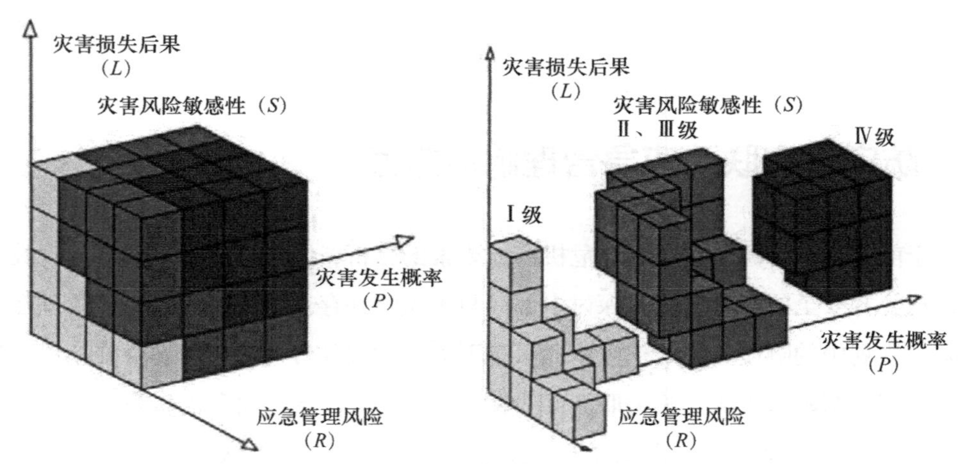

图 7-39 基于 RBS/M 的三维灾害风险矩阵分级

（资料来源：依据参考文献[142]绘制）

表 7-24 基于 RBS/M 的灾害综合风险分级评价表

综合风险分级	安全风险分级要素组合形式
低风险	Ⅰa1 Ⅰa2 Ⅰa3 Ⅰa4 Ⅰb1 Ⅰb2 Ⅰc1 Ⅰd1 Ⅱa1 Ⅱa2 Ⅱb1 Ⅲa1 Ⅳa1
中风险	Ⅰb3 Ⅰb4 Ⅰc2 Ⅰc3 Ⅰc4 Ⅰd2 Ⅱa3 Ⅱa4 Ⅱb2 Ⅱb3 Ⅱb4 Ⅲa2 Ⅲa3 Ⅲa4
中高风险	Ⅰd3 Ⅰd4 Ⅱc1 Ⅱc2 Ⅱd1 Ⅱd2 Ⅲb1 Ⅲb2 Ⅲc1 Ⅲd1 Ⅳa2 Ⅳa3 Ⅳa4 Ⅳb1 Ⅳb2 Ⅳc1 Ⅳd1
高风险	Ⅱc3 Ⅱc4 Ⅱd3 Ⅱd4 Ⅲb3 Ⅲb4 Ⅲc2 Ⅲc3 Ⅲc4 Ⅲd2 Ⅲd3 Ⅲd4 Ⅳb3 Ⅳb4 Ⅳc2 Ⅳc3 Ⅳc4 Ⅳd2 Ⅳd3 Ⅳd4

最后基于 RBS/M 中的“监管匹配原则”，将多风险动态分级与风险管控对策措施进行匹配。即针对多种灾害类型中综合风险等级的不同，相应启动不同水平的风险管控措施与应急管理强度[143]。从表 7-25 可知，风险分级与风险管控的精准对位可以缩短应

急管理的有效反应时间，依照匹配矩阵可以迅速制定出多风险动态管控下的应急救援预案。如果对高风险等级实行了低级别风险应急预案，将导致应急救援准备不足，灾害链式效应继续蔓延，甚至主次生灾害损失的失控；如果对低风险等级实行了高级别的风险应急预案，则会导致防灾减灾与应急救灾目标脱离实际需求，应急救灾物资与防灾减灾资源的低效利用与浪费。

表 7-25 综合风险分级与风险管控措施匹配表

综合风险分级	风险状态及其管控措施（风险管控等级）	应急管理级别及可接受风险标准			
		高水平	中高水平	中等水平	低水平
低风险	可接受风险；四级风险预警；临时管控；普通防灾系统维护；重大风险源评估与监控	不合理 可接受	不合理 可接受	不合理 可接受	合理 可接受
中风险	有限接受风险；三级风险预警；中等管控；局部防灾减灾；重点风险评估与隐患排查	不合理 可接受	不合理 可接受	合理 可接受	不合理 不可接受
中高风险	不期望风险；二级风险预警；较强管控；增加风险评估与排查频次等	不合理 可接受	合理 可接受	不合理 不可接受	不合理 不可接受
高风险	不可接受风险；一级风险预警；强力管控；强制防灾；全面评估；否决制等	合理 可接受	不合理 不可接受	不合理 不可接受	不合理 不可接受

综上所述，在滨海城市多风险动态管控应急预案的制定中，应将各部门专项应急预案有效衔接。可通过 RBS/M 风险监管方法对其进行综合风险分级，以可接受风险标准、灾害触发临界条件等多维度风险评估指标判断风险管控与应急管理的响应水平。在综合考虑各类型灾害链式效应影响的基础上，提出符合各部门专项灾害应对需求的多风险动态管控应急机制，改变传统应急管理预案中专项预案衔接难度大、综合风险分析与预见能力低、难以运用于应急救援实践的缺点。

7.5.2 责权事权下的多部门联动救灾响应

多部门联动救灾应急方案的制定需要以应急管理部门为主体，充分尊重其在滨海城市灾害应急救援管理中的主导地位，探索协调组织其他专项防灾减灾相关职能部门的联动救灾机制。以综合防灾规划中灾害风险的空间治理措施为参照，依据多风险动态管控应急预案，引导多部门分工协作完成灾害救援与灾后重建工作。因此，制定多部门联动救灾应急方案的核心策略应该包含多部门应急协调方案、应急信息互联共享方案、应急救援决策发布方案三个方面。

（1）多部门应急协调方案

基于治理差异性的滨海城市多层级防灾空间规划，通过运用多维度风险评估方法，挖掘出各空间层级风险治理与防灾减灾的重点内容。若将这些综合防灾规划成果有效地运用于风险治理的全过程，还需要运用 RBS/M 风险监管方法整合滨海城市灾害系统各相关风险治理主体及其职能部门，明晰灾害风险治理的责权事权，并建立指挥统一化、应急规范化的多部门协调治理方案（图 7-40）。其中，“明晰责权事权”主要指灾害风险治理的属地为主原则，将灾害发生地的人民政府作为综合防灾规划实施与应急救援管理的第一责权事权主体，负责制定属地内的综合防灾规划与应急协调方案。“指挥统一化”指建立多部门应急协调的枢纽，由属地分管副市长负责并组织相关部门成员与专家成立城市应急指挥中心，作为常态下的综合风险评估以及紧急状态下应急救援决策的中枢机构。灾前科学预判灾害影响范围与损失，及时发出警报并提前制定应急预案。灾中与灾后牵头组织各部门进行减灾救灾并调配应急救援物资，比如牵头与油气企业签订灾时联动协议，确保灾时优先保障灾源地能源供给；组织交通部门设计灾时应急绿色通道；电力通信系统制定灾时应急电源与通信保障方案等。“应急规范化”则指制定多部门联动救灾的共同标准，将综合防灾规划、应急救援设备管理、各部门应急队伍组建与操作技术流程等，联结为整体规划标准，保障在应急处置工作中快速有效地对接各相关职能部门，减少应急协调过程中的误差。

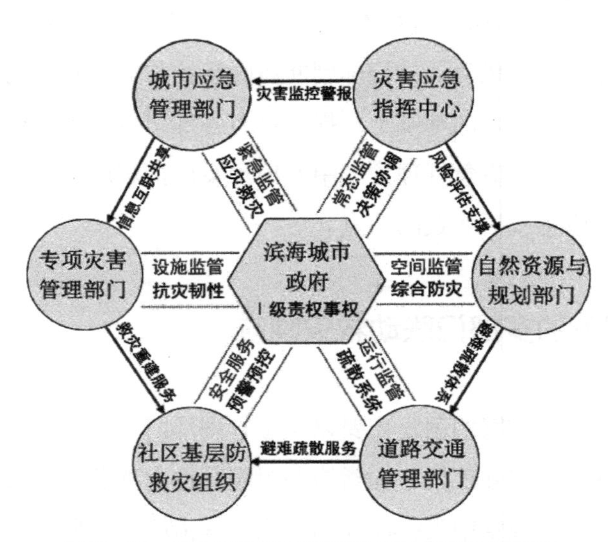

图 7-40　滨海城市多部门安全风险治理协调方案

（2）应急信息互联共享方案

灾害风险监控、评估与预警信息的发布，以及指挥多部门联动救灾与应急协调决策的传递，都有赖于建立智慧高效的灾害信息互联与共享系统。这就需要在多部门应急协调方案的基础上，设计智慧化灾害应急管理平台系统并形成统一的灾害信息互联共享机制（图 7-41）。各职能部门需要将获得的专项灾害风险与应急服务信息上传至综合应急管理平台系统，由应急指挥中心统一分析评判风险等级后，匹配相对应的风险预警等级，启动风险管控与应急救援机制并下达相关应急决策指令。

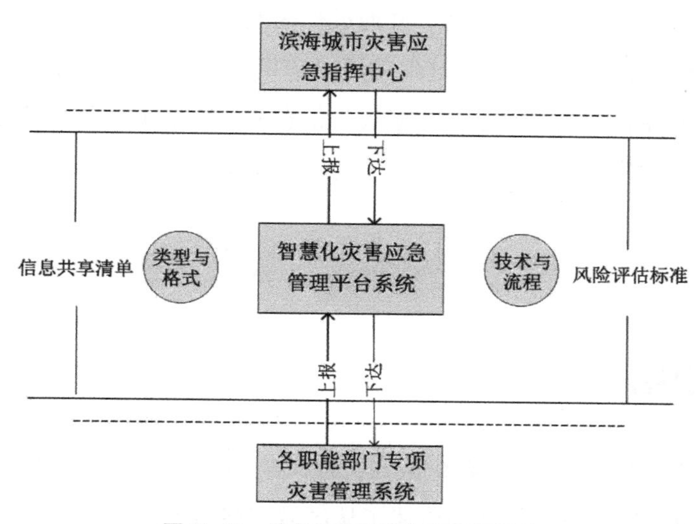

图 7-41　应急信息互联共享方案设计

另外，由于综合应急信息管理平台涉及灾害种类较多，且相关职能部门对灾害信息的上报难免存在数据重复、标准不齐、内容多样、遗漏误报现象，导致应急指挥因鉴别与分析上报信息浪费大量时间并错过了最佳应急救援时机。因此，需要在系统中限定信息上报属性门槛，统一各部门的信息报送标准，明确各灾害类型在灾前、灾中与灾后阶段必须上报的信息类型与格式。此外，应急管理中心还需根据各职能部门专项灾害规划建设与治理的诉求，制定完整的应急信息共享清单，并建立相应的灾害数据库，简化风险调查与评估流程，确保指挥中心在不同灾害情景下能够迅速执行安全数据分析，提高风险处置决策的效率。

（3）应急救援决策发布方案

应急信息互联共享方案的目的不仅是在应急指挥中心与各防灾职能部门之间建立灾害数据评估与交互的综合应急管理平台，更重要的是将灾害预警与应急救援决策信息及时地向公众发布，实现居民与应急管理之间的信息互联与协作应灾。因此，应尊重社会公众对身边风险与灾害影响的知情权，制定适用于公众风险自救与防灾避灾诉求的应急救援决策信息发布方案。通过及时有效地向社会公众发布灾情信息或收集居民的防灾减灾诉求，既可以帮助居民消除灾时恐慌心理并进行风险自救或防灾互助，又可以及时评估公众的安全感指数，并找出应急管理与综合防灾规划实施中的问题。

具体来讲，一方面，需要完善灾害早期监测预警系统，利用现代技术提高灾害风险的预警准度与及时度，为信息发布与居民逃生争取更多的时间。比如在2019年四川长宁县发生的6.0级地震中，成都市应急管理部门利用电波比地震波传播速度快的原理，通过传感器精准预判地震波到达时间，并通过社区地震预警“大喇叭”在地震波到达前61秒持续发布倒计时警报，为居民逃生争取了宝贵时间。另一方面，确立统一的应急救援决策信息发布主体，向公众公布权威灾害信息的网络发布平台或机构，消除谣言或不实信息的影响，对灾害类型、影响范围、防灾避难措施以及发布频次等核心公开内容进行标准化处理。

7.6 本章小结

本章基于城乡规划学的空间系统认知，以风险治理差异性为导向，寻找滨海城市“多层级”空间防灾规划策略。详细论述了从区域到建筑不同空间层级，融合纵向风险评估与管控技术的防灾空间规划策略，既实现了对传统综合防灾空间规划体系的完善性重构，又完成了对不同空间层级下主导型灾害风险的精细化治理，解决了风险可视化程度低、减灾措施次序混乱、防灾设施选址盲目等一系列滨海城市综合防灾规划的实际问题。

（1）区域层级依据重大风险源的综合风险评估与分级，创建风险源监控表与动态风险治理可视化系统（规划“一表一系统”）；用地防灾适宜性评价需依据灾害属性与政府治理维度风险评估指标，综合评价生产与生活空间的用地适宜性；生态空间安全格局通过韧性“源—流—汇”指数体系进行评价；依据区域各组团“节点—关系”评估结果设计生命线系统工程互联方案。城区层级的可接受风险标准以个人风险等值线分析为基础，防灾空间结构应调整为“多核心与点轴式”防灾空间网络，并依据防灾“容量—需求”指数分析优化避难疏散空间；防灾空间需依据可接受风险标准、安全防控距离、灾害损失评估划为四类风险控制区，创建可选减灾措施投票排序制度并生成减灾措施优选表；依据风险源点影响分区边界与设施可选址范围之间的空间关系确定防灾设施位置。

（2）社区“防灾生活圈”依据防灾设施适宜性评估结果划定，以社区内部或紧邻的中小学校为中心，服务半径以200～500m为宜；依照滨海城市灾害属性维度风险构成要素登记社区风险源，绘制社区风险地图，充分调动居民参与的积极性；设计综合防灾体验馆，全方位实现风险防范措施可视化。建筑外部空间环境敏感度由自然灾害、人工环境、地质地貌以及结构易损性综合评估核定；依据建筑灾时人员疏散行为的仿真模拟来设计安全疏散路径；公共建筑内部需通过增设安全岛提升防灾能力，居住建筑内部则需综合整治防烟前室、疏散楼梯、消防电梯等公共交通空间的防灾性能。

（3）多风险动态管控应急预案需将风险动态分级与风险管控措施进行精准对位，依据匹配矩阵分层级启动风险应急预案；多部门联动救灾应急方案以明晰责权事权为基础，建立应急指挥中心、灾害应急管理系统与灾害信息发布系统。

第八章

风险治理导向下的综合防灾规划实证

天津市作为京津冀地区面向渤海的门户城市，其安全风险形势依然严峻。据天津市应急管理局2017年发布的《安全风险统计公报》数据显示：2012—2017年间天津市环境污染的案发率年均保持在37.3%左右的高位；灾害综合经济损失占GDP的比重稳定在0.14‰左右；建成区面积增长了25.63%，而生态涵养型绿地面积增幅仅为7.3%；2016年针对火灾、内涝、雾霾及爆炸事故的居民安全感指数调查仅为0.58。特别是中心城区在人口与建筑的高密度集聚环境下极易诱发灾害，亟待耦合城市综合防灾规划与应急管理计划，寻找提升城市风险治理能力的方法。因此，本章以天津市中心城区为实证研究对象，遵循城市风险“源头治理”与防灾空间韧性发展相融合的目标诉求，在识别其灾害风险环境特征的基础上，对前文有关“全过程”风险治理、“多维度”风险评估、“多层级”空间防灾的主要研究成果进行实践应用反馈。

8.1 天津市中心城区既有灾害风险环境特征识别

本节通过梳理天津市整体自然灾害与事故灾难的风险数据，总结主导型灾害风险并分析其对建成空间的影响，以此厘清中心城区的宏观灾害风险环境特征，进而界定其综合防灾规划的研究空间范围与风险治理方向。

8.1.1 海陆过渡下的八类主导自然灾害

基于前文对我国滨海城市物质型灾害与管理危机的海洋特性认知，天津市自然灾害的产生同样具有客观存在性，只能通过分析其“海陆过渡”条件下的特殊孕灾环境，来核定自然灾害风险的主导类型。在评估八类主导自然灾害属性的基础上，划定风险等级并制定相应的灾害应对措施。

8.1.1.1 自然地理环境具有海陆过渡特性

天津市地处华北平原东北部渤海之滨，既是京津冀地区最大的海上门户，又是海河流域生态安全网络要冲地；整体地势北高南低，地貌类型主要有山地、丘陵、平原和海岸带等；气候属暖温带半湿润大陆季风型气候；土地资源总面积 11917.2km^2，其中建设用地面积 3435.6km^2，占总面积的 28.8%；2017 年末全市常住总人口为 1556.87 万人[144]。天津还拥有众多湿地资源，总面积为 1718km^2，占全市陆地面积的 14.4%，是维护城市生态韧性的重要屏障。

8.1.1.2　八类主导自然灾害风险的特殊性

依据前文对我国滨海城市自然灾害风险及致灾因子指标体系的认知，将天津市主导自然灾害风险划分为大气圈与水圈灾害、地质地貌灾害、自然生态系统灾害，涵盖地震、洪涝、风暴潮、地面沉降、旱灾、大风、空气与水污染八类。

（1）地震灾害风险

天津市所在的海河平原是我国地壳较薄弱地区，已被国家确定为全国重点抗震城市之一。京津唐地区地震震源深度多在 10～18km 范围内，其中 10～15km 深度内发生的地震占总数的 44%，且 7 级以上强震都发生在 15km 左右，地震形势较为严峻。据天津市地震局预测，该地区 2016 至 2025 年发生 6 级以上震情的概率较大，天津市也由此存在较大的地震风险隐患。

（2）洪涝及风暴潮灾害风险

天津市洪灾与涝灾具有相伴发生的特点，其中洪水主要来自海河流域上中游，多发生在每年 7、8 月份，具有洪峰大、历时长、年际变化大的特征。近 30 年来全市年均降水量保持在 522～663mm 之间，而全年降水量的 80% 则集中在 6～9 月暴雨汛期，由于短时大量集中降水导致过载的水流无法及时入海而引发洪涝灾害。现状防洪工程体系主要由行洪河道与防洪堤构成，但近年来由于河道淤积、堤防下沉等原因造成行洪能力锐减，永定新河、独流减河、海河干流三条主要行洪河道的泄洪能力降低 48.3%，未达到 50 年一遇的防洪设计标准。另外，虽然全市一、二级堤防总长度 4196km，但是能够达到设计防洪标准的堤防长度仅为 918km，因此面临的洪灾风险依然严峻。

由于天津市中心城区地势平坦、低洼，地面高程大部分在 1.5m 左右，低于河道汛期行洪水位，导致中心城区排水系统必须以机器强排为主，排水出路只能选择Ⅰ、Ⅱ级河道。而近年来天津城市经济建设快速推进，严重压缩了洪涝水的蓄、泄空间，且加快了城市雨水的汇集和排泄，使产汇流更加迅猛，洪峰增大，再加上河道的逐渐萎缩，增大了洪涝水泛滥成灾的风险。

天津沿海还是风暴潮灾害的多发区，自天津建城以来仅天津滨海新区就经历风暴潮灾害 70 多次，平均每 7 年发生一次；而进入 20 世纪 80 年代以来，平均每 3～4 年就发生一次，且损失也越来越大。

（3）地面沉降、大风及旱灾风险

据地质部门统计资料显示，天津市中心城区每年因地壳运动引发的构造沉降量约为1.7mm，属于可接受风险范围内。而由于地下水过度开采、大型建筑物与地下工程建设等人为因素，导致地面沉降速率急剧加大，部分区县在100mm/a以上，逐步成为天津市地质灾害的重要致灾因子。从1967年至今，中心城区地面标高已累计沉降2.89m以上，特别自1985年以来沉降速率达到86mm/a以上，沉降面积已高达37km^2，由此引发出市政管道设施损坏、土壤盐碱化等众多灾害。

天津市虽然5级以上大风发生频率较高，但基本没有飓风与龙卷风灾害风险，各区县大风发生频次依地形不同表现出差异性分布。北部蓟州区年均大风日数仅为7天；中心城区及其周边平原区域为17～30天；沿海区域则为30～48天。大风灾害风险遵循季节规律，春季和冬季大风发生频次共占全年的70%以上，主要集中于4月份，夏秋季节则较少。

天津地区干旱灾害突出，据气象部门资料显示，近500年间旱年约占25.6%。特别是从20世纪80年代开始，天津市进入少雨阶段，入境水量急剧下降（图8-1），干旱频繁发生[145]。1981年以来共有13年为少雨年，1980—1983年全市范围连旱时间达4年之久；1997—2004年大部分区县夏季降水连续偏少，河流、水库蓄水不足，期间不得不多次引黄河水，以解天津用水之急。从年降水量统计来看，天津市各区县旱和大旱的发生率为30%～48%。

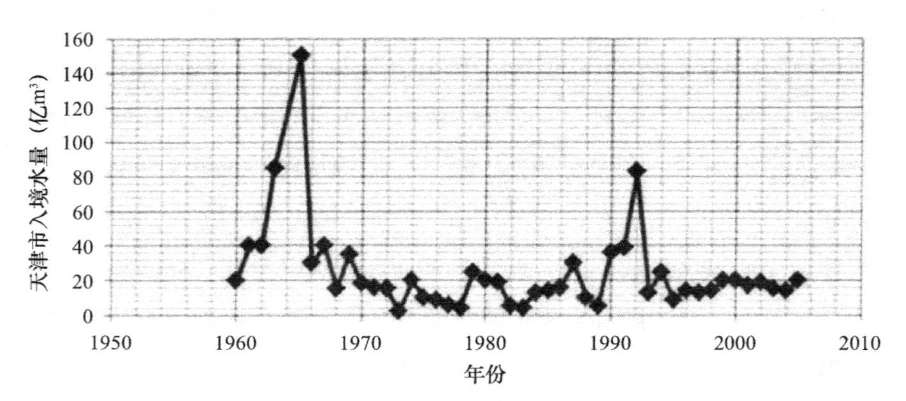

图8-1 天津市1960—2005年的入境水量变化图

（资料来源：参考文献[145]）

（4）空气与水污染灾害风险

天津市近年来的大气污染主要是污染物本地累积、区域传输和二次转化综合作用的结果，相关灾害风险多发生在秋冬季节，其中本地一次污染物排放占40%左右，区域传输则为30%左右。据气象部门资料显示，2013至2018年天津共经历了25次典型的长时间大气重污染过程，其产生的气象条件大多是在低空西南风输送与大气边界层大幅压缩的共同作用下，导致大气自净能力不及清洁天气的20%，进而造成本地排放及区域输送的污染物快速累积。PM2.5化学组成以硝酸盐、有机碳、硫酸盐等为主，占比在40%～60%。这些成分的来源既有一次排放，又有二次转化，受海陆风环流影响，污染物向远方的扩散会受到抑制，污染物浓度在局地环流的空间范围内循环积累而形成辐合流场，进而导致局地高浓度污染[146]。

天津的水污染灾害风险也较大，目前市域内仅有引滦输水河道的水质能符合地表水Ⅲ类标准，海河流域主要河道污染较重并对市内湿地环境构成了严重威胁。另外由于天津地处渤海湾顶部的弱水动力区，海水因交换能力低而缺乏自净能力，不利于污染物的稀释扩散，形成近海环境污染区。特别从20世纪80年代以来，随着陆源污染物排海增加，近海养殖、无序围海造地以及临港工业、航运、海上石油开采等活动的增加，海洋生态安全已受到严重影响，近岸海域水质达标率仅为36%。再加上近年来水资源短缺以及城市和工业用水的挤占，中心城区西北部形成了大面积的污灌区，约占全市耕地面积的51%，年污水灌溉量高达8亿m^3，污水长期农灌使土壤和地下水受到不同程度的污染。

8.1.2 双城互动下的四类主体事故灾难

天津市的事故灾难风险是在其经济社会条件与建成空间环境的共同作用下产生的，市内六区与滨海新区是人为致灾因子分布密集的区域，在“双城互动”过程中产生了四类主体事故灾难风险。

8.1.2.1 “双城互动”导向的安全风险及空间格局

依据天津市2015—2017年的经济与人口统计数据来看，市内六区一直是全市人口与第三产业聚集度最高的区域，如2017年六区常住人口密度约为22417人/km^2，高于全市平均值893人/km^2的25倍之多。全市教育科技、医疗卫生等高附加值产业有70%以上集中于此，人口与交通流量大且服务设施与建筑空间高度密集，具有较高的公共卫生与社会安全事件风险隐患。滨海新区虽然人口密度仅为590人/km^2，但其年均GDP却稳居全市第一，主要因其第二产业体量庞大，分布有大量石油化工、机械制造与物流仓储等企业，在扩充全市经济总量的同时，增大了生产事故灾难风险，破坏了生态环境。

1）“双城互动”导向的空间格局

《天津市城市总体规划（2005—2020）》及《天津市城市总体规划（2017—2035）》都将市内六区、滨海新区划入中心城市研究范围，并提出“双城双廊、一河两湾”的多中心空间布局结构。整体空间结构的构建，一方面考虑了疏解市内六区高密度环境下的资源人口承载压力，避免社会性事故风险的发生；另一方面也考虑了对生态安全格局的保护以及职住空间的平衡，降低生态环境破坏与生产性事故灾难的风险隐患。

2）“三生”空间用地布局不均

从国土空间规划的角度看，中心城市的现状用地总体上由居住、商业、基础设施、工业以及绿地、水系六大类构成。市内六区生活空间用地聚集度接近65%，生产空间以商业服务业为主，生态空间较匮乏，以点状散布于生产与生活空间内。

3）道路交通系统多风险

中心城市范围内道路网空间格局呈现出以海河为主体，两侧棋盘式的交通网络形式。市内六区道路交通网络依托外环快速路，空间上形成棋盘式和环形放射相结合的模式布局。由于道路周边建设用地开发强度较大，建筑与人口高度密集，造成内部交通压力较大，特别是该区域内存在大片旧城区与历史街区，其内部道路网密度大尺度小，不利于机动车快速通行，仅适宜组织慢行交通模式。近年来针对该问题虽然实行了多种交通管制措施，如单行道、限号出行等，但交通拥堵现象依然严重，由此也增大了交通安全事故的风险。

8.1.2.2 四类主体事故灾难风险的特殊性

依据前文对我国滨海城市人为致灾因子主导下的灾害风险类别及其评估指标体系的认知，将天津市事故灾难风险划分为工业生产事故、火灾事故、社会治安案件以及道路交通事故四类，其中工业生产事故与社会治安案件的详细数据因属于涉密文件而难以获得，本书参照天津市应急管理局公布的近三年有关《安全风险统计公报》数据，仅对火灾事故与道路交通事故风险环境进行概述。

1）火灾事故风险环境

天津市中心城区（市内六区）火灾致灾风险多发生在高层公共建筑、封闭住宅小区、大型综合购物中心等人口密集的建筑区域。在灾害情报方面，2016—2018年三年来火灾形势基本稳定，其中市内六区约占市域火灾总发生量的37.5%，属于火灾高风险控制区。在火灾风险的常态化管控方面，天津市虽基本实现了对火灾隐患的控制及其致灾环境的优化，但现状消防系统不仅在人员、设施与设备等配置上仍滞后于安全城市建设需求，而且存在诸多亟待治理的风险隐患。比如，市内六区有 200 多处消防通道及消防用地被严重侵占并影响消防车的通行；部分住宅小区只考虑治安与景观要求，外围道路经常堵塞导致消防车辆难以通行；现状消防站布点较少且用地面积紧张，城区还有 17 个消防站的平均占地面积仅为 3000～4000m^2，建筑面积平均不足 800m^2，均达不到三级站的面积标准。

2）道路交通事故风险概况

依据 2006—2017 年《天津市道路交通事故统计年报》中的数据可知，天津市域近十年间共发生了道路交通事故 7.03 万起，由此造成的人员伤亡高达 6.85 万人，直接经济损失接近 4 亿元。虽然三项指标表现出逐年下降的趋势，但单次交通事件所造成的损失却在增加，说明道路交通事故风险仍属于保障天津市社会安全运行的重要风险因素。引发道路交通事故的风险主要包含个体操作风险与交通流量风险两个方面。个体操作风险多因驾驶员路况判断失误或违反交通规则引发的事故，需要通过加强交通违规行为处罚和完善道路安全标识等方法进行风险治理。在交通流量风险方面，选取市内六区最易发生交通事故的 6 处道路交叉口进行实地调研，分别统计了正常工作日内两个高峰时段（7 : 00—8 : 30；17 : 00—18 : 30）每个路口的平均机动车通行数量，对比分析后发现，八里台立交桥、北马路城厢东路交口、卫津路南京路交口的交通流量较大且均超过了 60 辆 /min（图 8-2），而这些位置也是交通管理局重点实行管控的高风险交通事故多发地。

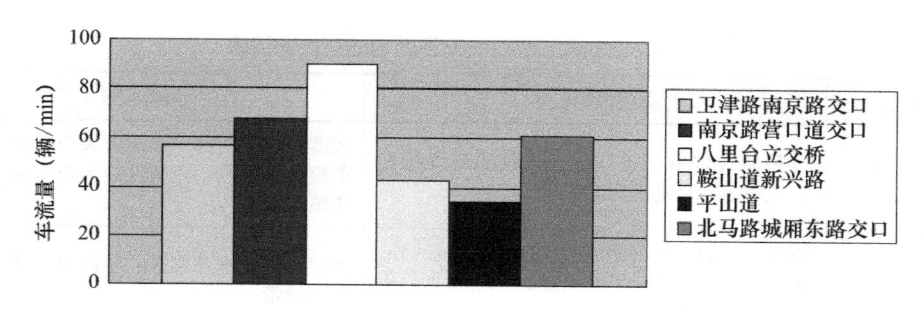

图 8-2　市内六区 6 处典型道路交叉口的交通流量分析

8.1.3　既有风险评估偏重单向风险分级

通过梳理天津市既有风险评估研究成果发现，评估多偏向于单向风险分级，鲜有综合性风险评估研究；自然灾害风险研究成果较少，分散在地质学、水利工程、海洋科学工程、环境科学等多个学科领域中；针对天津市事故灾难风险的研究成果，则大多从政府应急管理的角度，对火灾爆炸、工业泄漏、环境污染等单项事故灾难进行分类风险评估，属于自上而下式的单向风险管理技术研究。

8.1.3.1　自然灾害风险评估以单向数据模拟为主

自然灾害的风险评估方法偏重通过地理空间数据分析或专项灾害数据模型，实行物质型灾害单向风险分析与分级。

1）旱灾及洪涝灾害风险评估

黄岁樑、杜晓燕等学者以天津市 13 个区县逾 16 年的降水量距平百分率为样本，运用信息扩散理论方法评估旱涝灾害的危险性并进行区划分析[147]。研究涉及极端气候变化、暴雨强度、风暴潮发生次数、高低气温天数等致灾因子。通过区划研究表明，天津市域范围内遭受大规模旱灾威胁几率较小，大部分区域较易受到洪涝灾害影响，并针对重点旱涝风险区制定相应防灾减灾措施，寻找降低其脆弱性的具体风险控制路径。

2）地质灾害风险评估

当前天津市有关地质灾害的风险研究主要集中于地震灾害风险的用地适宜性评价，以及基于层次分析法对泥石流灾害、海岸带地质灾害的危险性评价两个方面。前者以地质勘察报告为依据进行工程地质综合评价，综合分析各用地单元所处的地震烈度与工程地质条件，进而形成用地适宜性评价指标体系，并对天津市域进行地质灾害的用地适宜性分区（表 8-1）。

表 8-1　天津市域地质灾害用地适宜性评价表

分区类别	适宜性特征	分区范围
Ⅰ类	地壳稳定性较好，桩基综合工程质量评价良好，无明显不良地质灾害风险	大港城区东南部，东丽区大毕庄镇以东至军粮城镇以北，武清区西黄花店至大王古庄镇沿线
Ⅱ类	天然地基条件良好，除宁河镇至汉沽城区外，其他地区基本无沙土液化现象，适合布置荷重较轻的轻工产业	天津经济技术开发区，宁河镇至汉沽城区沿线地带
Ⅲ类	典型盐渍土，软土厚度超过 10m，地基土工程性质较差	滨海新区核心区南侧
Ⅳ类	沙土液化分布较广，且伴随地裂缝现象，地面稳定性差，桩基条件一般，不宜作为建设区	北大港水库地区，官港与黄港水库地区，杨村镇北至下武旗镇地区，海河与蓟运河河道段
Ⅴ类	地处沧东地壳断裂带，活跃度高且不宜建设	军粮城至万家码头的狭长地带

资料来源：依据参考文献[148]绘制。

后者则围绕地理空间环境要素分析创建泥石流灾害或海岸侵蚀的水动力数学模型，运用层次分析法确定模型中的各指标影响权重，进而评判整个研究区域内的泥石流或海岸带地质灾害风险的空间分布特征。

8.1.3.2　事故灾难风险评估以单向应急处置为主

该项风险评估主要从政府应急管理的角度，依据层次分析法判定灾害损失与风险等级，鲜有研究居民、企业等多元主体发挥风险评估与治理效用的成果。

1）火灾事故风险评估

天津市火灾事故风险评估主要集中在以化工园区为主的生产性火灾爆炸事故，以及以高密度建成区为主的社会性建筑火灾事故两个方面，即危险品生产空间与高密度生活空间的火灾事故风险评估。研究方法以模糊综合评估分析为主，首先对现状火灾风险源进行识别并剖析其致灾影响因素；然后评估各个风险源的火灾危险性指数，模拟灾害发生后的损失影响，进而实现对研究对象火灾易损性的定量评价，其中风险评估指标体系大多从建筑质量与密度、人口密度与流动特征、消防设施投资与空间分布三个方面进行构建；最后根据火灾易损性评估结果划定防火空间分区与重点消防监控对象，并提出有关消防站点及其设施的优化布局方案等。

2）城市环境其他事故灾难风险评估

该评估主要评估天津城市化进程中突发事故灾难对城市环境的污染及影响，重点包含对建成区生态环境、水环境、大气环境等安全风险关键因素进行解析与量化评价。此类风险评估涉及专业领域较多且没有统一具体的风险评估方法，需针对事故灾难的特点相应制定风险评估体系。

8.1.4　兼顾治理“核心—基础”划定研究范围

通过以上对天津市内六区宏观灾害风险环境特征的识别可知：其作为市域范围内人口建筑密度最高的区域，存在大量人为致灾因子并极易引发事故灾难，具有高风险敏感度的典型特征，属于城市安全风险治理的“核心”对象。另外，市内六区正逐步与滨海新区融合成中心城市，从整体防灾空间结构与功能布局来看，当其面对海洋灾害侵袭时，市内六区既具有承接滨海新区的内陆快速疏散需求和提供应急服务保障的必要性，又是决定中心城市整体韧性水平提升的“基础”动能，亟待通过风险分析与评价，找出风险治理与防灾减灾的弱项，有针对性地提出防灾空间规划对策，进而实现提高其综合防灾效率与韧性的目的。因此，本书以公众普遍认同的天津市内六区为风险治理的核心研究对象，同时参照《天津市城市总体规划（2005—2020）》划定的增长边界，将天津市中心城区综合防灾规划范围确定为城市外环快速路以内的区域，主要包含和平、河西、河东、南开、红桥、河北六区及其附属生态绿带，总面积 475km^2。中心城区“多维度”风险评估，则依据调研搜集的 2014—2018 年相关历史灾害数据进行，其中经济社会、生态环境、地理信息等基础数据适当拓展到 2010—2018 年。

8.2 针对城区主导型灾害的“多维度”风险评估

依据第六章组建的多维度风险评估方法，分别对天津市中心城区进行灾害属性、政府治理、公众参与维度的风险评估。其中在灾害属性维度主要针对中心城区八类主导型自然灾害，以及四类主体事故灾难的风险因子进行综合评估，识别重大风险源的位置并判定不同风险等级的空间分布情况，为防灾分区与各专项防灾规划的空间响应提供依据。在政府治理维度，评估天津市中心城区风险治理效能的各项指标，聚焦现行防灾减灾与风险治理的弱项，有的放矢地提出中心城区综合防灾规划的路径，及风险评估与管控方法，为应急管理系统的实现提供依据。在公众参与维度则主要进行中心城区居民安全感指数分析，为避难疏散系统优化以及社区、街区、建筑环境等细部空间的防灾减灾设计提供支撑。

8.2.1 灾害属性具备灾源防控与分级治理条件

以市内六区为主的中心城区是天津市人口与交通流量大且服务设施与建筑空间高度密集的区域。中心城区内将近 60% 的建设用地用于承载居民的生活性空间，即公共管理与公共服务设施用地、居住及配套设施用地。生产性空间主要以有关教育科研、医疗卫生、商业金融、文创科技等高附加值的产业为主，基本没有大规模的化工危险品或高污染企业集聚，生产事故灾难风险较低，主要以公共卫生与社会安全事件风险为主。因此，可将生产事故、公共卫生、社会安全事件风险合并成事故灾难综合风险评估指标体系。自然灾害的风险评估则主要对自然致灾因子、承灾体脆弱性、综合防灾能力、灾害损失后果四个方面构建风险评估指标体系。

首先依照各行政区划边界与外环快速路进行分区，将中心城区划分为和平、河西、河东、南开、红桥、河北以及外环快速路以内区域（以下简称外环区）七个风险评估分区；然后综合考虑各个风险评估分区的街巷空间肌理、人口与建筑密度以及水系绿地要素，细分风险评估单元；最后将天津市中心城区划分为 2580 个风险评估单元，测度所有风险评估单元在各维度指标上的平均值，以此判定中心城区该项指标的风险等级。所有指标均选用 2018 年的调研数据进行测度，部分多时段指标则以 2014—2018 年的数据为准。

（1）在对中心城区的自然灾害风险进行评估时，依据 8.1.1 小节对天津市主要自然灾害风险环境的辨析结论，抽取主导型致灾因子指标来表征其对中心城区空间影响的特殊性。具体来讲，通过对天津市主要自然灾害风险环境的认知，对前文表 6-1 的我国滨海城市致灾因子评估体系进行指标筛选。在大气圈与水圈指标中，因天津市中心城区主要受温带气旋风暴潮的影响，且距离海岸线 50km 以上，应去除海冰、海浪以及台风灾害的相关指标。在地质地貌灾害指标中，因中心城区位于地势平坦的海河平原，既远离蓟州北部泥石流与滑坡山区，又没有海啸灾害的历史记录，仅需评估地震与地面沉降风险即可。在自然生态系统指标中则只需评估填海区生态污染风险。依照调研数据与前述指标计算方法对各项指标进行测度后，对照评判标准进行风险分级，由此完成对天津市中心城区的自然灾害风险评估（表 8-2）。

表 8-2　天津市中心城区的自然灾害风险评估

Ⅰ级指标	Ⅱ级指标	Ⅲ级指标	测度结果	风险分级
大气圈与水圈	风暴潮	底层大风指数	31.70%	Ⅰ级
	洪涝灾害	洪水重现期	20～50 年	Ⅱ级
		过程日降雨量	30～40mm	Ⅱ级
	雾霾灾害	PM2.5 浓度	75 μg/m^3	Ⅱ级
		能见度距离	150m	Ⅰ级
	极端气温	日均日照时数	5.63h	Ⅱ级
		降温幅度	13～17℃	Ⅲ级
		热浪指数	2.8HWMI	Ⅱ级
地质地貌灾害	地震	震级与烈度	7.6/ Ⅷ度	Ⅲ级
	地面沉降	地面标高损失量	80mm/ 年	Ⅲ级
		历史灾害强度	3.6m/ 年	Ⅱ级
自然生态系统	填海区生态污染	污染物排放量	500mg/L	Ⅲ级
		生态绿地率	22.70%	Ⅳ级

数据来源及指数选取依据表 6-1 执行。

（2）评估中心城区的空间承灾体脆弱性。通过搜集各个风险评估空间单元内的易损建筑物数量、道路网密度、生命线系统工程规模、人防避难场所面积等物质载体数据，逐个评估其暴露性。在非物质性空间的韧性评估方面，重点评估中心城区居民的空间分布结构以及经济发展活跃度等，包含人口与经济密度、老年人口系数等。另外还提出了三种复合型的脆弱性评估指标，用于表征中心城区经济社会的整体脆弱性特征，主要为居民疏散脆弱性、土地易损性以及建筑易损性（表 8-3），这既是对致灾因子评估指标的补充完善，又能够在综合防灾规划理性风险分析与设施空间布局决策中发挥直接效用。

表 8–3　天津市中心城区的空间脆弱性评估

Ⅰ级指标	Ⅱ级指标	Ⅲ级指标	测度结果	风险分级
承灾体脆弱性	人口	人口密度	2.3 万人 /km^2	Ⅲ级
		老年人口系数	9.52%	Ⅱ级
		高等教育程度	63%	Ⅰ级
	经济	经济密度	20.8 亿元 /km^2	Ⅰ级
		建筑密度	50%	Ⅱ级
		道路网密度	6.04km/km^2	Ⅲ级
		生命线系统工程规模	4.53km/km^2	Ⅱ级
		疏散脆弱性	3.27m^2/ 人	Ⅱ级
		土地易损性	6.18	Ⅲ级
		建筑易损性	0.208	Ⅰ级
		人防工程面积	390 万 m^2	Ⅰ级
		避难场所面积	1436hm^2	Ⅲ级
		绿地广场面积	33km^2	Ⅲ级

数据来源及指数选取依据表 6-2 执行。

（3）中心城区综合防灾能力评估指标虽然涉及政府对自然灾害的风险管理，但并没有从风险治理视角考虑政府组织危机等致灾因子影响，仅侧重城市灾害系统构成要素的防灾物质基础研究，评估中心城区应对自然灾害侵袭基础抗灾、应灾、减灾的能力。因此，需据天津市中心城区自然灾害特征，对前文我国滨海城市自然灾害综合防灾能力评估指标体系表 6-3 进行删减。其中，基础防灾能力是对有助于降低中心城区主导型灾害风险的防灾减灾设施与资源的评估，需相应删除有关台风、海水监测、滑坡与泥石流灾害等的指标；灾害应急能力则重点评估中心城区各种工程和非工程性减灾救灾措施的力度，需删除海上救援指标（表 8-4）。

表 8-4　天津市中心城区的自然灾害综合防灾能力评估

Ⅰ级指标	Ⅱ级指标	Ⅲ级指标	测度结果	风险分级
自然灾害综合防灾能力	基础防灾能力	防灾财政投入	2.8 亿元	Ⅱ级
		防洪抗涝工程评估	良好	Ⅱ级
		避难疏散网络密度	3.7 万 m^2/km^2	Ⅲ级
		气象监测站密度	25km^2/ 个	Ⅰ级
	灾害应急能力	每万人医疗救护人数	177 人 / 万人	Ⅱ级
		每万人消防人员数	19 人 / 万人	Ⅰ级
		每万人抗洪抢险人数	22 人 / 万人	Ⅰ级
		每万人病床数	52 张 / 万人	Ⅰ级
		万人消防车辆数	1.5 辆 / 万人	Ⅱ级
		火警调度专用线达标率	100%	Ⅰ级
		应急物资储备库密度	600m^2/km^2	Ⅱ级

数据来源及指数选取依据表 6-3 执行。

（4）有关中心城区自然灾害损失后果的评估，需在调研历史灾害统计数据的基础上对照前文表 6-4 建立相应的指标体系。通过定量损失与后果定性相结合的方法，分析总结中心城区主导型自然灾害能够产生的社会影响及其损失，并将其灾害损失后果指标细分为社会居民与经济财产两方面（表 8-5）。

表 8-5　天津市中心城区的自然灾害损失后果评估

Ⅰ级指标	Ⅱ级指标	Ⅲ级指标	测度结果	风险分级
自然灾害损失后果	社会居民	受灾人数	6.8 万人 / 年	Ⅰ级
		死亡人数	900 人 / 年	Ⅰ级
		受伤人数	2080 人 / 年	Ⅱ级
		失踪人数	110 人 / 年	Ⅰ级
	经济财产	经济损失总量	1372 万元 / 年	Ⅱ级
		停工企业数	125 个 / 年	Ⅱ级
		商业金融损失	4140 万元 / 年	Ⅲ级
		倒塌房屋数量	290 栋 / 年	Ⅰ级
		建筑损坏数量	1160 栋 / 年	Ⅱ级
		防灾设施重建支出	530 万元 / 年	Ⅲ级
		应急服务系统支出	1200 万元 / 年	Ⅱ级

数据来源及指数选取依据表 6-4 执行。

（5）在中心城区事故灾难综合风险评估指标体系构建中，整合前文 6.2 生产事故灾难、公共卫生事件以及社会安全事件的风险评估指标，重点从安全生产环境、生态卫生环境、社会突变指数三个方面综合评判中心城区事故灾难的综合风险水平（表 8-6）。

表 8-6　天津市中心城区的事故灾难综合风险评估

Ⅰ级指标	Ⅱ级指标	Ⅲ级指标	测度结果	风险分级
中心城区事故灾难综合风险	安全生产环境	安全监管人员配备率	52.80%	Ⅳ级
		重大危险源数量	103 处	Ⅲ级
		工业废气排放达标率	98.20%	Ⅰ级
		危险废弃物处置率	87.40%	Ⅱ级
	生态卫生环境	生活垃圾无害化处理率	97%	Ⅰ级
		污水集中处理率	100%	Ⅰ级
		道路保洁率	95.20%	Ⅱ级
		公共卫生场所管理达标率	72.50%	Ⅲ级
		绿化覆盖率	33.50%	Ⅱ级
		人均公共绿地面积	8～10m^2	Ⅲ级
		空气质量达标天数	207 天	Ⅱ级
	社会突变指数	治安案件发案率	0.8‰	Ⅰ级
		群体性突发事件数	0.3‰	Ⅰ级

以上是 2580 个风险评估单元在 61 项Ⅲ级风险评估指标的测度平均值，用于评判中心城区各指标的风险等级。通过汇总每个风险评估单元在 61 项指标中的Ⅳ级风险数量，将其划分为低（0，15］、中（15，30］、中高（30，45］、高（45，61］四类风险区。分别将 2580 个风险评估单元的四类风险分区结果连同地形图一起导入 GIS 中进行叠加分析，得到其综合风险分区与重大风险源的空间分布，既是后文在政府治理维度开展安全风险治理效能评价的基础，又是综合防灾规划进行风险分级与空间治理区划的重要依据。

8.2.2　政府治理存在专项防灾与系统实现短板

6.3.3 小节依据 2015—2017 年的调研数据，对我国海洋灾害高风险区域所涉 6 省 32 个滨海城市的 47 项安全风险治理效能评估指标进行测度的结果表明：天津市整体应对风险的综合治理效能为一级优等，在各个滨海城市中处于领先地位。然而，中心城区作为天津市的人口建筑高度密集以及社会经济活动最活跃的区域，既具有符合自身安全风险机理与防灾空间结构特征的主导型致灾因子，又在灾害承受能力、风险防控治理以及灾害损失后果评估指标方面存在差异化的适用条件。因此，需要进一步修正前文有关我国滨海城市综合防灾规划的安全风险治理效能评估指标体系表 6-16，针对天津市中心城区的风险治理特征与条件，对相应的指标进行筛选，将原本 47 项指标压缩为 33 项。通过测度 2580 个评估单元的各项指标平均值，判断其风险等级，找出防灾减灾的弱项，综合评判中心城区对全市风险治理效能水平的贡献度，进而有针对性地提出中心城区综合防灾规划的路径及其风险评估与管控方法，为应急管理系统提供依据。

表 8-7 天津市中心城区安全风险治理效能评价

Ⅰ级指标	Ⅱ级指标	Ⅲ级指标	测度结果	风险分级
致灾因子（A）	自然环境（A1）	极端气温天数（A12）	42 天	Ⅲ级
		洪涝灾害风险指数（A13）	0.16	Ⅱ级
		地震海啸风险等级（A17）	7.6	Ⅲ级
	生产环境（A2）	第二产业比重（A21）	15.80%	Ⅱ级
		重大危险源分布密度（A22）	0.11 个 /km^2	Ⅱ级
	生态卫生环境（A3）	空气质量优良率（A31）	86.30%	Ⅲ级
		生活污水处理率（A32）	100%	Ⅰ级
		生活垃圾无害化处理率（A33）	97%	Ⅰ级
	社会经济环境（A4）	登记失业率（A43）	3.80%	Ⅰ级
		流动人员比例（A44）	47.50%	Ⅲ级
承灾能力（B）	人口脆弱性（B1）	人口密度（B11）	2.3 万人 /km^2	Ⅱ级
		老年人口指数（B12）	9.52%	Ⅰ级
	结构脆弱性（B2）	建筑密度（B21）	37.74%	Ⅱ级
		生命线系统密度（B22）	54km/hm^2	Ⅱ级
		应急疏散路网密度（B23）	6.5km/km^2	Ⅰ级
	经济脆弱性（B3）	单位面积 GDP（B31）	17.8 亿元 /km^2	Ⅰ级
防控治理（C）	预防保障（C1）	气象观测站密度（C11）	12 个 /km^2	Ⅰ级
		建筑物抗震设防等级（C12）	Ⅷ度	Ⅳ级
		重大风险源管控率（C13）	75.00%	Ⅲ级
		突发事故处理及时率（C14）	88.30%	Ⅰ级
		基本社保覆盖率（C16）	81.50%	Ⅱ级

续表

Ⅰ级指标	Ⅱ级指标	Ⅲ级指标	测度结果	风险分级
防控治理（C）	应急处置（C2）	人均避难场所面积（C21）	0.5m²/ 人	Ⅳ级
		万人消防人员数（C23）	5 辆 /10 万人	Ⅱ级
		万人抗洪排涝人员数（C24）	438 人 / 万人	Ⅲ级
		万人病床数（C25）	2705/ 万人	Ⅰ级
	安全投入（C3）	防灾系统建设支出占 GDP 比重（C31）	1.74%	Ⅰ级
		社会保障支出占 GDP 比重（C32）	19.20%	Ⅱ级
		应急管理系统支出占 GDP 比重（C33）	0.55%	Ⅲ级
		防灾教育培训支出占 GDP 比重（C34）	0.06%	Ⅲ级
后果状态（D）	人口伤亡（D1）	自然灾害受灾人口比重（D11）	0.13	Ⅱ级
		事故灾难伤亡率（D14）	0.07	Ⅲ级
	财产损失（D2）	自然灾害直接经济损失占 GDP 比重（D21）	1.13%	Ⅱ级
		事故灾难直接经济损失占 GDP 比重（D23）	0.08‰	Ⅱ级

数据来源及指数选取依据 6.3.2 的政府风险治理效能评判标准执行。

对比表 6-19、表 8-7 可知，中心城区（Ⅰ级 10 项）风险治理效能低于全市平均水平（Ⅰ级 22 项）。其中流动人口比例（A44）、极端气温天数（A12）等指标风险等级较高，表明中心城区人口与建筑高密度环境，导致较大的社会安全隐患以及城市热岛（冷岛）效应，应急管理系统需加强监控预警极端气候风险并在防灾空间与减灾设施规划中考虑流动人口安全诉求。人均避难场所面积（C21）、重大风险源管控率（C13）、万人抗洪排涝人员数（C24）、事故灾难伤亡率（D14）指标也拥有较高风险等级。一方面表明，中心城区存在现有疏散路网密度较高，而其应急避难服务设施却无法满足居民安全避险需求的矛盾，亟待通过综合防灾规划优化其避难疏散系统，在增大避难场所面积的同时提高疏散通道与避难场所的关联度。另一方面，由于社会安全与公共卫生事件等事故灾难所导致的伤亡率较高，需针对中心城区重大风险源建立常态化的整体安全风险评估机制，明确安全风险评估工作的治理路径及其行业对照评估方法。同时加大在应急管理系统与防灾教育培训的支出，通过增加中心城区防灾基建与管理投入来提高综合防灾效率。然后，汇总每个风险评估单元在 33 项指标中的Ⅰ级风险数量，将数量为（24，33]、（16，24]、（8，16]、（0，8]的评估单元分别定义为一至四级的治理效能区，并将一、二级治理效能区的Ⅰ级风险数量导入 GIS 中，进行三维可视化对比分析。由图 8-3 可知，最优风险治理效能的地块集中在海河沿线，河西区、和平区、河东区与红桥区均能有效地控制辖区内高风险地段的安全隐患，但由于防灾减灾与应急服务设施资源的局限性，难以实现风险治理的空间全覆盖，特别河东、河西两区还没有建立风险源的常态化评估管控机制。另外河北区与南开区虽然一级治理效能分布区较少，但实施风险管控的空间覆盖率较高。最后，将针对各类风险源防灾减灾短板的补齐措施明确列入综合防灾规划成果中。具体包括以下内容。

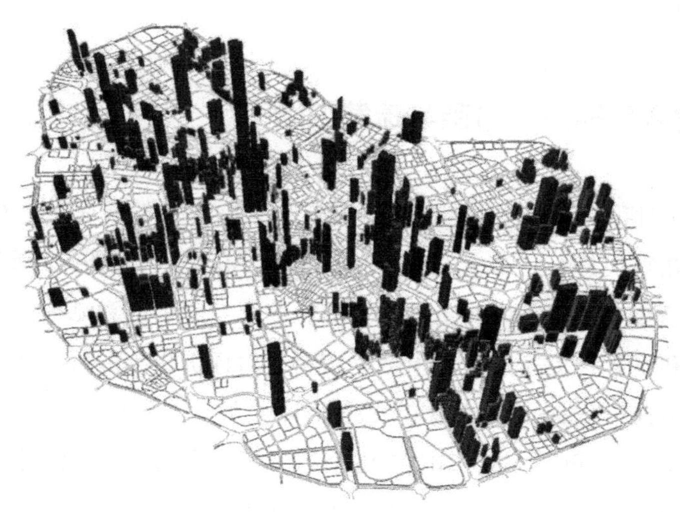

图 8-3　天津市中心城区安全风险治理效能分布图

（1）建立风险源评估机制，弥补专项防灾空间规划定量分析不足。由于各类风险源的危害特性不一，单一的评估方法不能适用所有的风险源类型，需结合各类风险源的事故特点以及可收集的风险源信息，选择适用的风险评估方法，并结合各区的安全监管模式和现有法规标准，针对各类风险源的特点分别制定风险分级标准，确定风险大小。其风险评估方法为：① 基于风险源有害因素的辨识结果判定各单元的风险度；② 涉及危化品的风险源，采用事故后果计算、定量风险评估（QRA）等评估方法，计算软件参照《安全评价机构管理规定》（国家安全生产监督管理总局令第 22 号）有关火灾、爆炸、扩散定量风险计算分析软件的要求；③ 人员密集场所依据《中华人民共和国消防法》定义的范围，采用火灾高危、重点单位辨识，以及区域性火灾风险评估方法；④ 未涉及危化品的工业和公共设施风险单元，可对照行业规范，采用相应的定量或定性风险评估方法。

（2）依据风险评估结果，补齐防灾空间治理系统实现短板。开展中心城区整体风险评估应从行业和街区（即“线”和“面”）两个方面展开，突出风险人群与重点行业，考虑风险的叠加效应并计算中心城区整体风险。在行业方面，利用可累加的风险指标，如潜在生命损失指标，评估分析各行业在中心城区综合防灾规划范围内的危险性分布

（不同于数量分布），明确各行业的高风险区和行业整体风险。在街区方面，通过各类风险源的风险评估，对不同街区各类风险源引发事故灾难风险的可能性和严重程度进行叠加分析，评估其风险构成和安全风险水平[149]。推荐采用层次分析法和模糊综合评价法进行叠加分析，确定中心城区整体风险时要强调重大风险权重比例，突出遏制重特大事故的风险治理目标。

8.2.3 居民安全呈现生态与避难疏散供给不足

在6.4小节针对我国滨海城市居民综合安全感指数评价的研究中，对包括天津市在内的9个滨海城市居民进行了综合安全感问卷调查。在总结分析问卷调查数据后，初步形成有关居民综合安全感指数的评价体系。然后综合专家咨询意见，以及其他滨海城市灾害管理部门提供的居民安全风险面上数据资料，对评价指数进行筛选与精炼，最终得出表6-22的10项评估指标。通过测度2580个评估单元的各项指标平均值，判断其风险等级。由前文表6-23可知，天津市在32个滨海城市中的整体居民综合安全感指数仅为二级，落后于其他特大型滨海城市。特别在2016年天津市中心城区针对火灾、内涝、雾霾及爆炸事故的居民安全感指数的调查数据仅为5.8，远低于8.2的一级综合安全感指数标准（表6-24）。

由此可见，中心城区的居民安全感指数是决定天津市整体指数水平提升的关键因素。由表8-8可知，其指标弱项主要表现为空气质量优良率（A3）、人均绿地景观面积（A4）、各类报警系统平均反应时间（B2）、人均避难场所面积（B3）四项，这说明中心城区居民的安全感不仅来源于经济收入与社会保障的稳定，更需要稳固的生态安全格局、高效的应急反应系统以及优质的防灾避险环境。因此在综合防灾规划中，不仅需要通过优化避难疏散空间，提升细部防灾空间的效用及其环境品质，还应结合应急管理系统为居民提供认知其周边风险隐患的可视化平台。然后，汇总每个风险评估单元在10项指标中的Ⅰ级风险数量，将数量为（8，10]、（5，8]、（3，5]、（0，3]的评估单元分别定义为一至四级安全感指数区，并将一、二级安全感指数区的Ⅰ级风险数量导入GIS中，进行三维可视化对比分析（图8-4）可知：中心城区风险治理效能较高的区域，其居民的安全感指数反而较低，高指数多分布于城区外围的环城绿带周边。一方面表明中心城区风险治理要注重生态韧性的评价，通过制定提升生态安全格局稳态的空间治理方案，为居民提供更多生态空间。另一方面也印证了避难疏散系统优化的紧迫性。和平区与河西区虽风险治理效能最高，但其居民安全感指数最低，主要因其人口建筑高度密集，而避难疏散场所面积较少，政府为降低灾害风险，采取自上而下式的防灾减灾设施投资与风险管控方式，导致多数居民不清楚身边安全隐患与紧急避难场所位置，缺少灾害自救互助能力，一旦灾害发生则会导致大量的生命财产损失，进而形成高风险治理效能下的高防灾成本投入，亟待引入居民参与机制，发挥多元主体共同提升综合防灾效率的效用。

表 8-8 天津市中心城区的居民安全感指数评价

评价类型	评价指标	测度结果	风险分级
灾害孕育环境（A）	综合灾害风险等级（A1）	6 级	Ⅱ级
	重大危险源分布密度（A2）	0.11 个 /km^2	Ⅱ级
	空气质量优良率（A3）	86.30%	Ⅲ级
	人均绿地景观面积（A4）	8.3m^2/ 人	Ⅳ级
安全防控保障（B）	基本社保覆盖率（B1）	81.50%	Ⅱ级
	各类报警系统平均反应时间（B2）	85s	Ⅲ级
	人均避难场所面积（B3）	0.5m^2/ 人	Ⅳ级
	防灾系统建设支出占 GDP 比重（B4）	1.74%	Ⅰ级
历史灾害统计（C）	各类灾害人员伤亡率（C1）	0.22	Ⅱ级
	灾害直接经济损失占 GDP 比重（C2）	1.14%	Ⅱ级

数据来源及指数选取依据 6.4.2 的居民安全感指标评判标准执行。

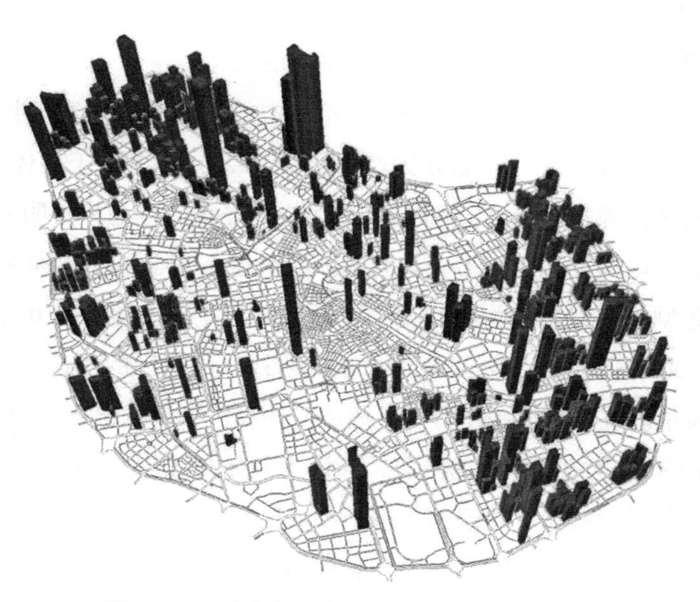

图 8-4 天津市中心城区居民安全感指数分布图

8.3 响应风险评估结果的“多层级”防灾空间治理

由以上天津市中心城区的风险分析与评价结果可知，其综合防灾规划弱项主要表现为四个方面：缺乏整体生态韧性评价，亟待制定提升生态安全格局稳态的空间治理方案；缺少响应各类风险源评估的专项防灾空间规划方案；存在避难疏散系统供给不足的矛盾；亟待整合风险评估与应急管理进行防灾空间治理系统实现。为弥补以上弱项，需进一步论证天津市中心城区防灾空间治理对策。

8.3.1 “源—流—汇”指数导向的生态韧性规划

本书借助景观生态学的基本理论和分析工具，遵循风险源头治理与韧性发展相融合的目标诉求，将 7.1.2 小节关于滨海城市区域层面的生态空间韧性评价方法，运用到天津市中心城区防灾空间规划的研究中，针对中心城区的生态韧性进行“源—流—汇”指数分析并提出相应的规划策略。

8.3.1.1 生态韧性“源—流—汇”指数分析

对中心城区生态韧性“源—流—汇”指数演变规律进行分析，可摸清其建成环境、生态资源本底、居民生态足迹需求三个基本生态韧性要素间的协调共生关系，客观诊断出维护城市生态安全格局稳态的弱项，有的放矢地制定优化策略。

1）韧性源指数变化对中心城区生态安全格局的影响

城市韧性源指数越大说明其在生态安全格局中的生态源地越多，生态韧性也越高。由表 8-9 可知，中心城区各组成部分韧性源指数在 2005—2017 年整体呈现递减趋势。2005—2008 年的韧性源指数较高，年平均 $T_s > 2$ 且逐年递减趋势不明显，这表明 2008 年以前的中心城区内韧性源地较多，具有较强应对生态安全风险的弹性力。而 2008 年以后，T_s 指数急剧下降并常年保持在 1.5 以下，特别在 2012 年出现 0.83 的最低点，表明中心城区在 2008—2012 年间处于快速城市化阶段，建成区的快速扩张对大量韧性源地构成侵蚀，城市因抗风险设施配套不足而造成环境污染和安全事故频发。2012—2017 年随着环境保护和安全城市理念的推广，天津市开始加强生态修复以谋求恢复城市韧性，但韧性源指数增长缓慢，这说明未来中心城区的发展仍面临生态安全格局的束缚。另外，各分区韧性源指数在 2005—2008 年间除红桥区与和平区以外均高于全市平均值；而 2012 年除河西区外均低于全市平均值；2017 年仅有南开区和河西区略高。由此可见，河西区因韧性源指数水平长期较高，有效分担了中心城区的生态安全风险压力；各区低韧性单元的增多与韧性源地的锐减密切相关；中心城区韧性源地数量与可开发建设用地资源间存在此消彼长的关系；韧性源指数 T_s 可以作为衡量中心城区生态安全格局稳定性的最低阈值范围。

表 8-9 2005—2017 年天津市中心城区韧性源指数

区名称	已开发建设用地面积（km^2）				最低韧性源面积（km^2）	韧性源指数			
	2005	2008	2012	2017		2005	2008	2012	2017
和平区	8.35	8.81	9.14	9.77	14.66	2.92	2.19	0.72	1.07
南开区	32.06	32.82	34.17	35.05	52.58	3.47	3.03	0.81	1.44
河西区	31.93	32.53	33.18	34.23	51.35	3.56	3.31	1.47	1.48
红桥区	15.58	16.12	16.78	17.43	26.15	2.71	2.06	0.69	1.28
河北区	21.79	22.15	22.83	23.55	35.33	3.08	2.47	0.77	1.35
河东区	27.85	28.37	29.13	30.55	45.83	3.11	2.81	0.81	1.39
全市均值	27.08	27.96	28.73	31.43	47.145	2.88	2.35	0.83	1.42

2）韧性流指数变化与城市形态弹性的关系

表 8-10 中天津市中心城区韧性流指数在 2006—2017 年间呈现出“V”形变化特征，这说明在 2010 年之前中心城区韧性源流失速度较快，城市形态伴随韧性汇无序扩张表现为断链和锯齿形。原因在于建设用地存量较多，以地产开发为主的建设活动将原有生态廊道随意切分，造成韧性流连续性被阻断，城市形态趋于离散。2010—2017 年随着建设强度逐步达到生态安全阈值，中心城区通过生态修复增加了绿廊绿道数量，韧性流指数快速回升，城市形态弹性也得到了恢复。但各分区中仅有河北区在 2017 年的韧性流指数依然低于全市平均值，说明该区生态安全问题依然存在，还需进一步增加区内韧性源数量，减少韧性汇阻力面。而南部的河西、南开、河东区因拥有蓝色景观与绿地资源较多而表现出紧凑丰富的城市形态，韧性流指数也较高。

表 8-10 2006—2017 年天津市中心城区韧性流指数

区名称	最小平均弹性指数			韧性流指数		
	2006	2010	2017	2006	2010	2017
和平区	149.5	309.9	160.8	2.57	1.24	2.39
南开区	102.8	136.8	106.4	3.74	2.81	3.61
河西区	114.8	146.7	118.6	3.35	2.62	3.24
红桥区	154.9	280.6	144.5	2.48	1.37	2.66

续表

区名称	最小平均弹性指数			韧性流指数		
	2006	2010	2017	2006	2010	2017
河北区	169.3	334.2	177.9	2.27	1.15	2.16
河东区	120.5	185.7	123.6	3.19	2.07	3.11
全市均值	384.3	323.7	421.6	2.53	1.06	2.31

3）韧性汇指数变化与城市空间安全扩展的关系

由表 8-11 可知，研究期内韧性汇指数变化不如韧性源明显，整体呈现缓慢递增态势，生态韧性承载面值持续高于阻力面值。一方面表明中心城区建设用地边界增长未对生态环境容量构成威胁，指数波动保持在生态安全格局可控范围，能通过韧性汇面优化来缓解韧性源弹性阻力。另一方面伴随韧性汇指数持续增加，中心城区空间扩展将面临人口密度过大与资源能源利用无序的压力，城市居民生态足迹需求与建成区规模不相适应，从而引发城市安全问题。另外各区韧性汇指数在 2006—2017 年间仅和平区低于全市平均值，表明该区建设用地开发已接近生态环境容量上限，城市空间扩展以竖向为主，居民生态足迹需求增大，生态韧性偏低。南开区与红桥区 2017 年韧性汇指数相比 2010 年有小幅降低，主要因为营造社区环境改造和绿色空间缓解了建筑界面与生态斑块间的矛盾，生态安全格局有所优化。河北区、红桥区与河东区因有铁路等对外交通干线过境，其城市空间扩展受到生态安全格局的约束作用明显，韧性汇指数增长缓慢。

表 8-11　2006—2017 年天津市中心城区韧性汇指数

区名称	生态韧性承载面（km^2）			生态韧性阻力面（km^2）			韧性汇指数		
	2006	2010	2017	2006	2010	2017	2006	2010	2017
和平区	1352.5	1426.9	1582.4	276.7	308.1	395.7	0.18	0.19	0.22
南开区	5192.6	5315.7	5677.1	1357.2	1872.6	1612.9	0.23	0.31	0.25
河西区	5171.8	5268.7	5544.2	1586.8	1915.9	2205.2	0.27	0.32	0.35
红桥区	2523.4	2717.7	2823.1	688.2	957.4	930.4	0.24	0.31	0.29
河北区	3529.2	3587.6	3814.3	922.4	978.5	1127.1	0.23	0.24	0.26
河东区	4510.6	4717.9	4948.1	1076.4	1179.5	1349.6	0.21	0.22	0.24
全市均值	4384.69	4528.63	5090.63	920.78	1132.16	1619.75	0.21	0.25	0.28

8.3.1.2　中心城区生态韧性提升方案

通过韧性“源—流—汇”三项指数评价发现天津市中心城区各组团韧性强度空间分

布不均，三项指数对城市整体生态韧性水平的影响各异，当城市面临安全生产事故、环境污染和自然灾害等风险时仍表现出较弱的弹性恢复能力，其生态韧性建设应该是动态且持续的过程，需强调对韧性“源—流—汇”要素的时空结构调整。

（1）基于韧性流指数变化识别出天津市中心城区整体形态弹性趋于连续性。至2017年天津市中心城区发展成以虹桥、河西、南开、河东四区为核心的韧性流组团，其生态安全格局也由此演化出4个生态廊道，但并未形成一体化的生态韧性网络。因此在国土空间规划“双评价”中应着力探索提升韧性源地之间的关联度，各区通过计算满足本区居民生态足迹需求的数量，以量定性完成主导型生态廊道的规划设计方案，以生态功能与绿地景观系统优化为主修复各区韧性流组团间的断链。在耦合生态安全格局的基础上，将天津市中心城区整体韧性空间结构向“一带、四区、多节点”的方向调整。其中“一带”指以海河为主体的生态韧性带，也是中心城区生态安全格局稳态的主轴；“四区”分别指以虹桥、河西、南开、河东四区韧性源为主体，各自串联而成的主导型生态韧性带及其韧性辐射影响区域；“多节点”则指各区生态韧性源地集合的中心点（生态绿心）。

（2）《天津市城市总体规划（2005—2020）》关于生态宜居城市建设的指标显示：2020年中心城区生态涵养区辐射面积及绿地景观面积复合比应达到75%。从2017年韧性“源—流—汇”指数统计看，韧性源地辐射面积占比仅为36%，韧性汇阻力面占比却高达72%，如要实现75%的复合比目标，韧性源地辐射面积至少还要增加114km^2，这说明中心城区存在较大的生态修复与绿地建设增量缺口。依据各韧性指数的空间分布，本书建议分别在和平区与河东区交界的海河沿线、南开区南部与河西区的连接区域，以及河西区东部邻近海河的区域重点新增韧性源地。在未来生态韧性的规划与管理工作中，首先统计现状韧性源地数量及其辐射范围，对标生态宜居城市建设要求，核算新建韧性源地规模并划定其空间位置；然后对照韧性源地规划方案，分别识别各区主导型生态廊道、最大韧性汇阻力面与相邻韧性源地中心点之间的最小累积阻力及其空间距离；最后确定各区主导型生态廊道的优化措施与建设时序，制定消除韧性汇阻力面影响的行动计划。

（3）新增韧性源地是提高中心城区整体生态韧性水平的基础条件。进行空间分析后发现，由于南开区南部与河西区连接区域及河西区东部邻近海河区域均位于中心城区边缘，可供生态修复和韧性源地更新的存量空间较多，可分别新增韧性源地辐射面积55km^{2}与47km^2。然而和平区与河东区交界海河沿线为高密度建成区，韧性汇阻力面占比高达90%，若新增12km^{2}韧性源地辐射面积，只能在绿色基础设施用地与海河堤岸改造方面进行挖潜，严格控制其居民生态足迹需求量，圈定生态、生活与生产性用地边界，控制韧性汇阻力面的蔓延。

8.3.2 动态风险治理导向的专项防灾响应

前文对中心城区政府安全风险治理效能的评价表明：当前亟待将动态风险管控技术融入专项防灾空间规划中，在工程性防灾措施的基础上，针对中心城区主导型灾害分类制定专项风险评估及其动态风险治理方案，主要包括抗震减灾、地面沉降、防洪治涝、人防工程、道路安全、消防规划、气象灾害防控七个方面。具体规划方法为：首先搜集专项灾害的防灾减灾数据，参照风险分析与评价系统对各维度风险评估指标进行筛选，组建专项灾害综合风险测度指标体系；然后依据指标体系测度结果，找出弱项指标并制定相应的防灾空间规划响应策略；最后依据该专项灾害风险等级的空间分布情况及其损失评估结果，提出具体的防灾减灾设施空间布局与维护治理措施，有针对性地制定常态化风险管控与空间治理的实施方案。本书以天津市中心城区雨洪灾害的风险分析及其防灾规划治理响应为例，进一步论述以安全风险评估与治理技术为导向的专项防灾规划响应路径。

8.3.2.1 综合风险测度与风险防护圈划定

通过调取天津市气象信息中心有关中心城区规划范围暴雨洪涝灾害数据，抽取历年灾情监测报表、灾后损失统计表、雨洪气象风险预警图，计算雨洪影响空间范围及重现期，发现诱导其洪涝灾害的风险源为：因强降雨超过了城市排水系统的承载负荷引起内涝灾害；因持续强降雨引起的江河堤防失稳，或水位过高造成的漫顶。对照前文灾害属性与政府治理维度安全风险评估指标体系，筛选并细化表征灾害物理特征的水文、水利及数字高程的指标数据，通过层次分析法建立适用中心城区的多级雨洪风险评估指标体系。如表 8-12 将各项指标分类纳入孕灾环境敏感性、致灾因子危险性、承灾体脆弱性三要素的灾害系统准则层中，并依据专家打分逐个判断其权重。

表 8-12 天津市中心城区雨洪安全风险综合测度指标

目标层	准则层	权重	指标层	单位	权重
雨洪综合安全风险评估	孕灾环境敏感性	0.274	地形地势条件	TAI 指数	0.037
			植被覆盖	HAI 指数	0.013
			河网密度	VCI 指数	0.062
			城镇化率	%	0.018
			基建投资规模	万元 / 年	0.144

续表

目标层	准则层	权重	指标层	单位	权重
雨洪综合安全风险评估	致灾因子危险性	0.325	台风登陆频次	次/年	0.061
			暴雨强度	L/(s·hm^2)	0.096
			植被破坏面积	km^2	0.039
			土地复垦率	%	0.027
			城区不透水面积	km^2	0.054
			预警失误率	次/年	0.048
	承灾体脆弱性	0.401	堤防工程强度	级	0.057
			人口密度	人/km^2	0.031
			地均产值	元/km^2	0.017
			房屋损毁数	间/年	0.046
			道路网密度	km/km^2	0.042
			雨洪管理机构数	个	0.035
			排水管网密度	km/km^2	0.097
			洪水避难场所	个	0.043
			土地使用强度	UII 指数	0.022
			农林面积比	%	0.011

（1）内涝情境下风险防护圈划定

中心城区雨洪综合安全风险评估 21 项指标中，所占风险测度的权重从高到低分属的土地使用类别为住宅用地、农业用地、工业用地、道路用地和基础设施用地。其与降雨强度所构成的风险函数关系如图 8-5 所示：X 轴为 24 小时降雨强度，以中国气象局颁布的降雨强度等级为划分标准，强度越大灾害损失越大；Y 轴为土地使用类别中可预期的损害因子 α。比如当强度达到 150mm 时对工业的破坏系数约为 0.36（36%），同样强度对农业造成几乎 100% 的破坏。将上述土地使用类别视为五种雨洪承灾体，则实际风险值与降雨强度函数关系各不相同，农业和基础设施用地在 50mm 降雨强度内的损害增幅最大，可划归到基本防护圈内；城市雨洪基建的御灾范围在 50～100mm 降雨强度内，一旦突破该阈值，雨洪损害将随道路用地呈指数增长，属于特殊防护圈；住宅和工业用地在 150mm 降雨强度内的损害因子均低于 0.4，说明各城市的雨洪基建投资集中在两类用地内，其人口密度高且对内涝反应最为敏感，应划归到重点防护圈内。

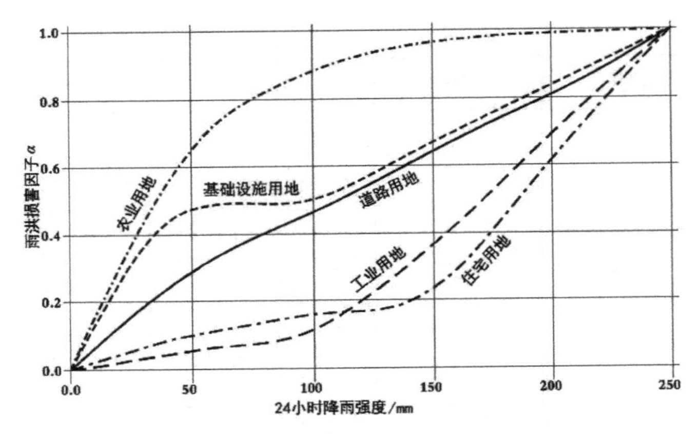

图 8-5　雨洪承灾体与降雨强度风险关系图

（2）堤防失稳状态下风险防护圈划定

中心城区雨水一旦漫顶并在河道堤防某个位置失稳，其雨洪流速与灾害损失的函数关系必定由三个参数构成：一是承灾体与堤防失稳的距离；二是河堤底部的剪力大小；三是被淹没区存在防护屏障等级，如地面以上道路网密度等。因此在水动力边界条件可知的情况下，即使没有淹没区深度或雨洪流速数据，也可通过函数关系进行雨洪防护圈概念化模拟，如图 8-6 表示沿着河堤某失稳位置形成的防护圈。其中Ⅰ区是离失稳位置最近的区域，需承受最大的雨洪灾害。随着洪水剪切力和方向的扩展，雨洪沿着失稳位置向外的流动速度和破坏程度也降低，而雨洪到达Ⅱ区的初始水动剪力则取决于Ⅰ区的土地使用情况。Ⅰ区和Ⅱ区雨洪防护圈半径通过将失稳位置的最大风险值函数及其指标影响权重进行计算得出。Ⅲ区防护圈的半径则以防护屏障的影响范围为标准进行划定，首先依据现有的 GIS 矢量数据来判定在淹没区域内雨洪扩散方向上存在的防护屏障，然后通过 GIS 视线分析模拟对道路、涵洞、下水道等各类防护屏障的影响范围，叠加后得到Ⅲ区防护圈。

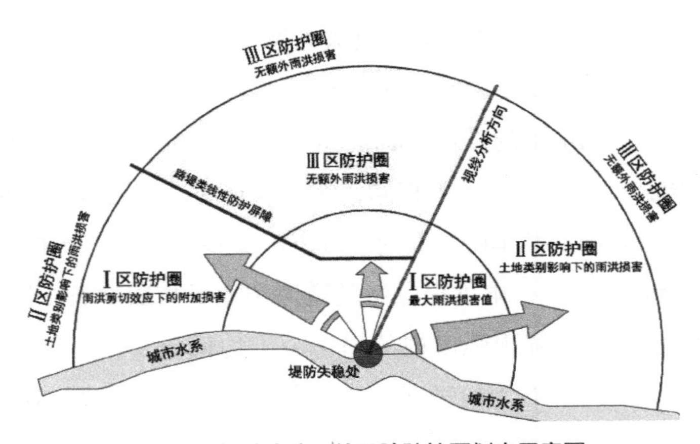

图 8-6　堤防失稳下的风险防护圈划定示意图

8.3.2.2　气候变化影响下的防灾规划动态响应

洪涝灾害具有明显的季节性特征，雨量和蒸发率随季节变化而呈现不同的分布规律，传统防灾减灾规划将中心城区视为均质化的防灾空间，主要关注其基建投资规模与相关排水系统的工程性设计，很少考虑依据气候变化来弹性调整雨洪治理方案，进而导致防灾资源的浪费以及风险治理的低效性。本书中以风险治理为导向，计算了中心城区近五年内每个月份的雨洪风险值，结合历史雨洪灾害资料来评估不同月份的气候变化等级和雨洪影响因子权重（表 8-13）。

表 8-13　气候变化分级指标及雨洪影响因子权重

影响因子	权重	分级	月份分布	说明
历史灾况	0.157	高	7～8	近 50 年内发生 10 次以上
		中	4～6、9～10	近 50 年内发生 5～9 次
		低	1～3、11～12	近 50 年内发生 0～4 次
损失计算	0.302	高	7～9	受灾人口或财产损失≥ 25%
		中	5～6	受灾人口或财产损失 5%～25%
		低	1～4、10～12	受灾人口或财产损失≤ 5%
易损性	0.316	高	1～2、6～8	基建失稳及设备维护率≥ 15%
		中	9～10、12	基建失稳及设备维护率 1%～15%
		低	3～5、11	基建失稳及设备维护率≤ 1%
发生概率	0.225	高	6～8	重现期为 10 或 20 年一遇
		中	4～5、9	重现期为 50 年一遇
		低	1～3、10～12	重现期为 100 年一遇

依据各月平均雨洪风险值划分三级气候变化场景（50 ＜高≤ 100、10 ＜中≤ 50、0 ≤低≤ 10），雨洪损失及承灾体易损性因子权重均高于 0.3，是气候变化场景下雨洪治理的重点。高气候变化场景多发生在 6～9 月份，适宜施行雨洪监测和损失防控；低气候变化场景则集中在春、冬两季，主要为基建维护。另外不同气候变化场景也影响防灾规划中雨洪风险空间范围划定。以中心城区子牙河火车西站至辛庄桥段为例，按照影响因子权重分别计算该河段两侧每个用地单位在三级气候变化场景的雨洪风险值，然后将 RS 图像导入 GIS 并对所有雨洪风险值分级标注，得到两个场景下的雨洪风险空间分布。由此可知，高气候变化场景风险空间范围比低场景下大得多，气候变化场景越高则雨洪灾害影响范围越大，需要治理的承灾体数量也相应增多。因此，雨洪风险治理既要针对气候变化场景的等级及时调整基建投资规模和维护成本，又要对不同场景下的高

权重风险因子作出预警和应急处置响应。而这些治理响应措施落实到防灾规划中，主要表现为雨洪风险空间分布图和风险治理清单两个方面。表 8-14 归纳了不同气候变化场景下的风险治理清单，从中可以看到：高气候变化场景下应加强预警保障和应急处置方面的治理能力，中气候变化场景下更注重基建治理和空间规划的编制；而低气候变化场景下的重点则偏向物资储备及设施的日常维护等。

表 8-14　不同气候变化场景下的风险治理清单

Ⅰ级清单	Ⅱ级清单	Ⅲ级清单	高	中	低
风险防控	预警保障	气象观测点密度	●	○	○
		重大危险源监控	●	●	○
		数字化模拟系统	●	○	○
		防灾物资储备	○	●	●
	基建治理	排水管网检修	●	●	○
		水坝堤防巡查	●	○	○
		海绵城市建设	○	●	●
		生命线工程维护	○	●	○
综合安全	应急处置	防汛指挥所密度	●	○	○
		人均避难场面积	●	○	○
		户均防汛物资数	●	●	○
		应急演练指数	●	●	○
	空间规划	雨洪专项规划	●	●	○
		综合风险评估	●	●	○
		防汛设施布局	○	○	●
		公民参与指数	●	●	○

8.3.3　避难短缺与疏散过量矛盾下的治理优化

通过天津市中心城区居民安全感指标评价可知，现有应急避难服务设施虽无法满足居民的安全避险需求，但其应急疏散路网密度却很高。一方面说明避难服务设施与应急疏散网络空间上的关联度较低，大部分居民在灾时无法借助疏散通道快速到达附近的避难场所，急需完善现有救灾疏散通道网络的空间格局。另一方面表明，在高密度建成环境下，仅依靠增加疏散通道数量，并不能提升整体避难疏散系统的运行效率，需要在优化避难场所的基础上，引入应急通道风险监控预警的交通组织与协调保障方案，建立完整的应急道路空间治理体系。

8.3.3.1　基于居民需求分析的防灾避难场所优化

首先在中心城区个人风险等值线分析的基础上划定高风险敏感区，确定相关脆弱性人群数量，制定优先满足其疏散避难的目标与路径，其中脆弱性人群依据中心城区统计年鉴中的常住人口数据进行判定。然后依据灾害属性维度风险评估模型及其指标体系，测度不同类型灾害的损失与影响空间范围，识别灾害影响范围内的脆弱性人口空间分布。最后确定不同空间组团中脆弱性人口的避难场所面积需求，并据此对现有的应急避难场所及其空间体系进行优化。

（1）中心城区避难场所面积需求分析

由于中心城区人口与建筑高度密集，人均避难场所面积长期较低，阻碍了整体安全风险治理水平的提升。中心城区现有应急避难服务设施无法满足居民安全避险的需求，亟待增大避难场所面积，提高疏散通道与避难场所关联度。本书将中心城区常住人口均视为脆弱性人口，按照《防灾避难场所设计规范》GB 51143—2015 划定应急避难场所规划标准，分别核算中心城区固定避难场所、中心避难所、紧急避难所面积需求，统计现有避难空间资源，对比分析各组团需增加的避难场所面积缺口（表 8-15）。固定避难场所有效避难面积不小于 $1hm^2$，服务半径为 1.5km，避难者步行半小时内可到达，以 $3m^2$/ 人的标准测算。紧急避难场所指供居民家庭或单位的避难者短期避难或向固定避难所转移的场所，总面积在 $0.2hm^2$ 以下，一般服务半径为 0.5km，步行 10 分钟可到达，可按 $0.5m^2$/ 人的标准测算。中心避难所要求规模较大，总面积要求在 $20hm^2$ 以上，主要为防灾救灾指挥中心所在地，包含救灾医疗机构、救援队伍与抢险工程技术人员营地等避难服务设施，无需单独设定脆弱性人口避难标准。

表 8-15　中心城区避难场所面积需求分析表（2017）

各区名称	人口数量（万人）	固定避难场所（万 m^2）	紧急避难场所（万 m^2）	总需求量（万 m^2）	现状面积（万 m^2）	面积缺口（万 m^2）
和平区	41.97	125.91	20.98	146.89	63.48	83.41
南开区	85.95	257.85	42.97	300.82	288.74	12.08
河西区	82.22	246.66	41.11	287.77	135.68	152.09
红桥区	50.22	150.66	25.11	175.77	99.24	76.53
河北区	62.12	186.36	31.06	217.42	161.35	56.07
河东区	74.47	223.41	37.24	260.65	135.88	124.77

资料来源：依据《防灾避难场所设计规范》GB 51143—2015 绘制。

（2）中心城区避难场所优化策略

由表 8-15 可知，中心城区各区现有资源均不能满足其居民的防灾避难需求，亟待在现状公园绿地与广场等开敞空间的基础上优化避难空间格局。具体优化策略包括：在中心避难场所优化方面，由于中心六区已经形成高密度建成环境，“寸土寸金”形势下很难划出大规模用地进行中心避难所建设，一方面可以在外围四区靠近外环线的区域挖掘存量用地，增大环城绿地的面积和数量，另一方面可以借助南开区拥有较多公园绿地的优势，增加至少 2 处的中心避难场所；在固定避难场所优化方面，鉴于其现状空间分布不均且服务半径过大的问题，在避难盲区借助居民娱乐休闲等公共服务设施空间配建固定避难场所，突破原本以各区行政边界为标准配置避难场所的弊端，将中心城区防灾空间视为一个整体，以固定避难场所的服务半径为标准，统筹调配各区避难空间资源；在紧急避难场所优化方面，以社区为单位明确各防灾生活圈内的紧急避难场所位置及其使用条件，并绘制到风险地图上，对于高密度居住区在提高各建筑内外部公共疏散空间的基础上，结合街头绿地、社区内健身广场以及景观小游园设置室外紧急避难场所，而高密度环境下的公共建筑则可直接在室内配置紧急避难“安全岛”。

8.3.3.2 基于空间格局与智慧治理的疏散通道优化

首先提出疏散通道空间格局的完善策略。在空间体系优化方面，将现有应急疏散道路系统与地铁、轻轨、市郊铁路、航空和船舶运输系统相结合，充分考虑主要道路系统、轨道交通系统与各居住区、对外交通枢纽、危险源分布点、应急避难场所、消防站和医院的有效衔接；评估灾时的交通需求和特点，制定应急道路系统与其他防灾减灾设施的协调方案；在综合防灾规划中，以优化道路节点的灾时可靠性和应变能力为目标，对中心城区避难疏散系统的空间布局方案进行优化。在空间格局完善方面，对部分靠近重大风险源的疏散通道空间进行调整，提高其防火等级与强度，保证其两侧建筑物都应具有较好的耐火性能，并设立消火栓和防火隔离带，将重大风险源的影响降到最低。在综合防灾规划中，以疏散道路两侧的建筑倒塌后不覆盖基本逃生通道为目标，对倒塌的废墟宽度按建筑高度进行折算。通过应急管理系统建立中心城区疏散通道空间的动态使用机制，避灾道路、消防通道和防火隔离带均可在平时作为城市交通、消防和防火设施运行，灾时则启动避难疏散功能。疏散通道作为城市居民聚集区与城市救灾据点的连接纽带，在中心城区综合防灾规划层面重点控制其宽度与用地规模，在防灾空间的细部设计层面则需确保社区内部紧急避难场所与外部疏散通道的空间衔接。

其次构建应急道路空间治理体系。应急疏散道路系统空间治理技术路线如图 8-7 所示，其核心是借助道路交通风险治理智慧化手段建立应急交通控制与治理系统。对灾时交通需求和道路交通分析评判，运用 GPS、GIS 及大数据技术，实现系统监测自动化，有利于消除灾时交通拥堵，保障应急道路畅通，提高灾时通行可靠性，满足各专项防灾规划疏散需求的同时建立综合防灾规划常态化反馈机制。提高交通设施应急保障能力还需编制应急交通规划，制定应急道路系统控制与管理方案，建立功能强大、覆盖面广的应急道路信息系统和反应迅速的控制系统。平时向交通管理部门反馈实时信息，增强交通管理效果，灾时则可有效疏解道路交通堵塞，保证应急通道畅通。为保证交通设施灾时受损情境下的通行能力，还应建立应急交通协调保障机制，包括制定应急交通预案，建立应急交通快速响应系统，制定灾时交通管理条例等。

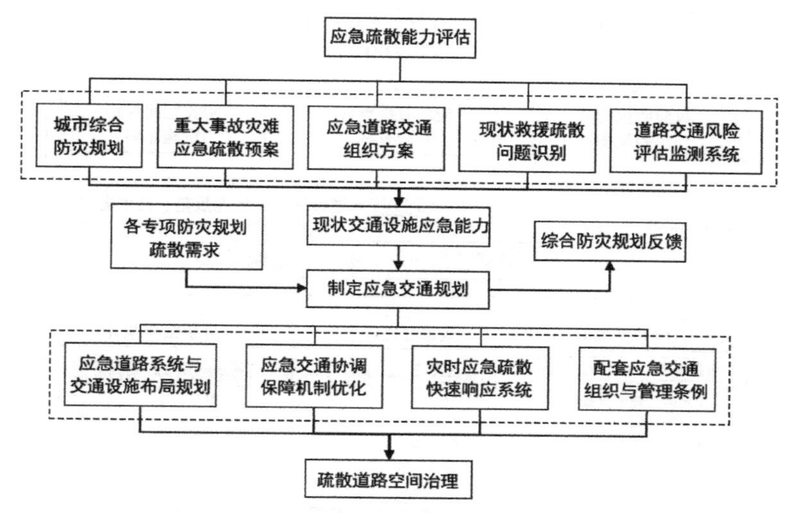

图 8-7　应急疏散道路系统空间治理技术路线

8.3.4 “三元”耦合导向的防灾空间治理系统实现

按照全生命周期风险治理路径，整合滨海城市多维度风险评估、多层级防灾规划及防灾救灾联动应急管理方案研究成果；将有关风险源识别、监控与预警子系统，紧急救援管理风险管控与应对子系统，有关综合防灾规划的空间设施响应子系统进行耦合，建立中心城区防灾空间治理系统云平台。

8.3.4.1 耦合三元子系统的平台架构

在上述三元子系统相关调研信息的基础上建立涵盖多元主体共同参与下的底层数据

资源体系，包括社会舆情、风险环境、水电气热管网及监测、安全防护目标、重大风险源、设施分布等基础数据。在空间地理信息平台上对基础数据进行空间插值与可视化整合，实现异构多元数据的集成，根据防灾空间治理功能需求进行数据抽象，建立数据组织、维护、检索等治理功能模块。将各功能模块导入多维度风险评估指标体系，依据评估结果绘制风险地图，得出实施综合防灾空间规划与设施布局的关键节点，生成应急管理可选择的优先救援措施，以此搭建中心城区安全风险空间治理云平台，为综合防灾规划与应急管理提供直观理性的决策支撑（图 8-8）。

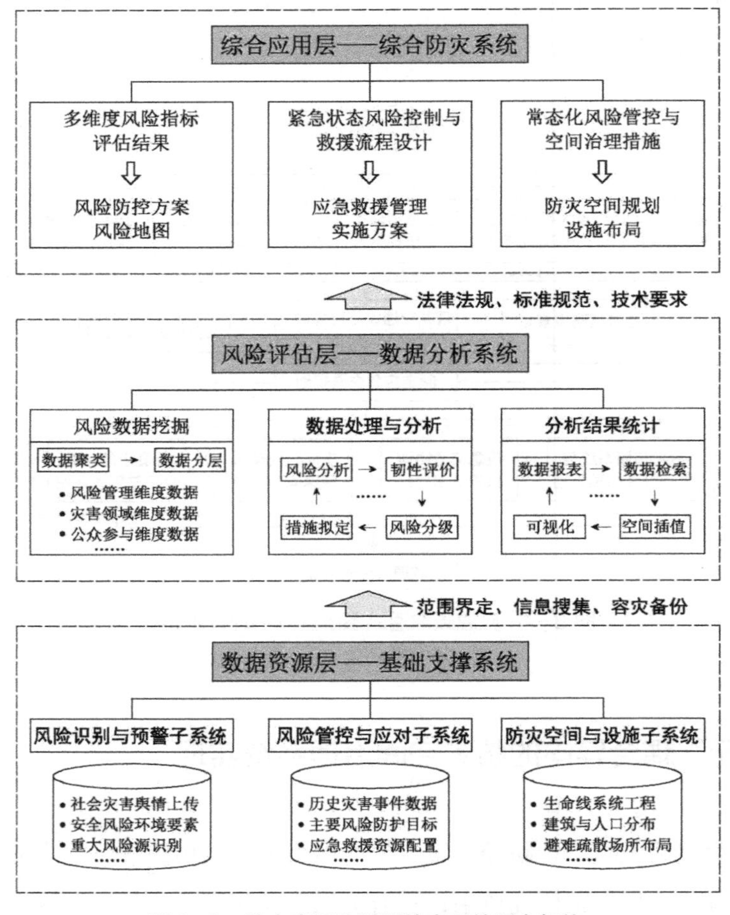

图 8-8　防灾空间治理系统实现的平台架构

8.3.4.2　多层级防灾空间治理功能的系统实现

该系统首先实现底层数据资源体系中的居民参与及情报收集，形成以居民参与为核心的多元主体协作治理平台，完成滨海城市由安全风险管理转向风险治理的转变。在中心城区综合防灾规划中，可借助防灾空间治理云平台收集居民对周边危险源的报送、防灾减灾设施与报警系统的使用情况、日常事故事件的线索等灾害风险信息的反馈，还可在该平台上进行综合防灾规划成果公示并征询居民意见，针对收集的意见进行关键字统计、风险日志趋势、风险空间分布等方面的聚类分析，以便于掌握中心城区各空间治理单元的安全风险动态（图 8-9）。

图 8-9　数据资源层居民参与及情报收集示意

然后根据底层数据资源的动态分析结果，建立安全风险评估、监控与预警机制。前文 8.2 将中心城区划分为 2580 个风险评估单元，以此建立每个空间单元的动态风险预警可视化模块，重点描述其不同时段的主导风险类型、空间风险分级、风险预警时间以及防灾减灾与风险自救措施等。将灾害高风险隐患点或事故发生地点显示在风险地图上，根据风险关键词对风险类别、等级及灾害发生频率进行可视化展示，并通过区块链分析相关灾害影响及其治理措施（图 8-10）。

最后生成中心城区安全风险地图及其风险管控措施。依据各空间治理单元的安全风险环境、主要风险隐患、物质空间属性、历史灾害损失影响等数据，分析并提炼出其主导型致灾因子，围绕致灾因子影响识别核心风险源，并对空间范围内的重点防护目标以及防灾减灾的薄弱环节进行定量评估与定性评价。以中心城区事故灾难风险为例，依据前文灾害属性维度的风险评价指标体系与风险分级评判标准，识别主要风险源并评估其风险指数以及灾害损失的空间影响范围。通过计算各个风险评估单元的风险指数，在风险地图上进行热力图对比并对风险指数较高的突发性事故灾难进行打卡显示，标明其风险评估结果以及主要致灾原因（图 8-11）。由此进行后台综合数据分析，评判该事故风险的等级及特征，对照综合防灾规划与应急管理知识库生成相应的可选择风险管控措施。

图 8-10　风险评估层动态风险预警可视化示意

图 8-11　综合应用层的风险地图及其风险管控措施生成示意

8.4 本章小结

本章以天津市中心城区综合防灾规划为例，对本书的核心研究成果进行实践应用反馈。基于耦合“全过程”风险治理的滨海城市综合防灾规划体系重构路径，对天津市风险环境及其既有风险评估研究成果进行了辨析，以此划定中心城区综合防灾规划的研究范围。基于多元主体性的“多维度”风险评估系统，对中心城区灾害属性维度的主导灾害风险因子进行了综合评估，分别得到了有关自然灾害的致灾因子、承灾体脆弱性、综合防灾能力、灾害损失后果风险值，以及事故灾难的综合风险值，以此进行中心城区风险分级与空间治理区划。分别识别并评价了中心城区政府安全风险治理效能以及居民安全感指数的弱项指标，剖析了避难场所短缺而疏散路网供给过量的矛盾，解析出风险治理效能与居民安全感指数评估结果空间分布负相关的原因。以问题为导向，基于治理差异性的“多层级”风险管控思路，分别围绕中心城区生态韧性评价、专项防灾规划响应、避难疏散系统以及空间治理系统实现，制定了综合防灾空间规划的重点内容与对策。

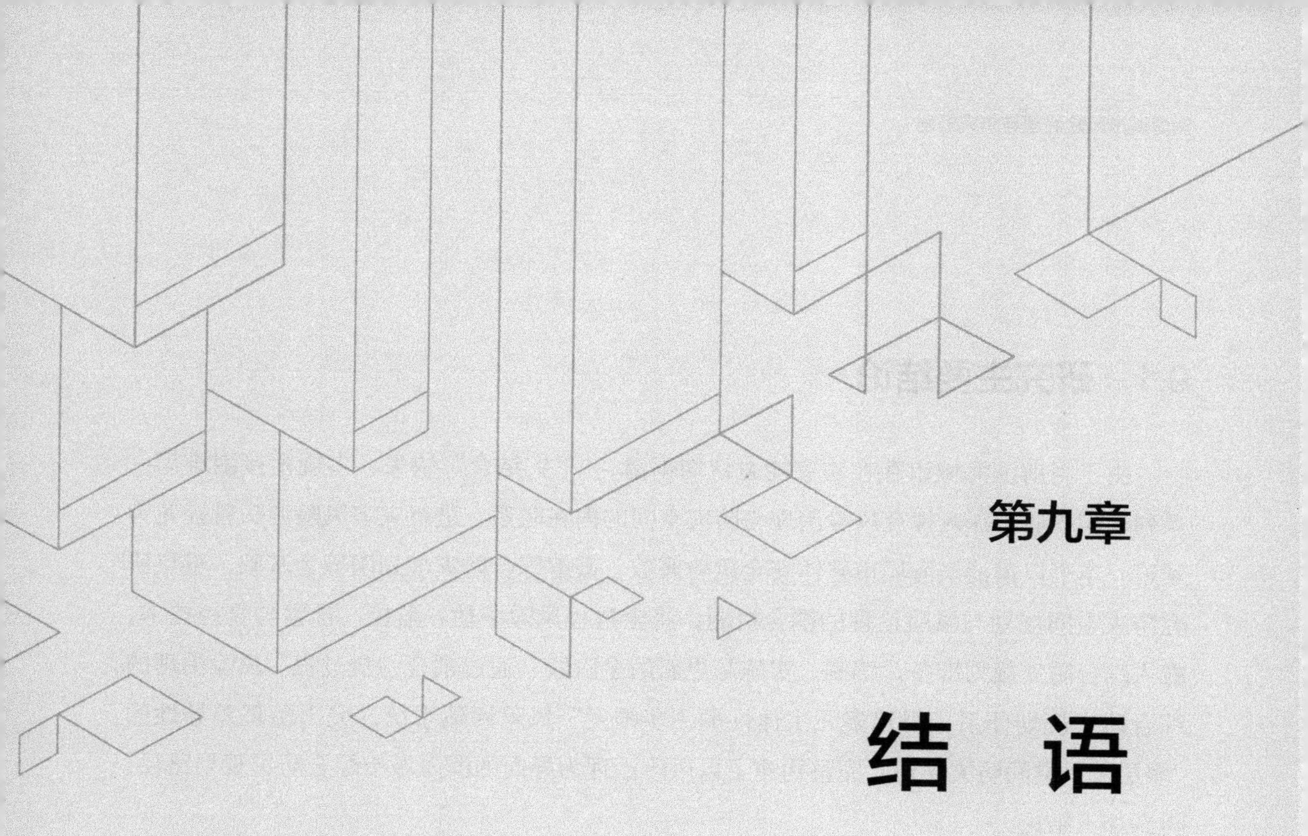

第九章

结 语

9.1 研究主要结论

由于当前滨海城市存在防灾能力认知不清、“平灾结合”缺失、多规衔接困难等一系列现实矛盾，深入探究风险治理与防灾空间的内在联系，进行灾害风险源头管控尤为紧迫。本书以摸清滨海城市整体安全风险底数、破解综合防灾规划困境为基础，重点研究防灾空间规划与风险治理的耦合机制，将全过程风险评估、监控、预警与管控技术，融入综合防灾规划准备、编制、实施与更新的全阶段。通过耦合“全过程”风险治理的综合防灾规划体系，组建多元主体性的“多维度”风险评估系统，突出治理差异性的“多层级”空间防灾规划，完整构建了以风险治理为导向的滨海城市综合防灾规划路径，得到如下结论。

结论一：滨海城市整体安全风险机理兼具模糊开放（物质型）与逐级互馈（治理型）的双重特征，二者的动力学演化机制以灾害链式效应为分界点，前部灾害风险子系统为正向能量传导，后部风险治理子系统为反向断链减灾。

我国滨海城市高经济贡献度与高风险敏感度矛盾日益突出，必须从物质型灾害和风险治理行为的“双视角”建立安全风险机理整体认知体系。物质型灾害风险的灾变能量来源具有开放性，多灾源的介入导致灾害链网络结构演化趋于复杂模糊性。鉴别主导型致灾因子及风险预警的难度增大，促使风险治理行为必须依据物质型灾害链式效应形成逐级互馈的动力机制。二者均通过灾害链式效应分析建立响应关系，前者由自然与人为致灾因子共同组成灾害风险子系统，其灾害链的积蓄和传导富有直接性，通过“汇集—迸发”的形式将灾变能量正向传导至城市空间，引发治理型灾害风险。后者由防灾减灾规划、安全风险评估、应急救援管理共同组成风险治理子系统，其灾害链以降低或放大物质型灾害风险为媒介，通过“圈层结构”分别作用于“孕灾层”“诱灾层”与“灾发层”形成反向断链关系。编制综合防灾规划必须依此机理特征，形成逐级互馈的防灾空间体系。

结论二：决定我国滨海城市综合防灾效率提升的关键变量按影响力大小依次为：灾害事件损失总额、防灾基建投入总额、安全风险评估相关支出、居民安全感指数、应急救援与防灾管理支出。

解决滨海城市综合防灾规划现状困境的关键是通过综合防灾效率评价，规范并统一现状综合防灾能力认知方法。当前我国滨海城市无论在省域层面还是城市之间的综合防灾效率差距都在逐步加大，能够表征综合防灾效率的核心指标共有 18 项，其中经过地理加权 GWR 模型分析后，仅有 5 个解释变量能够通过多重共线性检验，且该模型下 AIC 值为 193.47，R^2 达到 0.8802，adjustR^2 达到 0.8531，表明 5 个解释变量的 GWR 回归拟合效果较好，均应视为影响综合防灾效率提升的关键因素。其影响力大小为：灾害事件损失总额代表综合灾害事件产出水平，回归系数最大且均为正值，损失每降低 1% 可平均提升综合防灾效率 4.77%，是首要驱动变量；防灾基建投入总额代表现状综合防灾减灾能力，回归系数均为正值，额度每增加 1% 可提升综合防灾效率 1.73%～3.08%，是第二驱动变量；安全风险评估相关支出代表防灾减灾技术创新水平，回归系数虽小，但均为正值，为第三驱动变量；居民安全感指数表征城市公共安全水平，回归系数有正有负，虽整体分布趋近于零，但仍正向驱动；应急救援与防灾管理支出代表灾害应急管理水平，回归系数以负值居多，对提升综合防灾效率的影响力最小。

结论三：耦合安全风险治理的滨海城市综合防灾规划路径，必须具备风险情报搜集与分析、风险控制与防灾空间布局、风险应急处置与规划实施三个阶段，形成全过程风险监测、评估与管控的治理机制。

按照风险治理子系统的全生命周期风险治理模式重构综合防灾规划体系，必须要融入多维度风险评估系统与多元主体参与机制，将风险管控技术的应用，由传统防灾规划的前期分析，拓展到从编制到实施的全过程。在新综合防灾规划体系，反作用于空间承灾体的系统动力学机制中，必须注重利用风险监测和公众参与来完善灾前的“防”，结合风险评估和减灾方案来体现灾中的“控”，通过应急止损和规划更新落实灾后的“救”。由此设计出的综合防灾规划流程，必然涵盖风险情报搜集与分析、风险控制与防灾空间布局、风险应急处置与规划实施三个阶段。在综合防灾规划前期准备中，必须引导公众代表加入规划团队，通过参与风险情报的搜集与分析，重点解决防灾规划支撑体系混乱及防灾能力认知模糊等源头问题。在编制综合防灾规划成果时，依据风险评估结果划定防灾目标，重点将可接受风险标准、专项设防标准等风险管控指标与措施，体现在防灾空间布局方案中。在综合防灾规划实施阶段，必须联合应急管理部门，制定配套的风险救治预案，明确综合防灾系统中的应急救援响应、风险规避及分担措施。

结论四：主体性是滨海城市多维度风险评估系统的特点。突破以灾害静态分析与部门单向组织的风险评估定式，必须兼顾灾害、政府、公众等多元主体的风险转化关系，逐项建立风险评估的指标体系与评判标准。

滨海城市是由政府、企业、公民等要素共同构成的复杂运行系统，承受灾害风险损失的主体是城市空间和被管理者，而非政府管理部门。复杂风险环境下的损失者与管理者不一致，导致以政府为主导的风险管理工作，难以发挥最大效用，必须要兼顾各群体在风险评估中的主体性，突破以政府部门单向组织灾害风险评估的定式，融合其他主体的风险属性，构建多维度风险评估系统，实现由单方风险管理向多方风险治理转变。通过多元主体的灾害链式效应分析，提出灾变能量在政府、公众与物质空间环境间，存在领域、影响与时间维度的衍生关系，必须逐项建立灾害属性、政府治理、公众参与维度的风险评估指标体系及评判标准。通过对海洋性灾害风险强度演化和安全生产“五要素论”等模型的分析，提出评估滨海城市灾害属性风险的 171 项指标。通过对灾害属性指标进行影响、时间维度的因果关系分析，分别提出涵盖安全风险环境和灾害防控保障的 47 项政府安全风险治理效能评价指标，以及 10 项居民安全感指数评价指标。所有指标评估结果按是非型、分级型与连续型进行评判，并将风险等级标准统一划分为四级。

结论五：差异性是滨海城市多层级防灾空间规划的关键。改变防灾设施均等化配置与减灾措施趋同化集合的规划方式，必须突出不同空间层级的治理差异性，分级划定风险管控与灾害应对的重点内容。

滨海城市兼具灾害风险的客观存在性与防灾减灾资源的有限性，所有综合防灾行为都不能完全阻止灾害发生，只能通过合理调配防灾减灾资源进行风险源头控制，降低灾害的发生概率与损失。必须改变防灾设施均等化配置与减灾措施趋同化集合的规划方式，针对不同空间层级的主导型灾害风险及其灾害链网络结构特征，实行差异性的风险评估与管控措施。区域层级应当以重大风险源“一表一系统”的识别与监控为基础，通过用地防灾适宜性与生态空间韧性评价，设计生命线系统工程互联方案。城区层级必须基于可接受风险标准（个人风险等值线）划分四类风险控制区，分别按照“多核心或点轴式”优化防灾空间结构，通过居民“容量—需求”分析结果核定避难疏散场所规模，依据风险源影响边界与防灾设施可选址范围之间的空间关系确定防灾设施位置，并建立减灾措施优选排序制度。社区层级必须划定服务半径为 200～500m 的“防灾生活圈”，通过居民参与制作风险地图模型、配建社区综合防灾体验馆，进行风险与防灾措施的可视化改造。建筑层级基于灾时人员疏散模拟设计逃生路径，增设公共建筑内部“安全岛”，并提升居住建筑内部防烟前室、疏散楼梯、消防电梯等公共交通空间的防灾性能。

9.2 展望

解决传统防灾减灾规划的困境，必须突破单向灾害风险管理的窠臼，完整呈现风险治理导向下滨海城市综合防灾规划的重构路径、风险评估系统以及防灾空间规划策略。然而，由于作者专业背景与研究水平有限，本书难免有班门弄斧或纰漏之处，作者将努力弥补不足之处，继续进行有关滨海城市综合防灾规划的理论研究与实践探索，主要从以下方向开展后续研究。

（1）进一步细化“多维度”风险评估指标体系内容，提高指标评估结果精度，建立其与防灾设施空间布局决策间的快速响应机制。本书在滨海城市综合防灾规划研究中，依据目前掌握的数据精度，只能从主导灾害属性、政府治理效能、居民安全感指数三个维度构建风险评估系统，所涉指标较为宏观，依据评估结果无法直接得出各维度下的具体防灾减灾措施，仅能依靠多指标的综合评判制定逐级互馈的防灾空间规划策略。未来可为不同滨海城市量身定制综合防灾与应急管理决策系统，搜集更详尽的基础数据，依据其安全风险机理特征与空间治理诉求，在“多维度”风险评估指标体系的基础上，因地制宜地筛选并细化指标内容，在输出风险评估结果的同时，快速得到相应的具体防灾减灾措施。

（2）滨海城市综合防灾规划具有较强的公共政策属性，不仅需要通过各类工程技术方法的创新研究，提高其风险评估的科学性与防灾减灾措施的合理性，更要从公共政策优化的视角，研究其综合防灾效率与规划实施效用。一方面需要进一步探索 GIS 与 RS 风险识别与监控、灾害影响区块链分析、风险评估云平台、综合防灾系统 AI 模拟、5G 灾害预警等智慧技术，运用于滨海城市综合防灾体系与应急管理决策系统中的路径，研究充分发挥防灾减灾空间与资源效用的规划方法。另一方面，则需要进一步探究滨海城市综合防灾规划与国土空间规划、城市详细规划、各部门专项防灾规划成果之间的衔接机制，依照《中华人民共和国城乡规划法》研究城市综合防灾规划的地位与作用，从法律效力、强制性内容、编制办法以及实施更新等方面，探索保障其发挥公共政策效用的路径。另外，未来还需不断充实关于本书研究成果的实证研究案例，将风险治理导向下的综合防灾规划方法应用到更多的滨海城市建设实践中，积累应用反馈并不断修正与完善研究成果。

（3）我国海岸线的南北跨度较大，不同沿海地区的滨海城市在安全风险环境与防灾空间形态上存在很大的差异性。作者囿于个人能力与篇幅所限，无法逐个排查全国范围内滨海城市，只能针对高风险区的滨海城市进行面板数据调查，以此选取典型城市进行详细实地踏勘与资料搜集。为验证数据与研究成果的准确性，虽采取了居民问卷调查与专家咨询法进行校核，但该方法本身存在一定的主观性，未来需要建立所有滨海城市的综合防灾数据库，逐个实行风险评估与防灾空间规划反馈。此工作量巨大且难以在短期内完成，本书仅以绵薄之力，期望起到抛砖引玉的作用，需要有更多同仁参与到滨海城市安全风险治理的研究中。

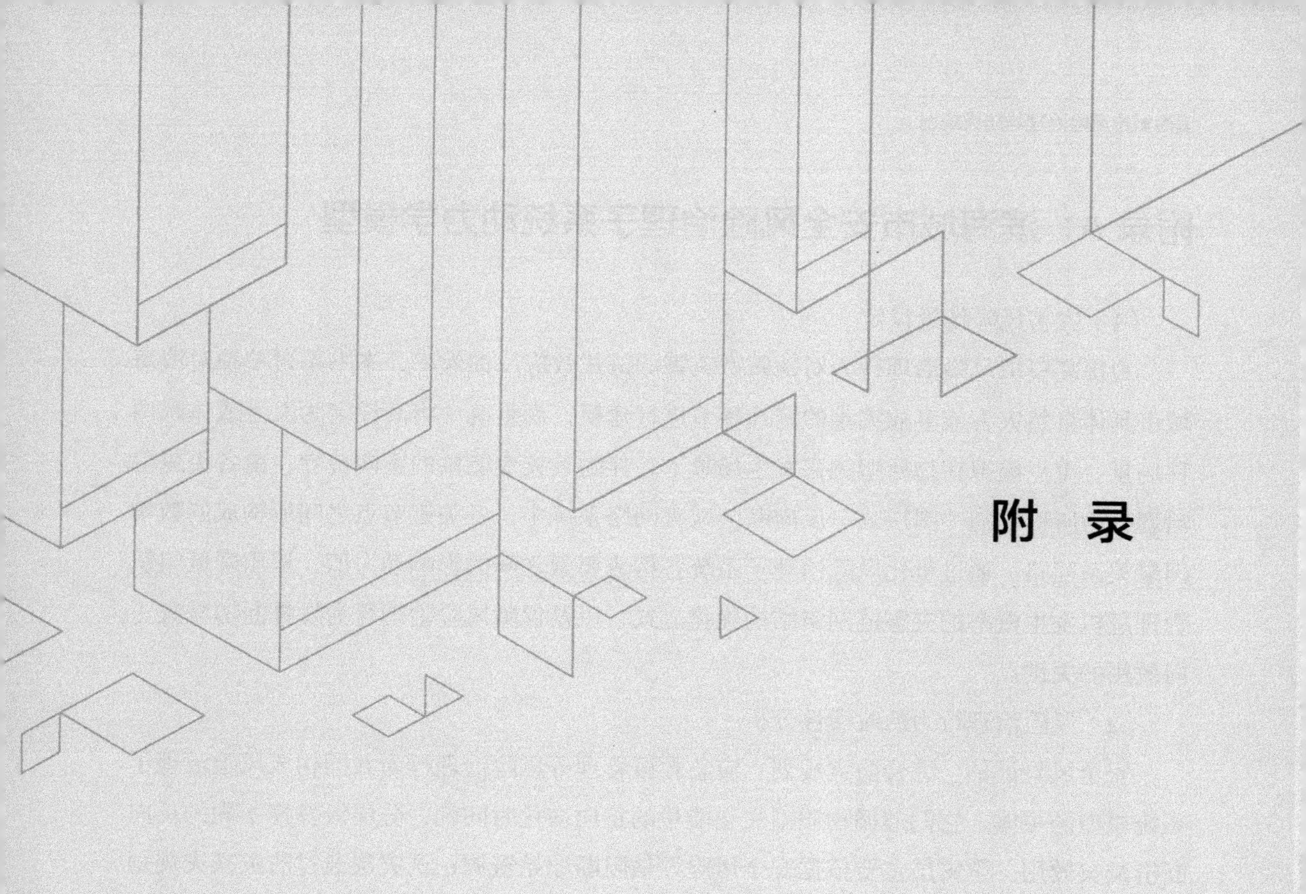

附　录

附录 A：滨海城市安全风险治理子系统动力学模型

（1）灾害风险场景设定

为提高模拟风险治理行为对物质型灾害的链式效应反馈效率，本书不再单独对滨海城市具体自然灾害或事故灾难的链式环节进行建模，而是统一将其设定为发生或休眠两种场景。重点模拟在物质型灾害发生场景下，伴随其灾变能量的正向传导，由各类风险治理行为所形成的“圈层式”反向断链减灾网络系统中，各关键节点之间所构成的数学因果关系回路。通过量化风险治理子系统各构成要素之间的影响动力值，提出降低组织管理危机发生概率的灾害链网络结构优化方式，以及保障风险治理行为发挥断链减灾正向效用的关键点。

（2）风险治理行为的时滞性分析

安全风险评估、综合防灾规划、应急救援管理等风险治理行为共同构成风险治理子系统模型的主体，它们遵循物质型灾变能量的正向演化时间轴，分层级发挥不同的反向断链减灾效用。孕灾层主要依据安全风险评估阻断原始链源；诱灾层通过防灾减灾规划阻断多灾链源；灾发层则启动应急管理阻止链式效应放大。因此，必须要明确不同风险治理行为作用于灾害源上的时间先后顺序，通过时滞性分析划定风险治理子系统动力学模型中的时间累积变量。依据 3.1.3 有关滨海城市灾害链式效应分析结果，设定物质型灾变能量孕育时间段为 T_0-T_1，灾害诱发时间段 T_1-T_2，灾害发生及影响时间段为 T_2-T_3，各个风险治理行为要素对应物质型灾害不同演化阶段的时间累积（t_1，t_2，…，t_n）与互馈关系如图 A01 所示。

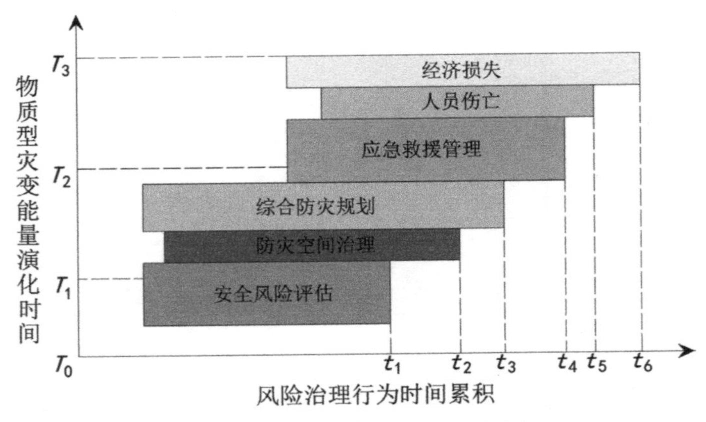

图 A01　风险治理行为的时滞性分析

（3）风险治理子系统模型中的核心变量

表 A-1 风险治理子系统动力学模型核心变量

Ⅰ级变量	变量解释	Ⅱ级变量	变量解释	计量单位
安全风险评估（t_1）	*security risk assessment*	灾害演化规律	*disaster evolution*	正向 / 负向
		灾害趋势研究量	*disaster trend*	项 / 年
		灾害监控天数	*disaster monitoring*	天 / 年
		灾害预警频次	*disaster warning*	次 / 年
		专项减灾计划数	*dedicated disaster reduction*	项 / 年
防灾空间治理（t_2）	*disaster prevention space*	防灾减灾社会化程度	*socialized disaster reduction*	百分比
		公众防灾减灾教育度	*disaster education*	百分比
		社会文化建设程度	*cultural development*	万元 / 年
		法规标准件数	*standards and regulations*	件 / 年
		行政管理人数	*administration management*	人 / 年
		减灾措施数量	*hazard mitigation measure*	项 / 年
		组织管理效能	*management effectiveness*	等级 / 年
综合防灾规划（t_3）	*comprehensive disaster prevention*	生命线系统工程建设	*lifeline engineering*	万元 / 年
		国土空间规划	*land space planning*	有 / 无
		资源开发利用数	*resource development*	处 / 年
		防灾产业化程度	*industrial disaster reduction*	百分比
		防灾设施易损性	*facility vulnerability*	百分比
		防灾基础设施投资	*infrastructure investment*	万元 / 年
		建设用地面积	*construction land*	km^2
		社会环境治理数量	*social environmental governance*	处 / 年
		生态环境治理数量	*ecological environmental governance*	处 / 年
应急救援管理（t_4）	*emergency management*	企业参与数	*corporate involvement*	个 / 年
		居民参与数	*resident involvement*	人 / 年
		组织参与数	*organizational involvement*	个 / 年
		应急物资调配额度	*emergency material allocation*	万元 / 年
		救灾力量组织人数	*organize disaster relief efforts*	人 / 起
		组织管理危机发生数	*management crisis*	起 / 年

续表

Ⅰ级变量	变量解释	Ⅱ级变量	变量解释	计量单位
人员伤亡（t_5）	*casualties*	人口密度	*population density*	人 /km²
		人口素质	*population quality*	百分比
		医疗卫生投入额度	*health care Investment*	万元 / 年
		教育投入额度	*educational input*	万元 / 年
		人口结构	*population structure*	百分比
经济损失（t_6）	*economic losses*	经济环境治理数量	*economic environmental governance*	处 / 年
		自然灾害风险等级	*natural disaster risk*	等级
		事故灾难风险等级	*accident disaster risk*	等级
		灾后恢复与重建额度	*post-disaster reconstruction*	万元 /km²

（4）风险治理子系统动力学流图

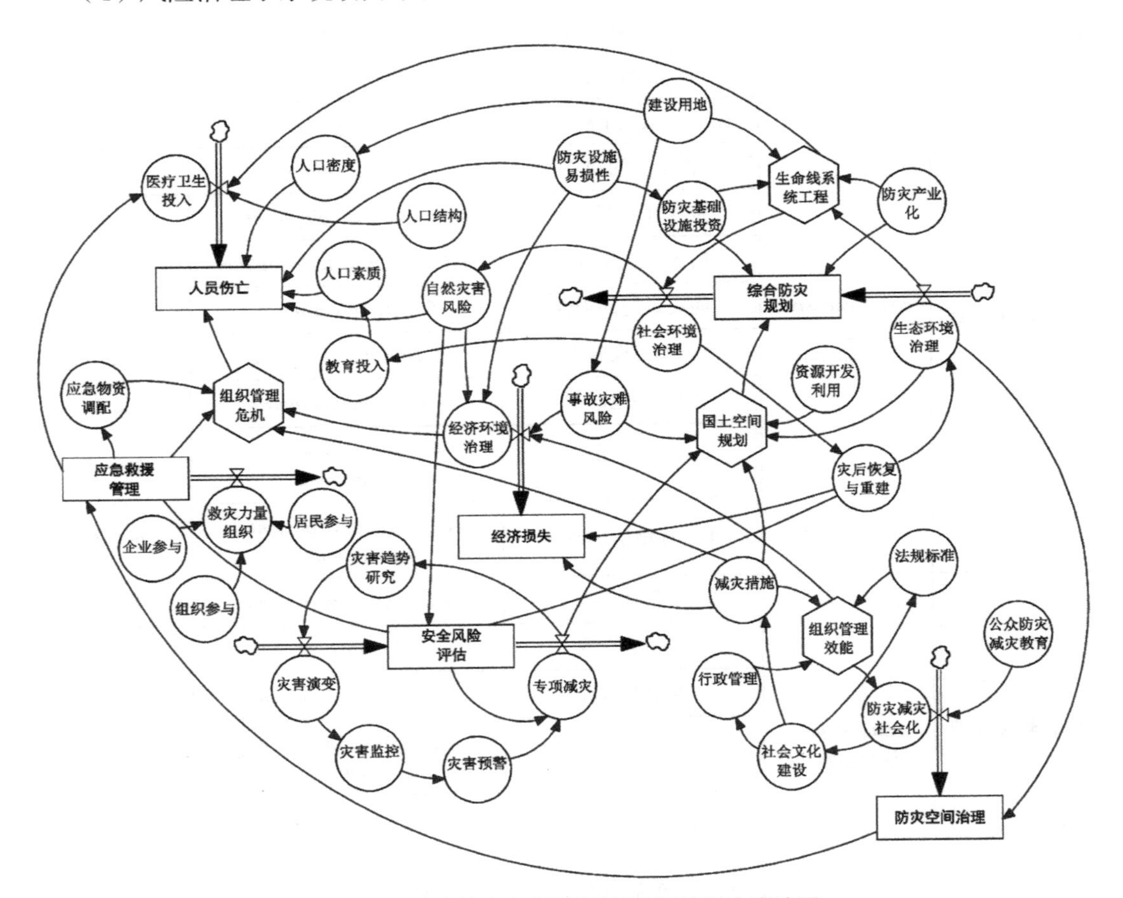

图 A02　滨海城市安全风险治理子系统动力学流图

附录 B：滨海城市自然灾害综合防灾能力与空间脆弱性指标详解

（1）防洪抗涝工程评估

社会群体所进行的抵御洪水工程建设主要表现为修筑防洪大堤，准备各种防洪物资及防洪避难场所。

表 B-1 防洪抗涝工程评估

指标名称	备注
防洪大堤的建筑标准（多少年一遇）	应该按照实际的建筑标准
单位长度大堤沙石备用量（m^3/km）	—
避难场所容纳人口占区域总人口的比重 %	—
排涝工程建设标准（多少年一遇）	此三个指标的本质是一致的，使用时选择其中一个即可
单位时间内的排涝能力（m^3/s）	
总的排涝装机容量 /kW	

（2）台风抵御工程评估

抗击台风的工程措施一般表现为抗击洪涝、狂风和风暴潮的工程性措施。

表 B-2 台风抵御工程评估

指标名称
单位面积耕地配给的水库容量（m^3/hm^2）
户（人）均水容量或个数（m^3/ 户（人），个 / 户（人））
单位面积耕地配给的机井数（眼 /hm^2）
单位面积耕地的灌溉机械总动力（千万 /hm^2）
有效灌溉面积占区域总耕地面积的比重 %
有水草地面积占草地总面积的比重 %

（3）滑坡防治工程评估

滑坡的防治一般采用建筑排水工程、打抗滑桩、构筑挡墙、注浆加固、刷方减载、植物防护等形式。

表 B-3 滑坡防治工程评估

工程级别	暴雨强度重视期 / 年		地震荷载（年超越概率 10%）/ 年		投资 / 万元	危害人数 / 人
	设计	校核	设计	校核		
Ⅰ	50	100	50	100	＞ 1000	＞ 1000
Ⅱ	20	50	—	50	1000～500	1000～500
Ⅲ	10	20	—	—	＜ 500	＜ 500

（4）泥石流防治工程评估

泥石流的防治一般视泥石流类型而异。在以坡面侵蚀及沟谷侵蚀为主的泥石流地区，多采用恢复植被和合理耕牧等生物措施，并辅以蓄水、引水工程、拦挡、支护等工程措施；在崩塌、滑坡强烈活动的泥石流发生（形成）区，则以工程措施为主，兼用生物措施；而在坡面侵蚀和重力侵蚀兼有的泥石流地区，综合治理效果最佳。鉴于措施内容众多，对单沟泥石流防治工程均按设计标准来进行评估。

表 B-4　泥石流防治工程评估

地质灾害	防治工程安全等级			
	省会级城市	地市级城市	县级城市	乡镇及重要居民区
受灾对象	铁道、国道、航道主干线及大型桥梁隧道	铁道、国道、航道及中型桥梁隧道	铁道、省道及小型桥梁隧道	乡镇间的道路桥梁
	大型的能源、水利、通信、邮电、矿山、国防工程等专项设施	中型的能源、水利、通信、邮电、矿山、国防工程等专项设施	小型的能源、水利、通信、邮电、矿山、国防工程等专项设施	乡镇级的能源、水利、通信、邮电、矿山等专项设施
	一级建筑物	二级建筑物	三级建筑物	四级建筑物
死亡人数（人）	≥ 1000	100（含）~1000	10~100	＜ 10
直接经济损失（万元）	≥ 1000	500（含）~1000	100~500	＜ 100
期望经济损失（万元 / 年）	≥ 1000	500（含）~1000	100~500	＜ 100
防治工程投资（万元）	≥ 1000	500（含）~1000	100~500	＜ 100
降雨强度	100 年一遇	50 年一遇	30 年一遇	10 年一遇

（5）滨海城市疏散脆弱性评估

由城市路网、人口密度计算得到研究范围内的疏散脆弱性指数，城市的道路网越发达，人口密度越低，则疏散能力越强，计算公式如下：

$$E_v = \frac{i \times L_{length}}{POP_d \times S} \tag{B-1}$$

式中，i 为城区内道路的等级；L_{length} 为城区内某等级道路的长度；POP_d 为城区内人口密度；S 为总用地面积。

（6）滨海城市土地易损性评估

土地作为空间承灾体的主要对象，其不同的类型针对不同的灾害具有不同程度的易损性，其指数计算公式如下：

$$K_{\text{land}}=\frac{S_1k_1+S_2k_2+\cdots+S_nk_n}{S} \quad \text{（B-2）}$$

式中，假设某研究区域内存在 n 种土地类型；k_n 为第 n 种土地类型针对某一灾害的易损性系数；S_n 为第 n 种土地类型在研究区域内的面积；S 为总用地面积。

（7）滨海城市建筑易损性评估

一般采用多所房屋的统计参数来表示研究区域范围内的建筑敏感性，即房屋结构指数（H_{vul}），其计算方法如下：

$$H_{\text{vul}}=\sum_{i=1}^{4}\left(\frac{S_i}{S}\right)\times \text{VID}_i \quad \text{（B-3）}$$

式中，i 为房屋结构类型，1～4 依次代表土木、砖木、砖混和钢混结构；S_i 为相应结构的房屋面积（间数）；S 为建筑总面积（总间数）；VID_i 代表第 i 类房屋相对于某灾害的平均损失率（易损性指数）。

附录 C：滨海城市居民综合安全感调查问卷

城市居民综合安全感调查问卷

尊敬的市民：

您好！我们是天津大学建筑学院《基于智慧技术的滨海大城市安全策略与综合防灾措施研究》课题组，正在进行有关城市居民安全风险评估与综合安全感指数评价的问卷调查，感谢您能花费宝贵的几分钟填写这份问卷，您填写的一切信息仅用于调查研究，不会对外公开。

一、受访者背景资料

1. 您的性别（男 / 女），出生于（　　）年，文化程度（　　）。

A. 初中及以下　　B. 高中或中专

C. 大专　　D. 大学本科以上

2. 您的职业是（　　）。

A. 国家机关、党群组织、企业、事业单位负责人

B. 专业技术人员

C. 办事人员和有关人员

D. 商业、服务业人员

E. 农、林、牧、渔、水利业生产人员

F. 生产、运输设备操作人员及相关人员

G. 军人

H. 其他

3. 您的职业是否与安全工作相关（　　）。

A. 是　　B. 否

二、您对城市居民综合安全感指标的看法

请您结合自己的真实生活经历，以及对日常身边安全风险隐患的了解，为我市居民综合安全感指数的评估指标进行评分，衷心感谢您对这项工作的支持！

问卷一：如果邀请您对以下反映城市安全风险指标的重要程度进行评价，请问您的评价是？（请在您认为合理的评分处打“√”）

评价指标	重要程度				
极端气温天数	1. 很重要	2. 重要	3. 一般	4. 不重要	5. 很不重要
典型自然灾害风险等级	1. 很重要	2. 重要	3. 一般	4. 不重要	5. 很不重要
单位面积重大危险源的数量	1. 很重要	2. 重要	3. 一般	4. 不重要	5. 很不重要
第二产业比重	1. 很重要	2. 重要	3. 一般	4. 不重要	5. 很不重要
空气污染指数优良率	1. 很重要	2. 重要	3. 一般	4. 不重要	5. 很不重要
城市生活污水处理率	1. 很重要	2. 重要	3. 一般	4. 不重要	5. 很不重要
城市生活垃圾无害化处理率	1. 很重要	2. 重要	3. 一般	4. 不重要	5. 很不重要
食品、药品质量抽检合格率	1. 很重要	2. 重要	3. 一般	4. 不重要	5. 很不重要
城乡居民收入差距比值	1. 很重要	2. 重要	3. 一般	4. 不重要	5. 很不重要
城镇登记失业率	1. 很重要	2. 重要	3. 一般	4. 不重要	5. 很不重要
城市流动人员比例	1. 很重要	2. 重要	3. 一般	4. 不重要	5. 很不重要
万人贪污腐败案件数	1. 很重要	2. 重要	3. 一般	4. 不重要	5. 很不重要
网络舆情事件数	1. 很重要	2. 重要	3. 一般	4. 不重要	5. 很不重要
气象观测站密度	1. 很重要	2. 重要	3. 一般	4. 不重要	5. 很不重要
建筑物抗震设防等级	1. 很重要	2. 重要	3. 一般	4. 不重要	5. 很不重要
滑坡泥石流隐患点监控率	1. 很重要	2. 重要	3. 一般	4. 不重要	5. 很不重要
突发公共卫生事件报告及时率	1. 很重要	2. 重要	3. 一般	4. 不重要	5. 很不重要
刑事案件破案率	1. 很重要	2. 重要	3. 一般	4. 不重要	5. 很不重要
基本社会保险覆盖率	1. 很重要	2. 重要	3. 一般	4. 不重要	5. 很不重要
信访处理率	1. 很重要	2. 重要	3. 一般	4. 不重要	5. 很不重要
城区公共区域监控覆盖率	1. 很重要	2. 重要	3. 一般	4. 不重要	5. 很不重要
公共安全宣传、演练、教育培训	1. 很重要	2. 重要	3. 一般	4. 不重要	5. 很不重要
避难场所面积	1. 很重要	2. 重要	3. 一般	4. 不重要	5. 很不重要
万人卫生技术人员数	1. 很重要	2. 重要	3. 一般	4. 不重要	5. 很不重要
万人人民警察数	1. 很重要	2. 重要	3. 一般	4. 不重要	5. 很不重要
万人消防人员数	1. 很重要	2. 重要	3. 一般	4. 不重要	5. 很不重要
120（999）到达现场的平均时间	1. 很重要	2. 重要	3. 一般	4. 不重要	5. 很不重要
110 到达现场的平均时间	1. 很重要	2. 重要	3. 一般	4. 不重要	5. 很不重要
119 到达现场的平均时间	1. 很重要	2. 重要	3. 一般	4. 不重要	5. 很不重要
公共安全财政支出占 GDP 比重	1. 很重要	2. 重要	3. 一般	4. 不重要	5. 很不重要
社会保障财政支出占 GDP 比重	1. 很重要	2. 重要	3. 一般	4. 不重要	5. 很不重要

续表

评价指标	重要程度				
医疗财政支出占 GDP 比重	1. 很重要	2. 重要	3. 一般	4. 不重要	5. 很不重要
教育财政支出占 GDP 比重	1. 很重要	2. 重要	3. 一般	4. 不重要	5. 很不重要
人口密度	1. 很重要	2. 重要	3. 一般	4. 不重要	5. 很不重要
单位面积 GDP	1. 很重要	2. 重要	3. 一般	4. 不重要	5. 很不重要
突然事件人口伤亡率	1. 很重要	2. 重要	3. 一般	4. 不重要	5. 很不重要
灾害直接经济损失占 GDP 比重	1. 很重要	2. 重要	3. 一般	4. 不重要	5. 很不重要
生命线系统受损（供水、排水、电、气、热、通信、交通）	1. 很重要	2. 重要	3. 一般	4. 不重要	5. 很不重要

请填写您认为能够反映城市公共安全状况的其他指标：

____

____

____

问卷二：您认为下列哪些指标最能够反映身边的安全风险状况？请在表格中填写，适合填写（√），不适合填写（×）。

被访者姓名 ______________ 联系电话 ______________

（如不方便，可不用提供，仅用于问卷回访和礼品赠送，我们承诺严格保密您的个人信息）

评价类型	核心评价指标	重要程度（1～10 分）
灾害孕育环境	综合灾害风险等级	
	应急疏散道路长度	
	重大危险源分布密度	
	空气质量优良率	
	人均绿地景观面积	
安全防控保障	防灾系统建设支出占 GDP 比重	
	千人应急救援服务人员数	
	各类报警系统平均反应时间	
	人均避难场所面积	
	城乡居民收入差距比值	
	基本社保覆盖率	

续表

评价类型	核心评价指标	重要程度（1～10分）
历史灾害统计	各类灾害人员伤亡率	
	灾害直接经济损失占 GDP 比重	
	生命线系统受损比率	

参考文献

［1］方创琳．中国新型城镇化高质量发展的规律性与重点方向［J］．地理研究，2019（1）：13-22.

［2］Centre for Research on the Epidemiology of Disasters. Comprehensive risk assessment of world urban disasters [DB/OL]. Emergency Events Database, 2016-11-23. http: //risk.preventionweb.net: 8080/capraviewer/main.

［3］国家海洋信息中心．2018 中国海洋经济发展指数［DB/OL］．中国海洋经济信息网，2018-12-07．http: //www.cmein.org.cn//info/3007.jspx.

［4］自然资源部海洋预警监测司．全国海洋灾害综合风险等级图［DB/OL］．科学网，2018-05-12．http: //news.sciencenet.cn/htmlnews/2018/5/411999.shtm.

［5］国家海洋信息中心．2017 中国海洋灾害公报［DB/OL］．中国海洋信息网，2018-05-02. http: //www.nmdis.org.cn/gongbao/zaihai/201805.html.

［6］林坚，吴宇翔，吴佳雨，等．论空间规划体系的构建：兼析空间规划、国土空间用途管制与自然资源监管的关系［J］．城市规划，2018（5）：9-17.

［7］WILLEM K, KORTHALS Altes. Multiple land use planning for living places and Investments spaces [J]. European Planning Studies, 2019, 6 (27):1146-1158.

［8］YUMEI C, XIAOYI Z, ELIOT R, et al. Decision Models and Group Decision Support Systems for Emergency Management and City Resilience [J]. International Journal of E-Planning Research, 2018 (7): 35-50.

［9］陈安．现代应急管理：理论体系与应用实践［J］．安全，2019（6）：1-14，88.

［10］何彬．基于城市减灾防灾理论下的城市建设管理研究［D］．昆明：昆明理工大学，2008.

［11］TIMOTHY W. Households, forests and fire hazard vulnerability in the American West: A case study of a California community [J]. Environmental Hazards, 2005, 6 (1): 112-120.

［12］Fire Protection Association. Fire safety and risk management [M]. Taylor and Francis, 2014.

［13］FRANS K, TIMO S. Comprehensive flood risk management [M]. CRC Press, 2012.

［14］ROBERT T. Flood risk management [M]. American Society of Civil Engineers, 2014.

［15］FUJIWARA T, SUZUKI Y, KITAHARA A. Risk management for urban planning against strong earthquakes [M]. Elsevier Inc, 1996.

［16］DAVID D. Earthquake risk modelling and management [M]. John Wiley & Sons, Ltd, 2009.

[17] YANAGISAWA K, IMAMURA F, SAKAKIYAMA T, et al. Tsunami and Its hazards in the indian and pacific oceans [M]. Pageoph Topical Volumes, 2006.

[18] DOOCY S, GOROKHOVICH Y, BURNHAM G, et al. Tsunami mortality estimates and vulnerability mapping in Aceh, Indonesia [J]. American Journal of Public Health, 2007 (97): S146-51.

[19] OLIVIER L, CHRISTOPH H, HUGO R, et al. Landslide risk management in Switzerland [J]. Landslides, 2005 (4): 313-320.

[20] CLAUDIO M, PAOLO C, SASSA K. Landslide science and practice: volume 6: risk assessment, management and mitigation [M]. Amazon Book, 2013.

[21] NASIM U. Wind storm and storm surge mitigation [M]. American Society of Civil Engineers, 2010.

[22] 史培军. 再论灾害研究的理论与实践 [J]. 自然灾害学报，1996 (4)：8-19.

[23] 金磊. 中国城市综合减灾的未来学研究 [J]. 重庆建筑，2007 (2)：45-49.

[24] 袁永博，张明媛. 城市灾害风险系统性评价 [J]. 辽宁工程技术大学学报 (自然科学版)，2009 (1)：66-69.

[25] 刘爱华. 城市灾害链动力学演变模型与灾害链风险评估方法的研究 [D]. 长沙：中南大学，2013.

[26] 代文倩，初建宇，马丹祥. 基于云模型的城市灾害综合风险评价方法 [J]. 华北理工大学学报 (自然科学版)，2019 (1)：73-80.

[27] 杨洪瑞. 海洋气象灾害区划及防灾设防标准研究 [D]. 青岛：中国海洋大学，2014.

[28] 中国环境监测总站. 2016 近海海域生态环境质量公报 [DB/OL]. 中国近岸海域环境质量公报，2018-06-09. http：//www. cnemc. cn/jcbg/zgjahyhjzlgb/.

[29] 生态环境部. 2016 中国生态环境状况公报 [DB/OL]. 历年中国环境状况公报，2016-06-05. http: //www.mee.gov.cn/hjzl/zghjzkgb/lnzghjzkgb/.

[30] 姜雪. 城市减灾功能网络构建研究：以深圳福田为例 [D]. 哈尔滨：哈尔滨工业大学，2012.

[31] AMIN M, SUHAIZA Z, RAMAYAH T. Coordination of efforts in disaster relief supply chains: the moderating role of resource scarcity and redundancy [J]. International Journal of Logistics Research and Applications, 2018, 4 (21): 407-430.

[32] SOHAIBA I, MUHAMMAD U S, FAIQ K L. Statistical model checking of relief supply location and distribution in natural disaster management [J]. International Journal of Disaster Risk Reduction, 2018, 10 (31) : 1043-1053.

[33] 李智. 基于复杂网络的灾害事件演化与控制模型研究 [D]. 长沙：中南大学，2010.

[34] 刘爱华. 城市灾害链动力学演变模型与在灾害链风险评估方法的研究 [D]. 长沙：中南大学，2013.

[35] BEI Z, JIWEI Z, LING W. The simulation model of urban ecosystem sustainable development based on system dynamics [C]. International Conference on Environment, Climate Change and Sustainable Development. Beijing: Advances in Engineering Research, 2016: 985-992.

[36] 丁伟东，刘凯，贺国先．供应链风险研究［J］．中国安全科学学报，2003（4）：64-66.

[37] 江孝感，陈丰琳，王凤．基于供应链网络的风险分析与评估方法［J］．东南大学学报（自然科学版），2007（Ⅱ）：355-360.

[38] 史培军，邹联，李保俊，等．从区域安全建设到风险管理体系的形成——从第一届世界风险大会看灾害与风险研究的现状与发展趋向［J］．地球科学进展，2005（2）：173-179.

[39] 葛全胜，邹铭，郑景云，等．中国自然灾害风险综合评估初步研究［M］．北京：科学出版社，2008：133-140.

[40] ARNOLD M, CHEN R S, DEICHMAN U, et al. Natural disaster hotspots case studies washington DC: hazard management unit [R]. World Bank, 2006: 155-173.

[41] 薛晔，陈报章，黄崇福，等．多灾种综合风险评估软层次模型［J］．地理科学进展，2012（3）：353-360.

[42] 王玉梅，姬璇，吴海西．基于三阶段 DEA 模型的创新效率评价研究——以节能环保上市公司为例［J］．技术经济与管理研究，2019（3）：25-30.

[43] 沈能，潘雄锋．基于三阶段 DEA 模型的中国工业企业创新效率评价［J］．数理统计与管理，2011（5）：846-855.

[44] 田逸飘，卫国，刘明月．科技创新与新型城镇化包容性发展耦合协调度测度——基于省级数据的分析［J］．城市问题，2017（1）：14-20.

[45] 张春梅，张小林，徐海英，等．基于空间自相关的区域经济极化结构演化研究——以江苏省为例［J］．地理科学，2018（4）：557-563.

[46] 田逸飘，刘明月，张卫国．城镇化进程对区域科技创新水平的影响［J］．城市问题，2018（4）：4-11.

[47] 孙克，徐中民．基于地理加权回归的中国灰水足迹人文驱动因素分析［J］．地理研究，2016（1）：37-48.

[48] 苑韶峰，朱从谋，杨丽霞．长三角城市群各业用地价格的空间分布格局及影响因素［J］．长江流域资源与环境，2017（10）：1538-1546.

[49] 郭祖源．城市韧性综合评估及优化策略研究［D］．武汉：华中科技大学，2018.

[50] 杨敏行，黄波，崔翀，等．基于韧性城市理论的灾害防治研究回顾与展望［J］．城市规划学刊，2016，60（1）：48-55.

[51] Robinson M, Carson A. Resilient communities: transitions, pathways and resourcefulness [J]. The Geographical Journal, 2016, 182（2）: 114-122.

[52] Bulley D. Producing and governing community（through）resilience [J]. Politics, 2013, 33（4）: 265-275.

[53] 林良嗣，铃木康弘．城市弹性与地域重建从传统知识和大数据两个方面探索国土设计［M］．北京：清华大学出版社，2016：57-90.

[54] 冯浩，张方，戴慎志．综合防灾规划灾害风险评估方法体系研究［J］．现代城市研究．2017，32（8）：93-98.

[55] Mejri O, Menoni S, Matias K, et al. Crisis Information to Support Spatial Planning in Post Disaster Recovery [J]. International Journal of Disaster Risk Reduction, 2017（22）: 46-61.

[56] 修春亮，祝翔凌. 针对突发灾害：大城市的人居安全及其政策［J］. 人文地理，2003，18（5）：26-30.

[57] 王莹，王义保. 基于整体性治理理论的城市应急管理体系优化［J］. 城市发展研究，2016，23（2）：98-104.

[58] 郭东军，陈志龙，等. 城市综合防灾规划编研初探——以南京城市综合防灾规划编研为例［J］. 城市规划，2012，36（11）：49-54.

[59] 刘鸣，陈志龙，谢金容. 基于风险管理的山地城市规划防灾方法研究［D］. 重庆：重庆大学.

[60] 张一飞，邹广天. 城市规划设计中的问题蕴含系统及其表达方式［J］. 华中建筑，2009，27（2）：128-131.

[61] 关贤军，尤建新，吴燕华. 信息整合在城市综合防灾减灾中的应用［J］. 中国安全科学学报，2007，17（11）：147-151+180.

[62] 倪鹏飞. 中国城市竞争力报告［M］. 北京：社会科学文献出版社，2003：23-35.

[63] 范维澄，刘奕，翁文国. 公共安全科技的“三角形”框架与“4＋1”方法学［J］. 科技导报，2009，27（6）：3.

[64] 许世远，王军，石纯，等. 沿海城市自然灾害风险研究［J］. 地理学报，2006，73（2）：127-138.

[65] 阎耀军. 社会稳定的系统动态分析及其定量化研究［J］. 天津行政学院学报，2004，6（2）：72-77.

[66] 张斌，赵前胜，姜瑜君. 区域承灾体脆弱性指标体系与精细量化模型研究［J］. 灾害学，2010，25（2）：36-40.

[67] 陈秋玲，黄舒婷. 基于“弓弦箭模型”的地区公共卫生风险测度与评价［J］. 中国安全科学学报，2010，20（10）：141-146.

[68] 卢海滨，孙毅中，李昳，等. 基于空间层次单元协同模式的“两规”用地差异性研究［J］. 南京师大学报（自然科学版），2018，41（3）：138-144.

[69] 梁冬坡，孙治贵，郭军，等. 基于RS和GIS天津市津南区气象灾害风险区划研究［J］. 气象与环境学报，2016，32（6）：116-121.

[70] Roy C, Kovordányi R. Tropical cyclone track forecasting tech-niques-A review [J]. Atmospheric Research, 2012, 10 (105): 40-69.

[71] 罗培，张天儒，杜军. 基于GIS和模糊评价法的重庆洪涝灾害风险区划［J］. 西华师范大学学报（自然科学版），2007，28（2）：165-171.

[72] 殷洁，戴尔阜，吴绍洪. 中国台风灾害综合风险评估与区划［J］. 地理科学，2013，33（11）：1370-1376.

[73] 李开忠. 中国洪水灾害损失风险评估［D］. 北京：中国科学院研究生院，2011.

[74] 邓新发. 因子加权综合评判法在评价地质灾害易发区中的应用［J］. 西部探矿工程，2010，22（1）：142-144.

［75］Rumpf J, Weindl H, Hoppe P, et al. Tropical cyclone hazard assessment using model-based track simulation [J]. Natural Hazards, 2009, 48（3）: 383-398.

［76］张玉坤．聚落・住宅——居住空间论［D］．天津：天津大学，1996.

［77］Skinner G. W. Presidential Address: The Structure of Chinese History[J]. The Journal of Asian Studies, 1985, 44（2）: 271-292.

［78］王飒．中国传统聚落空间层次结构解析［D］．天津：天津大学，2011.

［79］胡传博，游兰．面向过程的城市公共安全风险监测评估建模方法［J］．测绘学报，2018，47（8）：1062-1071.

［80］胡传博．耦合动态观察数据的城市灾害风险评估过程建模与可视化［D］．武汉：武汉大学，2017.

［81］国土交通省．内閣府がその所掌事務に関し作成する防災計画です——地震防災業務計画第 1 版：平成 25-26 年度の実施状況について［R］．都市局，2014.

［82］Mori N, Cox DT, Yasuda T, Mase H. Overview of the 2011 Tohoku earthquake tsunami damage and its relation to coastal protection along the Sanriku Coast. Earthquake Spectra [J]. 2013, 29 (S1): 127-143.

［83］Anita G, Tonini R, Sandri L, et al. A methodology for a comprehensive probabilistic tsunami hazard assessment: multiple sources and short-term interactions [J]. J Mar Sci Eng, 2015, 3 (1): 23-51.

［84］Nobuhito M, Katsuichiro G, Daniel C. Recent Process in Probabilistic Tsunami Hazard Analysis (PTHA) for Mega Thrust Subduction Earthquakes [C]. The 2011 Japan Earthquake and Tsunami: Reconstruction and Restoration. Switzerland: Springer International Publishing, 2018: 469-482.

［85］Onoda Y, Tsukuda H, Suzuki S. Implementation of recovery plan and organizational structure of municipalities: on the reconstruction procedures in Miyagi prefecture from the Great East Japan earthquake [J]. J Archit Build Sci AIJ, 80 (717): 2523-2531.

［86］MLITPress release. Preliminary damage and loss assessment report of the Great East Japan earthquake [DB/OL]. 2011-08-04, http: //www.mlit.go.jp/common/000162533.pdf.

［87］于良巨，王斌，侯西勇．我国沿海综合灾害风险管理的新领域——海陆关联工程防灾减灾［J］．海洋开发与管理，2014，31（9）：104-109.

［88］许世远，王军，石纯，等．沿海城市自然灾害风险研究［J］．地理学报，2006，73（2）：127-138.

［89］徐德蜀．安全文化、安全科技与科学安全生产观［J］．中国安全科学学报，2006，16（3）：71-82.

［90］宋林飞．中国社会风险预警系统的设计与运行［J］．东南大学学报（社会科学版），1999，1（1）：69-76.

［91］王思成，运迎霞，李道勇．城市雨洪安全风险测度与防灾规划管理响应研究［J］．现代城市研究，2019，34（11）：125-131.

［92］郑阅春，杨倩斓．社会治安评价指标体系研究［J］．统计与咨询，2006，13（6）：

74-75.

[93] 宋林飞. 社会风险指标体系与社会波动机制[J]. 社会性研究，1995，10(6)：90-95.

[94] 赵汗青. 中国现代城市公共安全管理研究[D]. 长春：东北师范大学，2012.

[95] 葛继科，李太福，苏盈盈，等. 基于ReliefF和BP神经网络的安全评价指标体系精简化建模[J]. 中国安全科学学报，2013，23(10)：15-20.

[96] 赵向红，李沛，李朝锋. 基于BP神经网络的居民生活质量影响因素分析[J]. 江南大学学报(自然科学版)，2012，11(6)：642-646.

[97] 刘健. 区域开发多源环境风险评价方法研究与应用[D]. 天津：天津大学，2018.

[98] 杨耀芳，叶然，周巴颖，等. 宁波海域环境风险源识别与分级研究[J]. 海洋开发与管理，2014，31(7)：119-124.

[99] 魏科技. 南京化学工业园区重大环境风险源识别研究[D]. 北京：北京林业大学，2009.

[100] 王肖惠，陈爽，秦海旭，等. 基于事故风险源的城市环境风险分区研究——以南京市为例[J]. 长江流域资源与环境，2016，25(3)：453-461.

[101] Mell I C. Can green infrastructure promote urban sustainability? Proceedings of the Institution of Civil Engineers [J]. Engineering Sustainability, 2009, 162(1): 23-34.

[102] 王思成，运迎霞，贾琦. 基于"源—流—汇"指数分析的天津市中心城区生态韧性评价[J]. 西部人居环境学刊，2020，35(1)：82-90.

[103] Tzoulas K, Korpela K, Venn S, et al. Promoting ecosystem and human health in urban areas using Green Infrastructure: A literature review [J]. Landscape and Urban Planning, 2007, 81 (3): 167-178.

[104] 赵强，李秀梅，谢嘉欣. 济南市生态弹性力评价研究[J]. 生态科学，2015，34(2)：156-160.

[105] 张鹏，于伟，张延伟. 山东省城市韧性的时空分异及其影响因素[J]. 城市问题，2018，37(9)：27-34.

[106] 彭建，李慧蕾，刘焱序，等. 雄安新区生态安全格局识别与优化策略[J]. 地理学报，2018，73(4)：701-710.

[107] 修春亮，魏冶，王绮. 基于"规模—密度—形态"的大连市城市韧性评估[J]. 地理学报，2018，73(12)：2315-2328.

[108] 吴波鸿，陈安. 韧性城市恢复力评价模型构建[J]. 科技导报，2018，36(16)：94-99.

[109] 吴健生，张理卿，彭建，等. 深圳市景观生态安全格局源地综合识别[J]. 生态学报，2013，33(13)：4125-4133.

[110] 徐令顺，孙蕾. 城市生命线工程安全运行监测系统[J]. 城市勘测，2018，33(S1)：79-81.

[111] 徐海铭. 突发事件下生命线系统设计与应急响应策略研究[D]. 上海：上海交通大学，2014：20-28.

[112] 奚江琳，黄平，张奕．城市防灾减灾的生命线系统规划初探 [J]．现代城市研究，2007，22 (5)：75-81.

[113] 吕保和，李宝岩．可接受风险标准研究现状与思考 [J]．工业安全与环保，2011，37 (3)：24-26.

[114] 尚志海，刘希林．国外可接受风险标准研究综述 [J]．世界地理研究，2010，19 (3)：72-80.

[115] Fu Guannan, Zou Guangtian. Urban Disaster Prevention and Emergency Material Distribution Based on Ant Colony Algorithm [J]. Technical Journal of the Faculty of Engineering, 2016 (11): 45-52.

[116] 曹湛，曾坚，王峤．基于智慧技术的城市综合防灾体系及构建方法 [J]．建筑学报，2013，60 (S2)：97-101.

[117] 谭纵波．城市规划 [M]．北京：清华大学出版社，2005：184-198.

[118] 大阪府建筑都市部．災害に強い都市づくりガイドライン [R]．2005.

[119] 段进，李志明，卢波．论防范城市灾害的城市形态优化——由 SARS 引发的对当前城市建设中问题的思考 [J]．城市规划，2003，37 (7)：61-63.

[120] 橋本，雄一．GIS を援用した北海道沿岸都市の積雪期津波避難に関する空間分析 [J]．開発こうほう，2013，6 (31)：682-695.

[121] Mas E, Koshimura S, Imamura F, et al. Recent Advances in Agent-Based Tsunami Evacuation Simulations: Case Studies in Indonesia, Thailand, Japan and Peru [J]. Pure & Applied Geophysics, 2015, 172 (12): 3409-3424.

[122] 原田慎，岡安徹也，新井勝明．大規模水害時の広域避難のあり方に関する研究 [J]．河川政策グループ防災・危機管理チーム，2014，11 (47)：103-118.

[123] 彭斯震．化学工业区应急响应系统指南 [M]．北京：化学工业出版社，2006：60-73.

[124] 靳瑞峰，曾坚，孙晓峰．滨海产业园区工业防灾综合规划程序与方法 [J]．建筑学报，2013，60 (S1)：51-55.

[125] 魏利军，多英全，吴宗之．城市重大危险源安全规划方法及程序研究 [J]．中国安全生产科学技术，2005，25 (1)：15-20.

[126] HSE. HSE Current Approach to Land Use Planning[R]. Healthand Safety Executive of UK, 2004.

[127] HSE. PADHI—HSE'S Land Use Planning Methodology [DB/OL]. Healthand Safety Executive of UK, 2018-11-20. http: //www.hse.gov.uk/landuseplanning/pldhi.pdf.

[128] Burby R, Nelson A, Parker D, et al. Urban containment policy and exposure to natural hazards: Is there a connection? [J]. Journal of Environmental Planning and Management, 2011, 44 (4): 475-490.

[129] 戴政安，李泳龍，何明錦，等．都市防災空間系統避難據點區位評估——SITATION 及 TELES 與 GoogleEarth 之整合應用 [J]．台湾：建築與規劃學報，2011，12 (1)：23-46.

[130] 木下勇，中村攻，深谷美穂. 防災生活圏モデルによる防災まちづくりに関する事例研究——地域生活圏・組織活動との整合性から [J]. 千葉大園学報，1996，6（50）：117-126.

[131] 赵怡婷. 防灾社区规划与建设方法探索 [D]. 北京：清华大学，2013.

[132] 杨彪. 建筑物震害预测研究及预测系统构建 [D]. 武汉：华中科技大学，2009.

[133] Vidic F, Fajfar B, Fischinger M. Consistent inelastic design spectra: strength and displacement, Earthquake Engineering and Structural Dynamics [J]. 2010, 23 (5): 507-521.

[134] 闫怀林，黄迪，张国维，等. 火灾不确定性因素下的人员疏散时间模型 [J]. 消防科学与技术，2016，35（12）：1690-1693.

[135] Behnam B, Ronagh R. Post-Earthquake Fire performance-based behavior of unprotected moment resisting 2D steel frames [J]. Ksce Journal of Civil Engineering, 2015, 19 (1): 274-284.

[136] 杨雨婷. 基于PyroSim和Pathfinder的商业综合体火灾与安全疏散模拟仿真研究 [D]. 昆明：昆明理工大学国土资源工程学院，2018：56-70.

[137] 苗陆伊. 多重灾害下既有老旧公共建筑安全岛设计策略 [D]. 沈阳：沈阳建筑大学，2015.

[138] 李建敏，吴尤. 浅谈高层住宅楼避难间的设置 [C]. 2011 中国消防协会科学技术年会论文集. 山东济南：中国消防协会，2011：467-469.

[139] 陈婷婷. 现有建筑结构抗震鉴定及加固设计研究 [D]. 北京：北京工业大学，2012.

[140] 靖成银，何嘉鹏，周汝，等. 高层建筑火灾烟气控制模式的数值分析 [J]. 建筑科学，2009，25（7）：16-20，15.

[141] 孔维东. 城市既有高层社区防灾系统改造策略研究 [D]. 天津：天津大学，2013.

[142] 罗云，黄西菲，许铭. 安全生产科学管理的发展与趋势探讨 [J]. 中国安全生产科学技术，2016，12（10）：5-11.

[143] Luo Y; Zhang Y; Hao Y, et al. Implementing Scientific and Effective Supervision by Application of RBS/M Theory and Method [J]. Procedia Engineering, 2014, 10 (418): 126-133.

[144] 天津市规划和自然资源局. 天津市第一次全国地理国情普查公报 [R]. 2017.

[145] 天津市气象局. 天津地区雨情公报 [DB/OL]. 天津市公共气象服务网，2018-06-15. http: //www.weather.tj.cn/tjpws/homePage.

[146] 天津市规划和自然资源局. 天津市第一次全国地理国情普查公报 [R]. 2017.

[147] 杜晓燕，黄岁墚. 天津地区旱涝灾害危险性评价及区划研究 [J]. 防灾科技学院学报，2011，1（13）：75-81.

[148] 天津市规划和自然资源局. 天津市城市总体规划 2015—2030 说明书（送审稿）[R]. 2017.

[149] 王国栋，颜爱华，侯蕊芳，等. 城市安全风险评估方法体系研究及实践 [J]. 中国安全生产科学技术，2019，15（7）：46-50.

后记

人生，总能因机缘巧合下的一次决定换来一段弥足珍贵的成长经历。2012 年底，我有幸通过首批全国村庄规划示范项目加入了运迎霞教授的科研团队，恩师学识渊博、洞若观火的专业素养，不落窠臼、谦冲自牧的治学态度，以及事必躬亲、务实干练的工作作风深深感染了我。近六载的天大求学经历，既将我人生最美好的青春时光留在了北洋园，又在点滴付出与持续努力中成长为更好的自己。从参与规划项目的不明就里到独立承担的得心应手；从初涉科学研究的一知半解到参与国家级课题的渐入佳境；从看待物质生活的茫然若失到追求自我价值的朝乾夕惕，在此林林总总中既得到了专业前辈们的指点迷津，又感受到同窗之间的守望相助，衷心感谢在此期间陪伴我一起走过的良师益友们。

本书是作者博士学位论文的主要研究成果，经过恩师运迎霞教授多年的悉心栽培与谆谆教诲终成此文，在此鞠躬拜谢。此文在准备、调研与写作阶段分别得到了很多老师的指导点拨，在此一并致以深深的谢意。感谢清华大学毛其智教授、哈尔滨工业大学冷红教授，以及天津大学曾坚教授、陈天教授、夏青教授、闫凤英教授、张玉坤教授、曾鹏教授、许熙巍教授、张赫教授、王峤老师、盛明洁老师等，在我写作过程中提供的悉心指点与修改建议。

同时，还要感谢在实地踏勘与调研阶段给予过我帮助的各位滨海城市相关部门负责人，感谢你们为我提供了宝贵的第一手资料；感谢参与问卷调查的居民以及参与指标打分的专家学者，感谢你们为本课题研究做出的贡献；感谢黄习习编辑与常瑞丽同学在书稿整理过程中提供的帮助。

由于本书执笔人员的研究能力与实践经验有限，书中内容难免存在缺点和不足，恳请各位相关领域的专家和广大读者不吝批评指正，以利再版修订。